普通高等院校计算机基础教育系列规划教材

C 语言程序设计基础

赵春晓　主编
李建鹏　副主编

北京理工大学出版社
BEIJING INSTITUTE OF TECHNOLOGY PRESS

内容简介

本书是以 C 语言作为入门语言的程序设计教材，其主要作用在于培养、锻炼学生运用计算思维解决问题的能力。作者总结多年讲授 C 语言程序设计课程的实际经验，以全新的思路进行教材体系编排和内容组织，强调“程序设计为主，语法规则为辅”这样一种教学理念，重点是程序设计的思想和方法，采用“提出问题—问题分析—算法设计—编写程序—测试运行”的步骤来组织问题的讲解。教学环境为 VC 6.0 平台。

本书内容全面、概念清晰、重点突出、实用性强、语言简单易懂，适合初学程序设计的人员使用，可作为高等学校计算机及其相关专业本科、专科程序设计课程的教材，也可供程序员和编程爱好者参考使用。

图书在版编目（CIP）数据

C 语言程序设计基础 / 赵春晓主编. —北京：北京理工大学出版社，2016.9（2019.1 重印）
ISBN 978-7-5682-3099-5

Ⅰ. ①C… Ⅱ. ①赵… Ⅲ. ①C 语言－程序设计－教材 Ⅳ. ①TP312.8

中国版本图书馆 CIP 数据核字（2016）第 218967 号

出版发行 / 北京理工大学出版社有限责任公司
社　　址 / 北京市海淀区中关村南大街 5 号
邮　　编 / 100081
电　　话 /（010）68914775（总编室）
（010）82562903（教材售后服务热线）
（010）68948351（其他图书服务热线）
网　　址 / http://www. bitpress. com. cn
经　　销 / 全国各地新华书店
印　　刷 / 三河市华骏印务包装有限公司
开　　本 / 787 毫米×1092 毫米　1/16
印　　张 / 19.25
字　　数 / 452 千字
版　　次 / 2016 年 9 月第 1 版　2019 年 1 月第 3 次印刷
定　　价 / 45.00 元

责任编辑 / 钟　博
文案编辑 / 钟　博
责任校对 / 周瑞红
责任印制 / 施胜娟

图书出现印装质量问题，请拨打售后服务热线，本社负责调换

前　言

作者在高校从事程序设计课程教学已二十多年，深切地感受到程序设计作为一门计算机基础课程，其重要性不仅仅体现在一般意义上的程序编制，更体现在如何培养学生运用计算思维解决问题的能力。在长期的教学实践中，作者遇到的最大问题是学生在上课时基本都能够听懂，可到了自己动手做习题的时候，却觉得无从下手，不会编程序，尤其是面对较复杂的应用问题时，往往束手无策。究其原因，就是不知道程序设计的思想方法，缺乏应有的计算思维能力。所有这一切，从主观上说，与教师的教学方法有关、与学生的学习态度有关；而在客观上，与教材体系编排和教学内容组织有着更大的关系。针对这些问题，我们在多年教学经验的基础上，编写了本教材。

写给使用本教材的教师：

（1）关于教材的体系编排和内容组织。体系编排上采用折中式组织。兼顾程序设计和语法规则两方面的需要和情况，将每一章分成基本内容和阅读延伸两部分。在每一章的基本内容中，主要讲解程序设计的思路和方法以及 C 语言的重要语法规则，重点突出程序设计，学生学完了这部分内容就可以编写程序了。将一些在课堂教学中难以组织的内容放在“阅读延伸”部分，如一些较大的应用问题、一些语法细节以及并不是所有读者都感兴趣的非主流问题等。考虑到各个学校和不同专业学生的差异，可以对“阅读延伸”部分的内容进行选学，这样做极大地方便了教师的使用，改变了学生先学习大量枯燥的知识再编程的方法，可大大提高学习效率。

（2）关于程序设计过程与方法。强调结构化编程，严格按照“自顶向下、逐步求精”的结构化程序设计原则进行例题讲解，围绕结构化和模块化编程，采用“提出问题—问题分析—算法设计—编写程序—测试运行”的步骤组织问题的讲解。这样的组织方式可以更好地培养学生的程序设计能力。

写给使用本教材的学生：

使用合适的教材，有利于提高学生学习的积极性，也有利于培养学生的实践能力。学习程序设计，仅靠记概念、背原理是远远不够的。本教材在每章的基本内容中提供了丰富的例题，对每一个例题或者算法，要注意总结其中的算法思想和程序设计过程与方法，还有其中所涉及的重要语法规则及应用方式等。每一章都配备了习题和实验问题，便于学生课后做编程练习。学生们在编写完程序之后，还可以上机实践。通过写程序和上机实践，就会慢慢理解程序设计的思想，用过的方法多了，遇到问题时才有可能想到解决的思路。初学者可能会感觉编程很难，可是当你编写出了一个个程序时，就会觉得其实编程也并不是那么难，就会有成就感；反过来，这种感觉会更加激发学生的学习热情。

本书主编为赵春晓，副主编为李建鹏，参与本书编写、程序调试和课件制作的还有王丽君、张翰韬。需要本书课件的读者，请到 http://www.bucea.edu.cn 下载。

由于时间仓促，书中难免存在不妥之处，请读者批评指正。

作　者

2016 年 8 月

目　录

第 1 章　程序及其执行

本章知识结构图

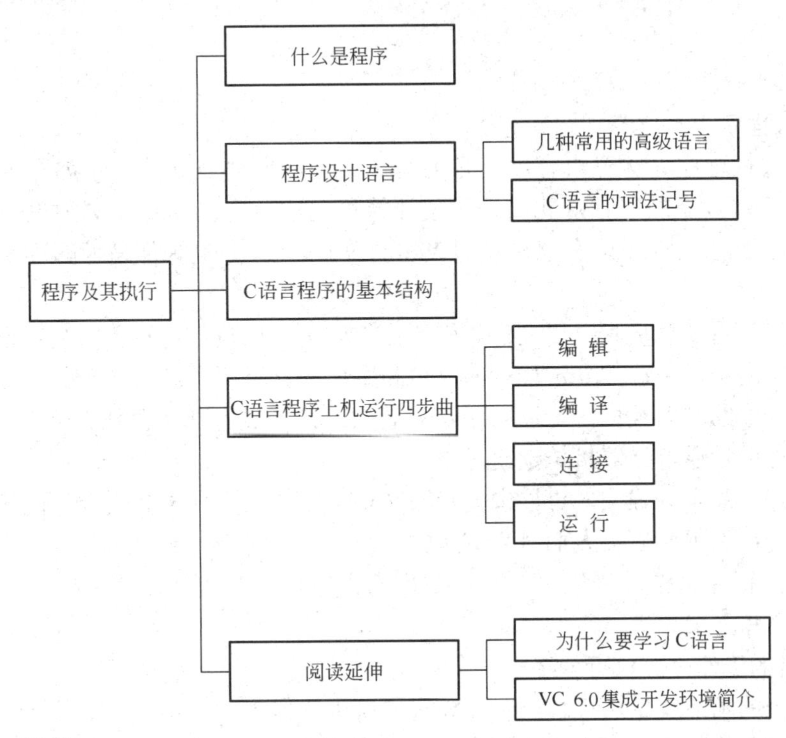

本章学习导读

程序及其执行是学习程序设计的两大基本问题。本章内容主要包括什么是计算机程序、怎样用 C 语言书写程序。本章在介绍了 C 语言的词法记号、C 语言程序的基本结构后，讨论了 C 语言程序的编辑、编译、连接和运行等内容。

另外，本章“阅读延伸”一节还针对程序设计初学者讲述了为什么要学习 C 语言并介绍了 VC 6.0 集成开发环境。

1.1　什么是程序

1．计算机的硬件组成

要使用计算机从事程序设计工作，必须先了解计算机是怎样组成的。目前人们使用的个人计算机主要包括中央处理器（CPU）、内存、外存、键盘和显示器等。图 1-1 所示是计算机的硬件组成。其中，CPU 是计算机的核心部件，其主要功能是执行存放在内存中的程序。计算机本身是无生命的机器，要想让计算机工作还需要安装相应的软件。

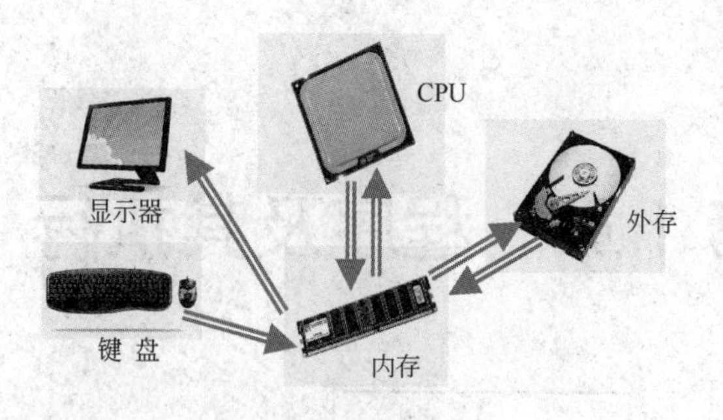

图 1-1　计算机的硬件组成

2．计算机程序

什么是计算机程序？计算机程序就是为解决某一问题而设计的一系列指令或语句，它们具有计算机可以接受的语言形式。为了使计算机完成一定的功能，必须事先编好程序，然后由计算机去执行该程序。大家熟知的 Word、Excel 和 QQ 等都是为解决某一问题而设计的程序。

例如，人们想用计算机写一篇文章，需要让 Word 这个程序将输入的文字记录下来，然后保存或者打印出来，通过 Word 程序的窗口和菜单和计算机交流。学校财务处要制作一份工资表，工资表中的许多数据，可以用 Excel 解决。想通过计算机跟他人聊天，就需要 QQ 这个程序将想说的话通过计算机传递给对方。

计算机虽然功能十分强大，可以供读者写文章、制作工资表、聊天等，但是没有程序，它就等于一堆废铁，不会理会人们对它下达的“命令”。对于计算机而言，程序是非常重要的，计算机的工作完全依赖于程序，有什么样的程序，计算机就做什么样的工作。离开程序，计算机将一事无成。

3．计算机的工作——执行程序

计算机唯一的功能就是执行程序。计算机如何执行程序？

在一台计算机上，程序从某种外部设备，通常是硬盘，被加载入内存，然后由 CPU 去执行该程序。例如，当使用 Word 程序时，需要单击 Word 程序图标，它才被从硬盘加载入内存，然后由 CPU 去执行该程序中的指令以完成工作。整个过程都是由程序控制的。所以，计算机工作的原理就是程序存储和程序控制原理。冯·诺依曼结构的计算机即存储程序的计算机。计算机的本质是程序的机器。

可是，计算机是不懂得人类使用的自然语言的，那么程序是如何将人类的旨意传达给计算机又让它去执行的呢？这就需要用到接下来要讨论的程序设计语言。通过程序设计语言书写程序，才能让计算机依程序行事。

1.2　程序设计语言

1.2.1　几种常用的高级语言

程序设计语言（Programming Language）也称编程语言，俗称“计算机语言”。编程语言的描述一般可以分为语法（syntax）及语义。语法是说明编程语言中哪些符号或文字的组合方式是正确的，语义则是对编程的解释。

在过去的几十年间，大量的高级语言被发明、被取代、被修改或组合在一起成为新的计算机语言。经过实践的检验，现在还在业界普遍流行的计算机程序设计语言主要有以下几种。

1．C 语言

C 语言既具有高级语言的面向过程的特点，又具有汇编语言的面向底层的特点。它可以作为操作系统设计语言，编写系统应用程序，也可以作为应用程序设计语言，编写不依赖计算机硬件的应用程序。因此，它的应用范围非常广泛，不仅仅是在软件开发上，各类科研都需要用到 C 语言，其具体应用包括单片机以及嵌入式系统开发等。当前流行的高级语言（比如 C++语言、Java 语言、C#语言）都是由 C 语言衍生出来的。因此，所有这些语言的基础语法部分都与 C 语言大同小异。

2．C++语言

说到 C 语言，就不得不提到 C++语言。从它们的名字上，就可以看出它们之间的关系。“C++”这个词通常被读作“C plus plus”或“CPP”。C++语言是一种优秀的面向对象的程序设计语言，它是在 C 语言的基础上增加了一些现代程序设计语言的机制（例如面向对象的思想、异常处理等）发展而来的，但它比 C 语言更容易为人们所学习和掌握。C++语言以其独特的语言机制在计算机科学的各个领域中得到了广泛的应用。相对于 C 语言的面向过程的设计方法，C++语言的面向对象的设计思想让它有了一个质的飞跃，使得 C++语言更加适合对性能要求较高的、大型的复杂系统的开发。

3．Java 语言

Java 语言是一种可以撰写跨平台应用软件的面向对象的程序设计语言，是由 Sun Microsystems 公司于 1995 年 5 月推出的 Java 程序设计语言和 Java 平台（即 JavaSE、JavaEE、JavaME）的总称。Java 技术具有卓越的通用性、高效性、平台移植性和安全性，广泛应用于个人计算机、数据中心、游戏控制台、科学超级计算机、移动电话和互联网，同时拥有全球最大的开发者专业社群。在全球云计算和移动互联网的产业环境下，Java 语言更具备显著的优势和广阔的前景。

除了上面介绍的几种程序设计语言之外，还有很多优秀的程序设计语言，比如 Python、C#、PHP 等。各种语言都有自己的特点，也都有自己的应用领域，读者可以根据自己的需要和应用场景来选择合适的语言。

1.2.2　C 语言的词法记号

任何程序设计语言都如同自然语言一样，具有自己的一套对字符、单词、短语及语句的使用规定，也有在语句、语法等方面的使用规则。C 语言所涉及的规定很多，主要有：基本字符集、标识符、关键字、标准库函数、分隔符、语句和注释等。这些规定构成了 C 程序的最小语法单位。

先看两个用 C 语言编写的程序，简单认识一下 C 语言的基本组成。由于读者刚接触 C 语言程序时，程序中很多语句都没见过，这里只能列举简单的例子，让读者对 C 语言程序有个初步印象，通过简单的程序，了解一下 C 语言程序的词法记号，以后再逐步理解。

【例 1-1】在屏幕上输出信息：Hello World!

```
/* exam1_1.c  显示字符串程序*/
#include <stdio.h>
int main(void)
{
  printf("Hello World!\n");                    //将字符串显示输出到屏幕
  return 0;                                    //程序返回
}
```

编译并运行此程序，在显示屏上将看到：

Hello World!

例 1-1 只有两条语句：一条是格式化输出库函数 printf( )的函数调用语句。这条语句的基本功能是：将输出库函数 printf( )中的一个调用参数——双引号括住的一串字符——按照原样输出在显示屏上。

输出库函数 printf( )中用双引号括住的一串字符"Hello World!\n"称为格式控制串（有时简称为“格式串”）。这是调用库函数 printf( )时必须填写的一个重要参数。

格式控制串中末尾的两个字符"\n"不是按照原样在显示屏上输出的普通字符，而只是一个所谓的“转义字符”（对以“\”开始的转义字符的进一步说明请参见第 3 章），所以没有显示在屏幕上，其作用是通知输出设备（显示器或打印机）换行。

另一条是返回语句“return 0;”，这条返回语句的作用是在函数 main( )运行完以后，正常返回到操作系统。

【例 1-2】 输入三角形的三边，计算三角形的面积。

```
/* exam1_2.c  计算三角形面积程序*/
#include <stdio.h>
#include <math.h>
int main(void)
{
  float a, b, c, s, area;
  scanf("%f %f %f", &a, &b, &c);                        //变量输入
  s=(a+b+c)/2;
  area=sqrt(s*(s-a) * (s-b) * (s-c));
  printf("The area of triangle is %f\n", area);         //输出三角形面积
  return 0;                                             //程序返回
}
```

编译并运行此程序，在显示屏上将看到：

3 4 5

The area of triangle is 6.000000

程序由单一的函数 main( )组成，函数 main( )调用了函数 scanf( )、printf( )和 sqrt( )。函数 scanf( )用于从键盘接收数据到计算机内存，程序中用“scanf("%f,%f,%f", &a, &b, &c);”表示可以从键盘输入任意三角形的三边。函数 printf( )用于把数据显示在计算机显示器上，在程序中用于显示三角形的面积 area 的值。这两个函数是由名为 stdio.h 的 C 标准库函数文件提供的，第一行通知编译器在编译程序时要将这个头文件包含进来。函数 sqrt( )是求开平方的函数，由名为 math.h 的 C 标准库函数文件提供，因此要使用函数 sqrt( )，也必须把 math.h 这个头文件包含进来。

除了这些函数名外，程序中还用到了a、b、c、s和area这样的名字，它们都是变量，用于存放程序运行所需要的数据和运行结果。程序中还用到了+、=、/、*等符号，用来进行数据的计算。本章将会对这些内容进行讲解。

C 语言的构成成分类似汉语，也包括字、词和语句。下面逐一介绍。

1．C 语言字符集

C 语言的基本符号构成了 C 语言字符集，包括以下字符：

1）26 个大写和小写英文字母：A～Z，a～z（注意：字母的大小写是可区分的，如 a、b、c 与 A 、B 、C 是不同的）；

2）数字字符：0、1、2、3、4、5、6、7、8、9；

3）运算符：+、–、*、/、%、=、<、>、<=、>=、!=、==、<<、>>、&、|、&&、||、^、～、(、)、[、]、->、.、!、?、:、,、;

4）特殊符号和不可显示字符：_（连字符或下划线）、空格（对应键盘上的 Space 键）、换行符、制表符。

例如，例 1-2 中的 a、b、c、s 是标识符，int、float 是关键字，“return 0; ”是语句，scanf( )和 printf( )是标准库函数，这些都由 C 语言规定的基本字符组成的。

C 语言字符集中的任何字符，都只能在英文半角方式下进行输入，不能在中文输入法下输入。C 语言字符集类似学习汉语时使用的汉语字典。使用汉字时不能写错别字，类似的，书写 C 语言源程序的正文部分（即除了注释和字符串、格式串之外的其他部分）只能使用 C 语言字符集中的字符。对初学者来说，要从一开始就养成良好的书写程序的习惯，力求字符准确、工整、清晰，尤其要注意区分一些字形上容易混淆的字符，避免给程序的阅读、录入和调试工作带来不必要的麻烦。

2．关键字

C 语言中预先规定的具有固定含义的一些单词称为关键字，也叫保留字。关键字类似汉语中的成语，不能另作他用。在例 1-2 中都有哪些是关键字呢？例如，int、float 、return、void 等都是关键字。

C 语言是所谓的“小内核”语言，其语言规模本身来说很小。C 语言的一个主要特点是简洁紧凑、灵活方便，这主要体现在它的关键字上。在 ANSI C89 标准中只有 32 个关键字。C 语言是现有程序设计语言中规模最小的语言之一，而小的语言体系往往能设计出较好的程序。

根据作用，可将关键字分为控制语句关键字、数据类型关键字、存储类型关键字和其他关键字四类：

1）控制语句关键字（9 个）：由 if、switch、for、while、do-while、break、continue、return、goto 共 9 种关键字构成 9 种控制语句（具体见第 4 章、第 5 章）。

2）数据类型关键字（12 个）：主要用来告诉编译程序，编程者要定义或使用什么类型的变量，比如 int、float、char、double 等（具体见第 3 章）。

3）存储类型关键字（4 个）：用来指明变量的存储类型，包括 auto、extern、register、static（具体见第 3 章）。

4）其他关键字（4 个）：const、sizeof、typedef、volatile。

C99 标准又增加了少量关键字，请读者自行查找 C99 标准增加的关键字。

注意，关键字不要误用大写字符，比如 If、While、Switch、FLOAT 都不是关键字。另外，在关键字中没有 scanf 和 printf，它们就是后面要讲的库函数。

3．标识符及其命名规则

类似日常生活中给某个人起名字，在 C 语言中也要给一些对象起名字，这些名字称为标识符。在程序中使用的变量名、数组名、函数名、符号常量名、语句标号、自定义类型名等统称标识符。

例如，例 1-2 中的 a、b、c、s、area 为变量名，printf、scanf、sqrt 和 main 为函数名，标识符的命名规则：标识符是以 C 语言字符集中的 26 个大、小写英文字母，阿拉伯数字（0～9）和下划线（“_”）构成的字符序列，其中，第一个字符不能是数字。

下面的字符序列都是合法的标识符：

```
name_total，student，sum，total，total_cars  column，TOTAL
```

大写字母与小写字母是有区别的，因此 total 和 TOTAL 是两个不同的标识符。

下面的字符序列都是不合法的标识符：

```
2xy，sum-2，12345，abc@yahoo.com，number 7，x+y
```

定义标识符时还必须注意以下几点：

1）C 语言对标识符中英文字符的大小写敏感，也就是说，main 与 Main、printf 与 Printf 是不同的标识符。main 和 printf 都是 C 语言中已经规定了的函数名。所以，只能用 main 作为主函数名，而不能用 Main 或 MAIN 等作为主函数名。

2）在用 C 语言编程时，可识别标识符的长度受到各种不同版本的 C 编译器的实现限制。例如，在某一版本的编译器中，标识符的有效长度只有 8 位，那么所有前 8 位(即靠左边的 8 位)相同的标识符将被该编译器当作同一个标识符(比如 student_1 和 student_2)。

3）在满足标识符规定的前提下，标识符虽然可由编程者随意给定，但还是用“见其名而知其意”的标识符来为变量、符号常量、函数等命名更好。这样的程序更容易读懂和维护。

4）编程时，不要用系统定义好的标识符（如库函数名、编译预处理命令等）来定义自己想用的标识符名，所以 scanf、printf、define、include 等标识符最好不要另作他用。

5）编程时，不允许使用关键字作为标识符的名字。

4．库函数

C 语言的关键字很简单，只有 32 个，因此由关键字构成的语句也十分简单，如例 1-1 是为了显示一段文字，但在 C 语言中找不到显示语句，只能使用库函数 printf( )。在 C 语言中，除实现顺序、选择和循环三种基本结构等的 9 条控制语句外，输入、输出操作均由标准库函数（不是 C 语言的组成部分）来实现。C 语言的一个主要特点是可以使用库函数。

库函数，顾名思义是把函数放到库里。它是由人们根据需要把一些常用到的函数编完放到一个函数库文件里，供其他人用。编程者使用库函数时，把它所在的文件名用头文件包含命令“# include < >”加到里面就可以了。对于例 1-2 使用的库函数 printf( )，必须用头文件包含命令“# include <stdio.h>”。如果像例 1-2 那样计算平方根问题，就要调用库函数 sqrt( )，并加上头文件包含命令：# include <math.h>。

C 语言的库函数极大地方便了用户，同时也补充了 C 语言本身的不足。在编写 C 语言程序时，应当尽可能多地使用库函数，这样既可以提高程序的运行效率，又可以提高编程的质量。

库函数的函数调用语句为：

库函数名（参数列表）；

参数列表必须要用圆括号括起来，其中“参数列表”中的参数如果多于一个，参数之间要用逗号隔开。

5．分隔符

C 语言源程序中可使用的分隔符有三个：空格、回车/换行、逗号。同类项之间要用逗号分隔（但有例外，如 for 语句的三个表达式之间要用分号隔开，参见第 5 章）。关键字和标识符之间要用空格或回车/换行来分隔，不能用逗号，比如语句“int num，age;”。

6．语句

语句是组成程序的基本单位，它能完成特定操作，语句的有机组合能实现指定的计算处理功能。所有程序设计语言都提供了满足编写程序要求的一系列语句，它们都有确定的形式和功能。C 语言中的语句有以下几类：

1）控制语句，如 if、switch、for、while、do-while、break、continue、return、goto；

2）表达式语句；

3）函数调用语句；

4）复合语句；

5）空语句。

这些语句的形式和使用方法见后续相关章节。

7．注释

注释用来说明整个程序或某段程序的功能。源程序中的注释是给人看的，而不是给编译程序“看”的。注释可以书写在源程序中任何可以插入空格的地方。

注释的常用方式有两种：一种是注释内容独自占据多行，对注释以下的一段程序或者整个源程序文件进行说明，注释是以“/*”开始，以“*/”结束的字符序列；另一种是出现在一行语句或定义的右边，对同一行左边的内容进行说明解释，仅用于单个一行的注释。单行注释只需以“//”作为开始。这两种类型的注释请参见例 1-2。

1.3　C 语言程序的基本结构

下面通过一个实例看一下 C 语言源程序的构成。

【例 1-3】求两整型数中较小的那个数。

```
/* exam1_3.c 求两整型数中小者*/
#include <stdio.h>
int   min(int x, int y)                    //min( )函数：x,y 为参数，分别接收 main( )传递的 a 和 b
{
int m ;
if (x < y)
```

```
    m=x;
  else
    m=y;
  return(m);                                      //返回到 main( )函数
  }                                               //min( )函数
                                                  //空行
  int main(void)
  {
  int a, b, m;
  printf(" Please input two nums:");
  scanf("%d %d", &a, &b);
  m=min(a, b);                                    //调用 min( )函数
  printf("min num   is   %d\n", m);
  return 0;
  }                                               //main( )函数
```

编译并运行此程序，在显示屏上将看到：

Please input two nums:5 18

min num is 5

1．C 语言源程序的主要构成成分：函数定义

C 语言程序的基本结构：

1）程序由一个或多个函数构成（见图 1-2）。C 语言是以函数作为程序设计的基本单位的。例 1-3 包括两个函数，一个函数名为 main，另一个名为 min。C 语言程序鼓励和提倡人们把一个大问题划分成一个个子问题，对应于每一个子问题编制一个函数，这样的好处是让各部分相互充分独立，并且任务单一。

2）这些函数分布在一个或多个文件中。

3）每个 C 语言程序必须至少有一个函数 main( )。"int main(void)"中的"void"就是空的意思，在这里可以省略，可以写成"int main( )"。这个函数称为主函数。

4）函数 main( )是程序的入口，整个程序从这个主函数开始执行。它直接或间接地调用其他函数来完成功能。

5）函数的基本结构：一个函数分为两个部分：函数首部和函数体（见图 1-3）。

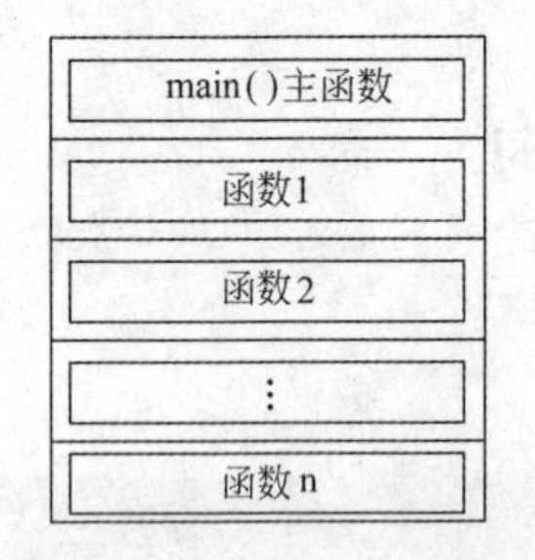

图 1-2　C 语言程序的基本结构

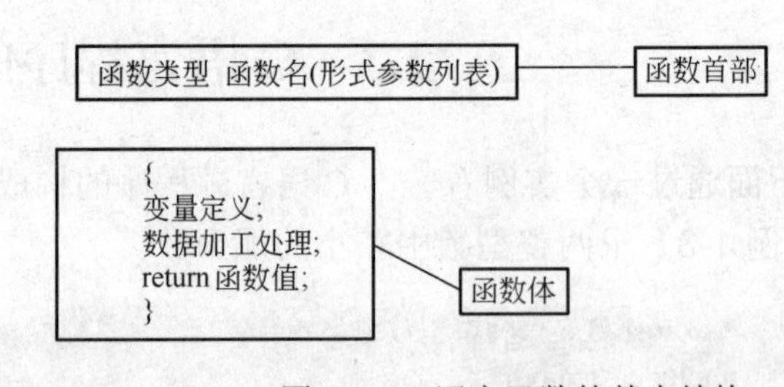

图 1-3　C 语言函数的基本结构

2．C 语言源程序的次要构成成分

C 语言源程序的次要构成成分有编译预处理命令、注释和声明（对于声明的介绍，请参见第 7 章）。其中，编译预处理命令和注释是不以分号结束的语言成分。

与其他许多高级程序设计语言不同，C 语言的源程序在正式运行编译程序之前，必须事先运行一个编译预处理程序。编译预处理程序将根据源程序中出现的编译预处理命令，对源程序这个文本文件进行一些辅助性的文本插入（#include 命令）、文本替换（#define 命令）和文本选择等加工工作。每一条编译预处理命令都是以“#”开始，并且不以分号结束。每条编译预处理命令都必须书写在一行上。

总之，一个 C 语言源程序主要分成三个部分：预处理指令、全局声明和函数定义。这三个部分有机地组合起来，就形成了一个完整的程序。更形象地说，一个 C 语言程序中的预处理指令、全局声明和函数定义就像是一个个积木方块，而编写一个 C 语言程序，就是将这些积木方块，按照一定的顺序搭建在一个 C 语言的源文件中。比如在例 1-3 中，程序就包含了预处理指令、min 函数和 main 函数这三个积木方块。而整个写程序的过程，就是将这三个积木方块按照一定的顺序搭建成一个完整的 C 语言程序的过程。

1.4　C 语言程序上机运行四步曲

在纸上写好一个 C 语言程序后，计算机是不能直接识别该程序的。

计算机内部只能接受用二进制代码 0 和 1 描述的机器指令，例如，计算机完成两个数相加的机器语言指令为：

00000001 11011000

全部机器指令的集合构成计算机的机器语言，只有用机器语言编写的程序才能被计算机直接识别和执行。因此，用 C 语言所编制的程序不能直接被计算机识别，必须经过翻译才能被计算机执行，对 C 语言程序的翻译称为编译。只有经过编译程序的翻译，用 C 语言写的程序才能被翻译成计算机能执行的机器语言程序，所以把用 C 语言写的程序称为源程序（source program），将源程序转换为机器指令后得到的程序称为目标程序（object program），如图 1-4 所示。

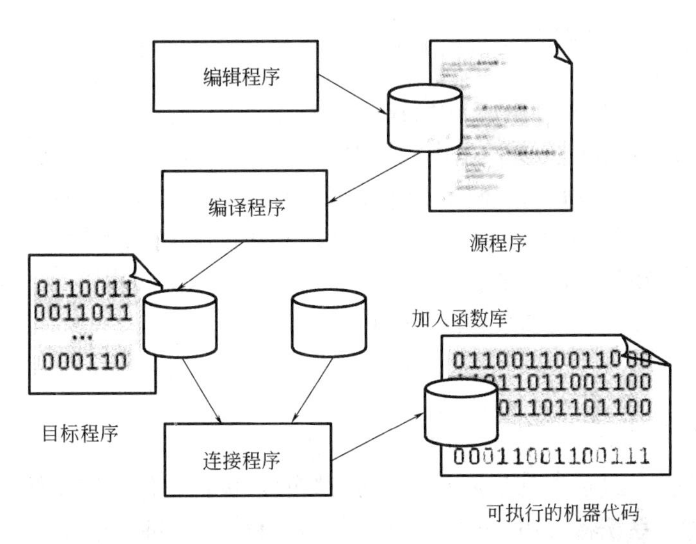

图 1-4　C 语言程序的上机运行

还要将编译出的目标程序与它的库函数等进行连接，形成可执行程序才能运行，然后加工初始数据，算出所需的计算结果。

因此，在纸上写好一个程序后，它是不能直接运行的，要经过编辑、编译、连接、运行4个基本步骤。下面介绍每个过程，以及它们对创建C语言程序的作用。

1.4.1 编辑

编辑C语言源程序文件有两种含义：建立或修改C语言源程序文件。C源程序文件可以随意命名，但其扩展名必须是“.c”。

首先，通过编辑器（editor）程序完成源程序的上机输入，将其保存为C语言程序文件。C语言的源程序以文本文件的形式存储在磁盘上。如果磁盘中已经存在相应的文件，则通过编辑还可以修改文件。将程序保存为文本文件后，编辑工作即告结束。

源文件的编辑可以用任何文字处理软件完成，也可以用集成开发环境（缩写为IDE）集成的编辑器完成。

第一步的编辑工作是最繁杂而又必须细致地由人工在计算机上来完成的。

1.4.2 编译

编译指的是将“.c”文件编译成“.obj”文件。

计算机不能直接识别任何高级语言的源程序，要执行源程序，首先必须将其翻译成计算机可以识别的二进制形式的机器语言程序，即目标程序。将高级语言源程序翻译成目标程序的过程称为“编译”，编译工作由专门的编译器（compiler）程序完成，编译后得到的目标代码文件的扩展名为“.obj”。可以用集成开发环境集成的编译器进行编译。

编译器能找出程序中很多无效或无法识别的错误，以及结构错误。在编译的过程中，编译器会报告这些错误。编译时产生的错误若属于语法错误，必须返回编辑阶段，检查并修改源代码。

1.4.3 连接

连接指的是将“.obj”文件生成为“.exe”文件。

连接器（linker）将源代码文件中由编译器产生的各种模块组合起来，再从C语言提供的程序库中添加必要的代码模块，将它们组合成一个可执行的程序文件，连接后得到的文件称为可执行文件，其扩展名为“.exe”。可以用集成开发环境集成的连接器进行连接，连接器也可以检测和报告错误，例如遗漏了程序的某个部分，或者引用了一个根本不存在的库组件。出现连接错误时也必须返回编辑阶段，检查并修改源代码。

1.4.4 运行

运行就是执行“.exe”文件。

经过编译和连接，最后得到扩展名为“.exe”的可执行文件，该文件可以直接运行。当可执行文件运行时，系统将CPU的控制权交给运行程序，同时按照程序设计的步骤一步步去执行程序，直到程序运行完毕为止。

程序运行后，可以根据运行结果判断程序是否还存在其他方面的错误。运行时出现的错误一般是逻辑错误。出现逻辑错误时需要修改原有算法，重新进行编辑、编译和连接，再运行程序。

编译、连接和运行三步相对简单，基本上由计算机自动完成。

1.5 习　　题

1）什么是程序？什么是程序设计语言？

2）C 语言的源程序文件、目标文件、可执行文件是如何区分的？有什么不同？

3）为什么通过编辑、编译、连接和运行四步完成 C 语言程序的运行？

4）编写一个程序，在一行上输出自己的姓名。

5）改写上一个程序，在两行上分别输出自己的姓和名。

6）编写程序，输出一个由“＊”组成的金字塔（6 行）。

7）编写一个程序，输出一个人的详细相关信息（学号、姓名、性别、年龄、家庭住址、电话号码、所在班级、寝室号等）。

8）根据本章给出的利用 printf( )库函数设计字符界面的例子，充分发挥想象，设计出更多有趣而实用的字符界面，并比比谁设计的字符界面更漂亮、更有创意。

9）试着使用数学函数库编程，用各种数学公式进行数值计算。

10）在 main( )函数中提示输入两个整数 x、y，使用 scanf( )函数得到 x、y 的值，调用 pow( )函数计算 x 的 y 次幂的结果，再将其显示出来。

1.6　实验 1　学习 VC 6.0 开发环境实验（2 学时）

1．实验目的

1）掌握 C 语言程序设计编程环境 VC 6.0，掌握运行一个 C 语言程序的基本步骤，包括编辑、编译、连接和运行。

2）掌握 C 语言程序设计的基本框架，能够编写简单的 C 语言控制台程序。

2．实验内容

1）使用 VC 6.0 建立一个非图形化的标准 C 语言程序，编译、连接并运行教材例 1-1。

实验步骤与要求：

建立一个控制台应用程序项目“lab1_1”，向其中添加一个 C 语言源文件“lab1_1.c”，输入教材中例 1-1 的代码，检查一下，确认没有输入错误，运行程序，观察输出是否与教材上的答案一致。

2）使用系统函数 pow(x, y)计算 x^y 的值，注意包含头文件 math.h。

实验步骤与要求：

建立一个控制台应用程序项目“lab1_2”，向其中添加一个 C 语言源文件“lab1_2.c”，在函数 main( )中提示输入两个整数 x、y，使用 scanf 语句得到 x、y 的值，调用 pow(x, y)函数计算 x 的 y 次幂的结果，再用 printf 语句显示出来。

1.7 阅读延伸

1.7.1 为什么要学习 C 语言

1. C 语言的发展沿革

C 语言是由贝尔实验室的 D.M.Ritchie 于 1972—1973 年间在 B 语言的基础上设计出来的。C 语言在诞生之后迅速普及。D.M.Ritchie 与他的同事 Brian W.Kernighan 合写了一本名著《The C Programming Language》，这本书的第一版实际上成为早期 C 语言的标准。这个标准称为"K&R 的经典 C"或简称为"经典 C"。很多早期开发出来的 C 语言程序，都是遵守这个事实上的标准的。然而这个标准尚有一些不足。

为了 C 语言的标准化和健康发展，美国国家标准化协会经过长期的努力，于 1989 年制定颁布了一个 C 语言标准，被称为 ANSI C89 标准，简称"C89 标准"，它对经典 C 进行了一些改进和完善。随后美国国家标准化协会于 1999 年又颁布了 C 语言的一个新标准，简称"C99 标准"。

从诞生到流行，C 语言是最近 30 年使用最为广泛的编程语言。C 语言不是最时髦的编程语言，但却是最受欢迎的、应用最广泛的编程语言。有些语言能出色地完成其中的一部分工作，另一些语言能出色地完成其中的另一部分工作，然而，没有几种语言能像 C 语言那样能出色地完成全部工作。因而 C 语言成为当代最优秀的程序设计语言。

在程序设计界有一个著名的 TIOBE 编程语言排行榜，它是某种编程语言流行趋势的一个晴雨表。在这个据全世界的程序员、第三方厂商的推选而作出的编程语言排行榜上，C 语言的市场份额 10 年来长期保持在 15%至 20%之间。在某些时候，它还能够位于这份榜单的榜首位置，成为最热门、最受欢迎的编程语言。在 TIOBE 公布的 2013 年 12 月编程语言指数排行榜中，排名前三的还是 C 语言、Java 语言、Objective-C 语言。C++语言和 C#语言排名第四和第五。这份榜单也从一个侧面反映了 C 语言在当今软件业界的应用范围之广，其受欢迎程度丝毫不逊色于后起的 Java 语言以及 C#语言等。

2. C 语言的应用领域

C 语言是一种通用的、过程式的编程语言，广泛用于系统与应用软件的开发，具有高效、灵活、功能丰富、表达力强和可移植性较高等特点，备受程序员青睐。

1）系统软件。比如编写操作系统这种高难度问题，只有 C 语言和汇编语言可以做到。C 语言可以编写服务器端软件如 Apache、Nginx，或者编写 GUI 程序，如 GTK。大多数程序语言的第 1 版是通过 C 语言实现的。

2）应用软件。Linux 操作系统中的应用软件都是使用 C 语言编写的，因此这样的应用软件安全性非常高。

3）对性能要求严格的领域。一般对性能有严格要求的应用都是用 C 语言实现的，比如网络程序的底层和网络服务器端底层、地图查询、搜索引擎算法、银行金融系统等，只有勤快的 C 语言能够出色地完成这些任务，而 C++语言因为过于复杂，在这方面就稍逊一筹了。

4）图形处理。C 语言具有很强的绘图能力和可移植性，并且具备很强的数据处理能力，可以用来编写系统软件、制作动画、绘制二维图形和三维图形等。

5）数字计算。相对于其他编程语言，C 语言是数字计算能力超强的高级语言。

6）嵌入式设备开发。手机、PDA 等时尚类电子产品内部的应用软件、游戏等很多都是采用C语言进行嵌入式开发的。很多嵌入式开发系统，都是只提供了C语言的开发环境而并没有提供 C++语言的开发环境。

7）游戏软件开发。利用 C 语言可以开发很多游戏。

3．C 语言的特色

1）C 语言是高级语言。它把高级语言的基本结构和语句与低级语言的实用性结合起来。C 语言可以像汇编语言一样对位、字节和地址进行操作，而这三者是计算机最基本的工作单元。

2）C 语言是结构式语言。结构式语言的显著特点是代码及数据的分隔化，即程序的各个部分除了必要的信息交流外彼此独立。这种结构化方式可使程序层次清晰，便于使用、维护以及调试。C 语言是以函数形式提供给用户的，这些函数可方便地调用，并具有多种循环、条件语句控制程序流向，从而使程序完全结构化。

3）C 语言功能齐全，具有各种各样的数据类型，并引入了指针概念，可使程序的效率更高，而且其计算功能、逻辑判断功能也比较强大。

4）C 语言适用范围广，适合于多种操作系统，如 Windows、DOS、UNIX 等，也适用于多种机型。

但是，真正让C语言能够在众多的程序设计语言中屹立不倒的特点只有两个：接近底层与高性能。

5）接近底层，可以直接对硬件进行操作。

严格地说，C 语言是一种介于低级程序设计语言（如汇编语言）和高级程序设计语言（如 C++语言、Java 语言）之间的中级程序设计语言。C 语言比 C++语言更加简洁。程序员可以非常容易地利用C语言直接对计算机的硬件单元的位、字节和地址进行操作。这样的特点，决定了C语言在某些需要对硬件进行操作的应用场景下，例如嵌入式系统中，成为程序员的不二之选。

如果把程序语言的应用领域从硬件到管理软件、Web 程序作一个很粗略的、从下到上的排列，C 语言的适合领域是比较底层靠近硬件的部分，而新兴语言比较偏重于高层管理或者 Web 开发这种相对贴近最终用户的领域。比较流行的混合开发模式是使用C语言编写底层高性能部分代码或后台服务器代码，而使用动态语言如 Python 语言作前端开发，充分发挥它们各自的优势。

在 Web 开发领域，C 语言的应用相对较少，这也是一种取舍的结果，Web 开发需要使用 PHP、Ruby、Python 这样的动态语言，它们可以快速上线、快速修改，可以最大限度地满足用户时时变化的需求，这也是 C 语言的弱项。但是，如果想给 Ruby、Python 编写扩展模块，C 语言形式的函数定义是唯一的选择。C 语言就好像一个中间层或者胶水，如果想把不同编程语言实现的功能模块混合使用，C 语言是最佳的选择。

6）执行效率高，具有接近汇编语言的性能。

除了汇编语言之外，C 语言是当今主流程序设计语言中，执行效率最高的程序设计语言。当面对高性能的计算时，没有任何语言能跟 C 语言相比。一般而言，经过编译器优化后的 C 语言程序，其执行效率只比汇编程序生成的目标代码效率低 10%～20%。对于某些对性能要求极高的系统软件，诸如 Linux 内核、搜索引擎算法，以及云计算等，恐怕只有 C 语言才能够胜任。这也决定了 C 语言在这些领域中具有长久的生命力，始终处于一种不无可替代的地位。

1.7.2 VC 6.0 集成开发环境

1．什么是集成开发环境

集成开发环境（Integrated Development Environment，IDE）是用于提供程序开发环境的应用程序，一般包括代码编辑器、编译器、调试器和图形用户界面工具。它是集成了代码编写功能、分析功能、编译功能、调试功能等的开发软件服务套。所有具备这一特性的软件或者软件套(组)都可以叫集成开发环境，如微软的 Visual Studio 系列，Borland 的 C++ Builder、Delphi 系列等。该程序可以独立运行，也可以和其他程序并用。

2．VC 6.0 集成开发环境简介

VC 6.0 是一个功能强大的可视化集成开发环境。VC 6.0 由许多组件组成，包括编辑器、调试器以及程序向导 AppWizard 等开发工具。

3．使用 VC 6.0 编译 C 语言程序

在 Windows 下正确安装了 VC 6.0 后，单击任务栏的“开始”按钮，选择“程序”中的“Microsoft Visual C++ 6.0”菜单启动运行 VC 6.0，进入 VC 6.0 主窗口。

4．主窗口介绍

VC 6.0 主窗口由菜单栏、工具栏、项目工作区、源程序编辑区及输出窗口等构成，如图 1-5 所示。

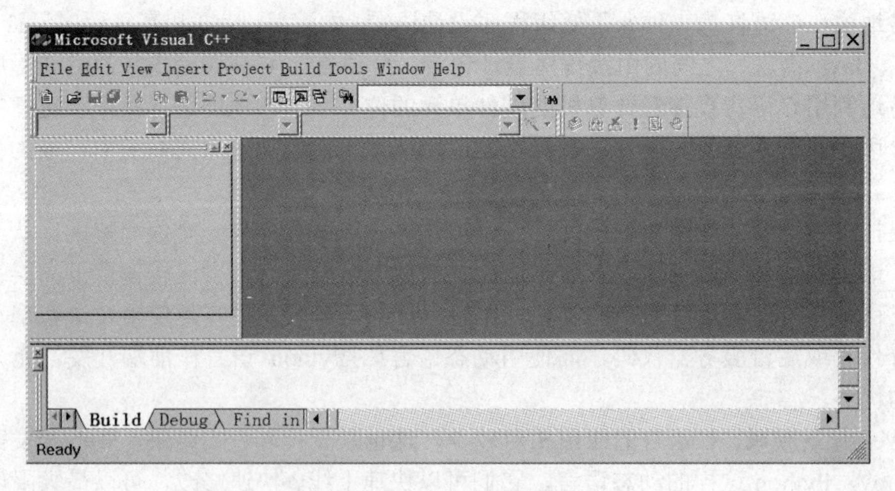

图 1-5　VC 6.0 主窗口

（1）菜单栏

菜单栏中几乎包含了文档操作、程序编辑、程序编译、程序调试、窗口操作等开发环境功能。

（2）工具栏

在工具栏上有常用菜单命令的图形按钮，可为用户提供更方便的操作方式。

（3）项目工作区

项目工作区包含用户项目的类、项目文件以及项目资源等信息。

（4）源程序编辑窗口

源程序是指未经编译的，按照一定的程序设计语言规范书写的，人类可读的文本文件，通常由高级语言编写。源程序可以以书籍、磁带或者其他载体的形式出现，但最为常用的格式是文本文件。

（5）输出窗口

输出窗口输出编译和连接、调试等各种软件开发步骤中的相关信息。

5．编辑、编译、连接和运行程序

步骤：工程（Project）、文件（File）、编辑（Edit）、编译（Compile）、连接（Build）、运行（Execute）。

（1）建立一个工程

VC 6.0 以工程为单位对整个程序开发过程涉及的资源，比如代码文件、图标文件等进行管理，扩展名为“.dsw”，一个完整程序的新建、打开或者保存是对工程文件进行的，代码文件只是工程文件的一部分。

在“File”菜单中选择“New”命令，切换到“Project”标签，根据需要选择工程类型。如图 1-6 所示，选择一个 Win32 控制台应用程序（Win32 Console Application）。

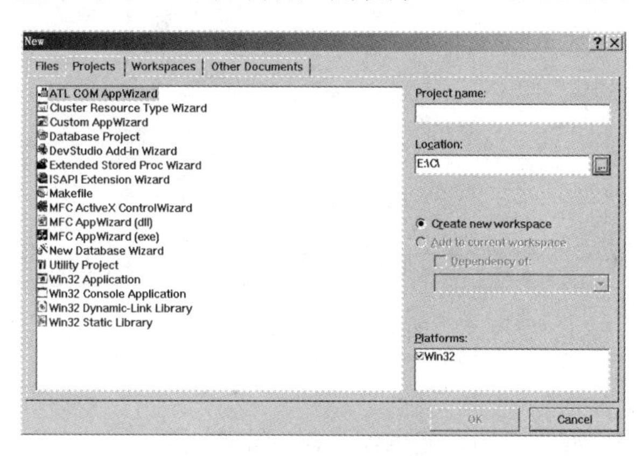

图 1-6　选择工程类型

单击“确定”按钮，进入下一步，会看到图 1-7 所示的提示界面。

建立一个空工程，对应其他需要还可以建立别的工程。单击“完成”按钮，显示所创建工程的信息。

（2）为工程添加代码文件

在已有一个工程的条件下，再建立一个源文件。

继续选择“File”菜单下的“New”命令，本次切换到“Files”标签，根据需要选择要添加到工程里的文件类型，选择其中的“C++ Source File”，在右侧输入文件名称及对应的扩展名。注意这里选“.c”，如图 1-8 所示。

注意：VC 6.0 既是 C++程序的编译器，也是 C 语言程序的编译器。两者都可以用 VC 6.0 编译运行，保存 C 语言源程序文件名时要加文件扩展名“.c”。“.c”是 C 语言程序的文件扩展名，如果保存源程序时文件名未加扩展名，则系统会认为其是C++程序，自动为文件加上扩展名“.cpp”。

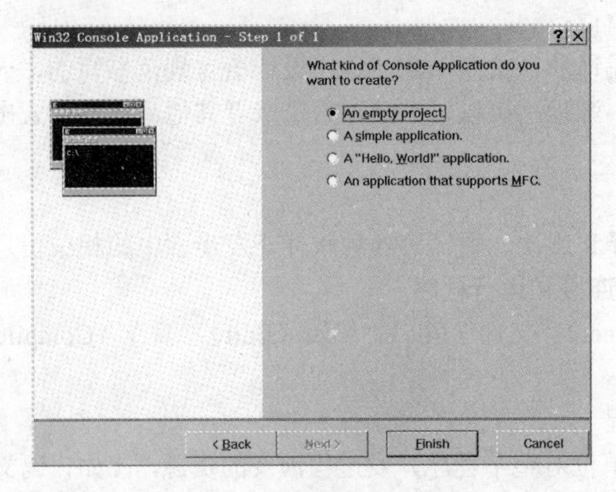

图1-7　工程完成的提示界面

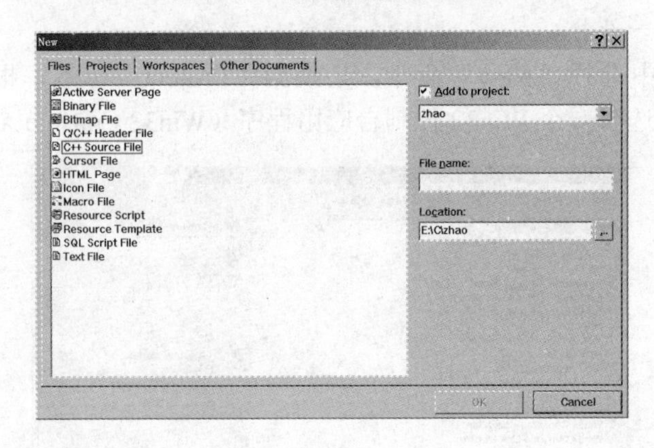

图1-8　建立源文件

（3）编辑

书写程序代码，在编辑器中输入源程序代码并保存。

双击“FileView”中的代码文件可以直接进入代码编辑状态，根据需要输入代码，如图1-9所示。如果代码书写较乱，可以使用“Edit”菜单的“Advanced”子菜单中的“Format Selection”进行格式化，其快捷键为“Alt+F8”。

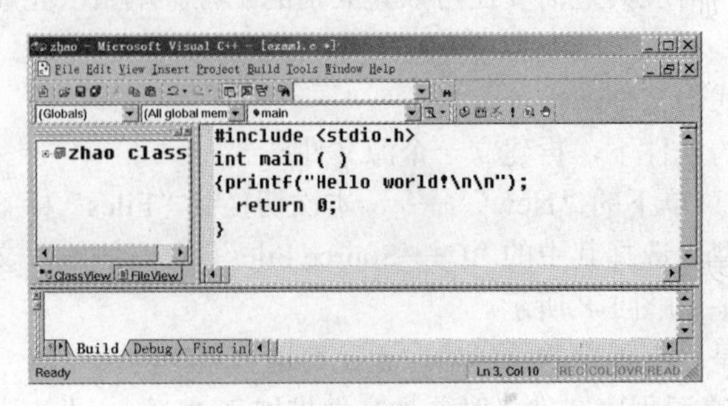

图1-9　编辑代码

（4）编译

按快捷键“Ctrl+F7”或通过“Build”菜单中的“Compile”命令，或使用工具栏中的相应工具“Compile”进行编译，若程序有错则找到出错行修改程序，如图 1-10 所示。

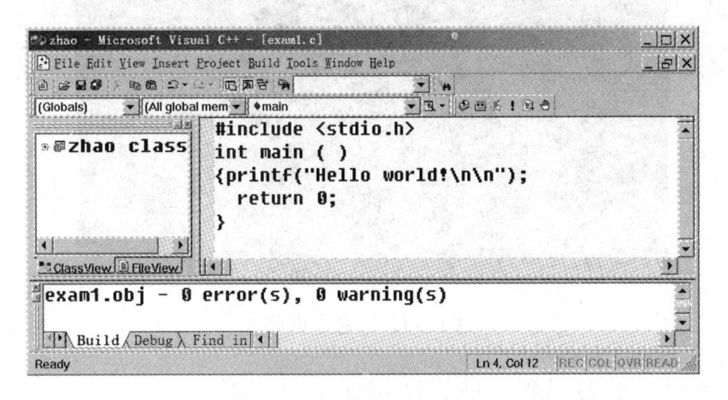

图 1-10　编译程序

（5）连接

若程序没有语法错误，则可按功能键“F7”或执行“Build”菜单中的“Build”连接命令，或通过工具栏中的相关工具（编译工具右边的工具）进行连接，生成可执行文件，如图 1-11 所示。

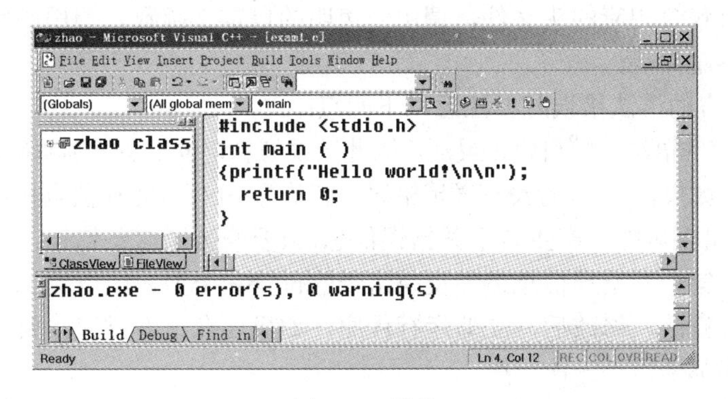

图 1-11　连接

（6）运行程序

按快捷键“Ctrl+F5”，或通过“编译”菜单中的执行命令“Build”，或通过工具栏中的“!”工具运行程序，如图 1-12 所示。

6．VC 6.0 编译器是如何编译 C 语言程序的

VC 编译器是一条语句一条语句地翻译。

一个编译器包括词法分析、语法分析、语义分析、中间代码的生成、目标代码的生成、代码优化等。

其中词法分析的功能是将一个*.c 文件读到内存中，然后根据这一大串字符串判断并分割出关键字、字母、标识符等；语法分析的功能是根据标准 C 语言的语法判断这个*.c 文件是否存在语法错误；编译成机器语言程序之前，源程序中的注释都会被编译程序删除，但良好的注释将使源程序更易被人们读懂，也使源程序更容易被理解和修改。

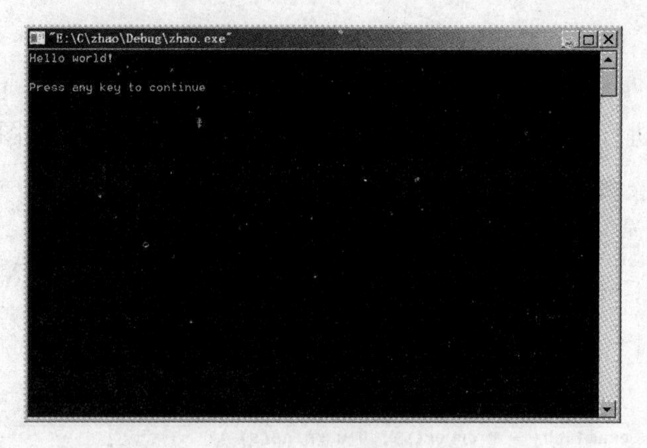

图 1-12　运行程序

C 语言初学者上机时最容易犯一些语法错误主要如下：

1）没有区分开教材上的数字 1 和字母 l，字母 o 和数字 0 的区别，造成变量未定义的错误。另一个易错点是将英文状态下的逗号、分号、括号和双引号输入成中文状态下的逗号、分号、括号和双引号，造成非法字符错误。

2）使用未定义的变量、标识符（变量、常量、数组、函数等），不区分大小写，漏掉“；”，“{”与“}”以及“(”与“)”不匹配，控制语句（选择、分支、循环）的格式不正确，调用库函数时没有包含相应的头文件，调用未声明的自定义函数，调用函数时实参与形参不匹配，数组的边界超界等。

3）修改 C 语言的语法错误时要注意以下两点：

① 由于C语言的语法比较自由、灵活，因此错误信息定位不是特别精确。例如，当提示第 10 行发生错误时，如果在第 10 行没有发现错误，应从第 10 行开始往前查找错误并修改之。

② 一条语句错误可能会产生若干条错误信息，只要修改了这条错误，其他错误会随之消失。一般情况下，第一条错误信息最能反映错误的位置和类型，所以调试程序时务必根据第一条错误信息进行修改，修改后，立即运行程序，如果还有很多错误，要一个一个地修改，即每修改一处错误都要运行一次程序。

语义分析的功能是根据标准 C 语言的语法确定程序的含义。

中间代码的生成是根据源程序生成相应的过渡程序。

目标代码的生成是根据中间代码生成相应的目标代码（如对于汇编语言，VC6.0 最终生成的是以“.exe”为扩展名的可执行文件）。

代码优化是根据生成的目标代码进行优化，比如减少循环次数等。

第 2 章　如何设计程序

本章知识结构图

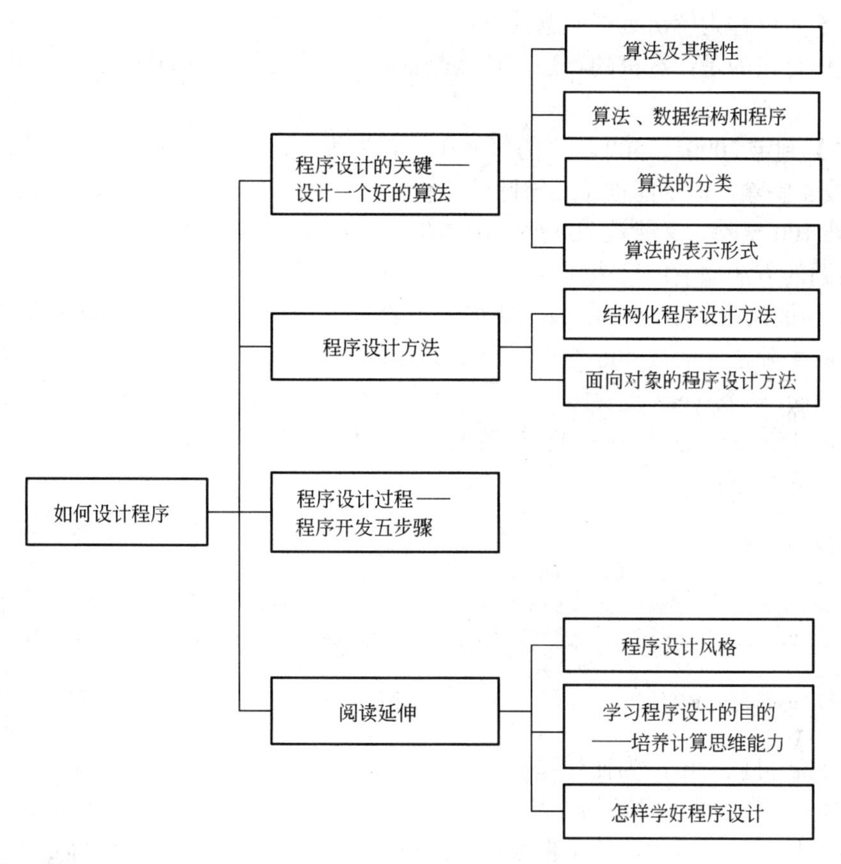

本章学习导读

第 1 章解释了程序以及如何执行程序这两大基本问题。本章继续讨论学习程序设计的第三大问题：如何设计一个程序。程序设计也叫程序开发。程序开发离不开算法设计。本章介绍算法的概念、特性、表示方法，以及程序设计方法，并给出了程序开发步骤。另外，本章在“阅读延伸”一节中还介绍了程序设计风格、学习程序设计的目的以及学习本课程的若干建议。

2.1　程序设计的关键——设计一个好的算法

2.1.1　算法及其特性

1．什么是计算机算法

算法无处不在，算法普遍地出现在人们的日常生活中，在生活中做什么事情都要有一定的顺序，比如喝茶可以简单地分成如下几步：

1）找到茶叶。

2）烧一壶开水。

3）将茶叶放到杯子里。

4）将开水倒入杯中。

5）等茶叶泡开。

以上这 5 步就称为解决喝茶问题的算法。

当然我们讨论的是计算机的算法，什么是计算机的算法？计算机有什么特性呢？看下面的例子。

【例 2-1】 判定 2000～2500 年中的每一年是否为闰年，将结果输出。闰年的条件：

1）能被 4 整除，但不能被 100 整除的年份；

2）能被 100 整除，又能被 400 整除的年份。

解决问题的方法如下：

设 year 为被检测的年份，若 year 能被 4 整除，但不能被 100 整除，则 year 是闰年；若 year 能被 100 整除，又能被 400 整除，则 year 是闰年。

用变量 leap 代表 year 是否闰年的信息。若 year 是闰年，令 leap=1；若 year 非闰年，leap=0。最后判断 leap 是否为 1（真），若是，则输出“闰年”信息。

算法可表示如下：

```
S1：输入 year;
S2：若 year 不能被 4 整除，则 leap=0，然后转到 S6;
S3：若 year 能被 4 整除，不能被 100 整除，则 leap=1，然后转到 S6;
S4：若 year 能被 100 整除，又能被 400 整除，则 leap=1，否则 leap=0，然后转到 S6;
S5：leap=0;
S6：若 leap 为 1，则输出 year"是闰年"，否则输出 year"不是闰年"，结束。
```

从这个例题可以看出，为使计算机能按照上面确定的方法进行计算，仅有解决问题的方法是不够的，必须把解决问题的方法步骤化，即需要以某种方式告诉计算机，第一步做什么，下一步做什么，一般的，第 i 步做什么，第 i+1 步做什么。对于上面确定的方法而言，在进行计算之前，计算机必须要知道年份 year，即要把计算所需的原始数据 year 输入到计算机中，然后计算机才能按确定的公式一步一步地进行计算，并输出最终的计算结果。

用计算机解题前，需要将解题方法转换成一系列具体的、在计算机上可执行的步骤，这些步骤能清楚地反映解题方法一步步“怎样做”的过程，这个过程就是通常所说的算法。简单地说，算法（algorithm）就是一个解题方法的具体步骤。

2．计算机算法的五个基本特征

从上面解决例 2-1 的算法中，可以看到一个算法应该具有以下五个重要特征。

（1）输入（input）

一个算法有零个或多个输入，以刻画运算对象的初始情况，例 2-1 中有一个输入 year。所谓“零个输入”是指算法本身定出了初始条件。对于个别情况，如打印“hello world!”这样的代码，不需要输入任何参数，因此算法的输入可以是零个。

（2）输出（output）

一个算法有一个或多个输出，以反映对输入数据加工后的结果。没有输出的算法是毫无意义的。例 2-1 中有两个输出："year 是闰年"和"year 不是闰年"。

（3）有穷性（finiteness）

指算法在执行有限的操作步骤之后，自动结束而不会出现无限循环，并且每一个步骤在可接受的时间内完成。例 2-1 中算法的执行只需 6 步即停止。

现实中人们经常会写出死循环的代码，这就不满足有穷性。当然这里有穷的概念并不是纯数学意义的，而是在实际应用当中合理的、可以接受的"有边界"。例如，有的算法需要一台或一组现代高速计算机运行几十甚至几百年，才能得到结果，那么这种算法，也不能算是有效的算法。

（4）确切性（definiteness）

算法的每一个操作步骤必须有确切的定义。算法中的每一个步骤应当不致被解释成不同的含义，而应是十分明确的。也就是说，算法的含义应当是唯一的，而不应当产生歧义。

例 2-1 中算法的执行步骤 S1、S2、S3、S4、S5 和 S6 序列，每一步骤都是确切的。相反，如果有一个步骤如下：

输出："是闰年"

它是不确切的，因为没有指定哪一个年份，所以，这个步骤是不确定的。这一点与人们日常的行为不同，算法绝对不能有含糊其辞的步骤，像"请把那天的书带来！"这种无法明确哪一天、哪一本书、带到哪里的语句是不能够出现在算法中的，否则，算法的运行将变得无所适从。算法的每一步都应当是意义明确、毫不模糊的。

（5）可行性（effectiveness）

算法的每一步都必须是可行的，也就是说，每一步都能够通过执行有限次数完成。可行性意味着算法可以转换为程序上机运行，并得到正确的结果。一个算法应具有可以实现的特点，不能实现的代码不能算作算法。例 2-1 中算法的执行步骤 S1、S2、S3、S4、S5 和 S6 序列，可以转换为程序上机运行，并得到正确的结果。

程序如下：

```
#include <stdio.h>
int main( )
{
  int year, leap;
  printf("Enter year:");
  scanf("%d", &year);
  if (year % 4 == 0)
        if (year % 100 == 0)
              if (year % 400 == 0)
                    leap=1;
              else
                    leap=0;
        else
              leap=1;
  else
        leap=0;   //if (year % 4 = = 0) 结束
```

```
    if (leap)
        printf("%d is ", year);
    else
        printf("%d is not ", year);
    printf("a leap year.\n");
    return 0;
}
```

该程序是算法，具备算法的五个基本特征，包括数据输入和数据输出，除此之外，算法的每个步骤都是确切并且可行的，而且该算法的语句共 18 条，从整体上来说是有穷的。

3．什么是好算法

具备了算法的五个基本特征不一定是好算法。一般来说，对于很多问题，算法不是唯一的。对同一个问题，可以有多种解决问题的算法。算法不唯一，相对好的算法还是存在的。什么是好的算法呢？要设计一个好的算法应考虑达到以下五个目标。

（1）正确性（correctness）

算法的正确性是指算法应该满足具体问题的需求。算法首先必须是正确的，即对于任意的一组输入，包括合理的输入与不合理的输入，总能得到预期的输出。如果一个算法只是对合理的输入才能得到预期的输出，而在异常情况下无法预料输出的结果，那么它就不是正确的。其中“正确”的含义大体上可以分为以下四个层次：

① 算法没有语法错误。

② 算法对于合法的输入数据能够产生满足要求的输出结果。

③ 算法对于非法的输入数据能够产生满足规格说明的结果。

④ 算法对于精心选择的，甚至刁难的测试数据都能够产生满足要求的输出结果。

对于这四层含义，其中要达到第④层含义下的正确性是极为困难的。一般情况下，以第③层含义的正确性作为衡量一个算法是否正确的标准。

例如，求 n 个数的最大值问题，给出示意算法如下：

```
max=0;
for（i=1；i <= n; i++）
  {
     scanf("%f", &x);
     if (x > max) max=x;
  }
```

求最大值的算法无语法错误。虽然当输入 n 个数全为正数时，结果也对，但当输入的 n 个数全为负数时，求解的最大值为 0，显然这个结果不对，这个简单的例子可以说明算法正确性的内涵。

问题：上面求最大值的算法到底应当算第几层次？是否能算是正确算法？

（2）可读性（readability）

一个算法设计完成后，并非仅供算法设计者个人使用，因此首先应让使用者能够理解、阅读与交流，其次才是机器执行。可读性好有助于人们对于算法的理解以及排除算法中隐藏的错误，也有助于算法的移植和功能扩充。

写代码的目的，一方面是让计算机执行，还有一个重要的目的是令代码便于他人阅读、理解和交流，自己将来也可以阅读。如果可读性不好，时间长了自己都不知道写了些什么。可读性是衡量算法（也包括实现它的代码）好坏的很重要的标准。

（3）健壮性（robustness）

当输入的数据非法时，算法应当能够做出适当的反应或进行处理，从而避免产生不可预料的输出结果。处理出错的方法应是报告输入错误的性质，而不是简单地打印错误信息或异常，同时中止程序的执行，以便在更高的抽象层次上进行处理。例如，输入的学生成绩不应该是负数等。

（4）高效率

所谓效率，是指算法执行的时间。对于同一个问题，如果有多个可供选择的算法，应尽可能选择执行时间短的算法，这样的算法无疑效率是较高的。

（5）低存储量需求

算法的存储量需求是指算法执行过程中所需的最大存储空间。对于同一个问题，如果有多个算法可供选择，应尽可能选择存储量需求低的算法。

2.1.2 算法、数据结构和程序

众所周知，计算机的程序是用来对数据进行加工处理的。从程序设计的角度看，一个程序应包括对数据的描述和对操作的描述。

1．对数据的描述

在程序中需要指定数据的类型及数据的组织形式，即数据结构（data structure）。

在C语言中，数据结构是以数据类型的形式来体现的。数据类型是指数据的内在存储方式。由于算法层出不穷，变化万千，其操作所需要的输入数据和计算结果的输出数据名目繁多，不胜枚举。最简单、最基本的有字符数据、整数和实数数据等。稍复杂的有向量、矩阵、结构等数据。更复杂的有集合、树和图，还有声音、图形、图像等数据。

【例 2-2】学生信息包括：学号、姓名、年龄、性别、电话、E-mail 等。试设计一个学生信息管理系统，使之能提供以下功能：①录入学生信息；②浏览学生信息；③查询学生信息；④删除学生信息；⑤修改学生信息；⑥打印学生信息。

假定学生数据的逻辑结构见表 2-1。

表 2-1 学生信息表

学号	姓名	年龄	性别	电话	E-mail
201408050101	刘得意	23	男	12345678900	deyiliu@163.com
201408050102	花美丽	22	女	12345678901	huameili@163.com
201408050103	刘琼斯	21	女	12345678902	qiongsi@163.com
201408050104	高琼帅	25	男	12345678903	qiongshua@163.com
201408050105	王地雷	21	男	12345678904	dilei@163.com
201408050106	牛芬芳	29	女	12345678905	fenfang@163.com
⋮	⋮	⋮	⋮	⋮	⋮

通过后面章节的学习，读者会学到用不同的数据类型来描述数据，比如使用数组或链表来描述这个表。数组和链表，在进行插入数据、删除数据等操作时，它们的操作方式是不一样的。

2. 对操作的描述

对操作的描述，即操作步骤，也就是算法。数据是操作的对象，操作的目的是对数据进行加工处理，以得到期望的结果。

仅有数据，而无任何动作，程序也无任何意义。同样由于算法层出不穷，变化万千，其中运算的种类五花八门、多姿多彩。最基本、最初等的有赋值运算、算术运算、逻辑运算和关系运算等；复杂的有函数值计算，向量运算，矩阵运算，集合运算，以及表、栈、队列、树和图的运算等。此外，还可能有以上列举的运算的复合和嵌套。例 2-2 的部分主程序代码如下：

```
#include<stdio.h>
int main( )
{
printf("\t\t\t+            学生信息管理系统           |\n");
printf("\t\t\t-----------------------------------\n");
printf("\t\t\t+         [1]----录入学生信息        |\n");
printf("\t\t\t+         [2]----浏览学生信息        |\n");
printf("\t\t\t+         [3]----查询学生信息        |\n");
printf("\t\t\t+         [4]----删除学生信息        |\n");
printf("\t\t\t+         [5]----修改学生信息        |\n");
printf("\t\t\t+         [6]----打印学生信息        |\n");
printf("\t\t\t+         [0]----退出系统            |\n");
…
}
```

读者在学完本书第 10 章后可补充程序后面的部分。

作为程序设计人员，必须认真考虑和设计数据结构与操作步骤（即算法）。因此，著名计算机科学家沃思（Niklaus Wirth）提出一个公式：

程序=数据结构+算法

在程序设计中，数据结构的选择是一个基本的考虑因素。许多大型系统的构造经验表明，系统实现的困难程度和系统构造的质量都大大依赖于是否选择了最优的数据结构。许多时候，确定了数据结构后，算法就容易得到了。有时候事情也会反过来，人们会根据特定算法来选择数据结构与之适应。不论哪种情况，选择合适的数据结构都是非常重要的。

当然这些要素都离不开一个与计算机交互的平台——语言工具和环境，语言工具和环境是编写程序的工具，程序由它们制造。因此，可以这样表示程序：

程序=算法+数据结构+语言工具和环境

在程序、算法、数据结构以及语言工具和环境这四个要素中，算法是程序的灵魂，是解决问题（处理数据）的方法步骤，决定程序“做什么”和“怎么做”。想写好程序必须要学习算法。数据结构是加工对象的组织方式。程序设计语言是程序设计的工具和环境。

2.1.3 算法的分类

1. 根据算法设计方法分类

算法设计的基本方法有许多，如递推法、递归法、穷举法、分治法、模拟法、贪心法等。作为程序设计基础课，只要求学习常见的方法，其他算法将在数据结构和算法中继续学习。

2. 根据算法的应用分类

按算法的应用可将计算机算法分为两大类：数值计算算法和非数值计算算法。

（1）数值计算

在 20 世纪 50 年代，计算通常是指数值计算。数值计算的目的是求数值解，如求方程的根、求一个函数的定积分等都属于数值计算的范围。数值计算的数据量小且结构简单，数据仅用于算术运算与逻辑运算，数据类型只包括整型、实型、布尔型。程序工作者把主要精力放在程序设计的技巧上，而并不重视如何组织数据。

因为对数值计算算法的研究比较深入，各种数值计算都有比较成熟的算法可供选用。人们常常把这些算法汇编成册（写成程序形式），或者将这些程序存放在磁盘上，供用户调用。例如，有的计算机软件系统提供“数学程序库”，使用起来十分方便。

（2）非数值计算

随着计算机软硬件的发展与其应用领域的不断扩大，非数值计算处理所占的比例越来越大，多种信息通过编码而被归于数据的范畴。数据包含数值、字符、声音、图像等一切可以输入到计算机中的符号集合，大量复杂的非数值数据要处理，数据的组织显得越来越重要。

非数值计算的范畴十分广泛，例如检索、表格处理、判断、决策、形式逻辑演绎等。因为非数值计算的种类繁多，要求各异，难以规范化，因此目前只对一些典型的非数值计算算法（如排序算法、查找算法等）进行了比较深入的研究。其他的非数值计算问题往往需要使用者参考已有的类似算法，重新设计解决特定问题的专门算法。

2.1.4 算法的表示形式

描述算法的方法有多种，常用的有结构化流程图、N-S 流程图、伪代码、计算机语言和自然语言等。

1. 用流程图表示算法

用流程图表示算法，直观形象，易于理解。但传统的流程图有一个弊端：对流程线没有严格的限制，较复杂的算法可能会变成乱麻一般。为克服这一弊端，1966 年，计算机科学家 Bohra 和 Jacopini 证明了这样的事实：任何简单或复杂的算法都可以由顺序结构、选择结构和循环结构这三种基本结构组合而成。这种流程图称为结构化流程图。

（1）顺序结构

顺序结构描述的是最自然的结构，如图 2-1 所示。它也是最基本的结构，其特点是语句与语句之间是按从上到下的顺序进行的，不能跳跃，不能回头。

（2）选择结构

选择结构是依据指定条件选择不同的语句的控制结构，选择结构和实际问题中的分类处理是完全对应的。选择结构的流程图如图 2-2 所示。

（3）循环结构

循环结构就是根据指定条件决定是否重复执行一条或多条指令的控制结构。它的特点是：从某处开始，按照一定的条件反复执行某一处理步骤，其中反复执行的处理步骤称为循环结构。循环结构的流程图如图 2-3 所示。

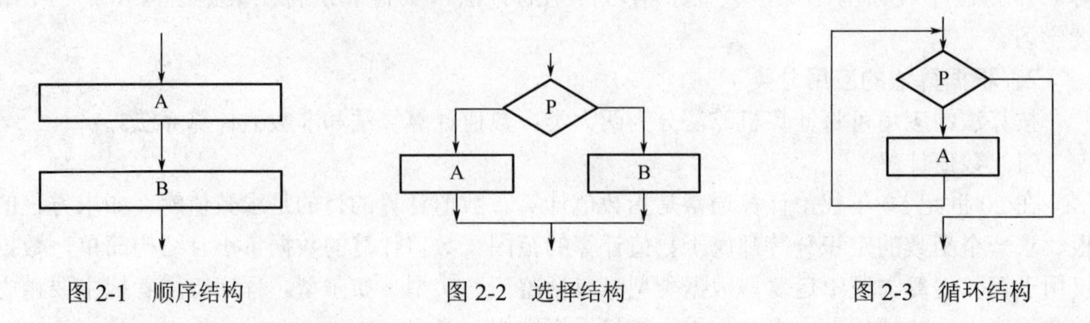

图 2-1　顺序结构　　图 2-2　选择结构　　图 2-3　循环结构

三种基本结构的共同特点如下：

1）只有一个入口；

2）只有一个出口；

3）结构内的每一部分都有机会被执行到；

4）结构内不存在“死循环”。

结构化流程图是由三种基本的结构构成的，相应的，用结构化流程图描述的算法称为结构化的算法。

2．用 N-S 流程图表示算法

既然任何算法都是由前面介绍的 3 种结构组成的，那么各基本结构之间的流程线就是多余的。这是由美国人 I. Nassi 和 B.Shneiderman 共同提出的，故下面要介绍的流程图以他们的姓氏的首字母命名。N-S 流程图去掉了所有的流程线，将全部的算法写在一个矩形框内。N-S 流程图是一种结构化流程图，因此它描述的算法是结构化算法，它也有 3 种基本结构，下面分别介绍。

1）顺序结构的 N-S 流程图，如图 2-4 所示。

2）选择结构的 N-S 流程图，如图 2-5 所示。

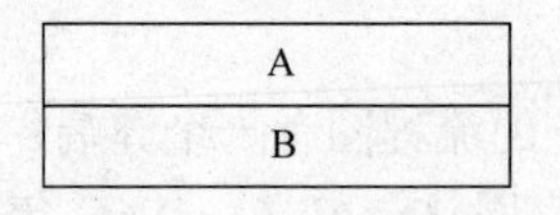

图 2-4　顺序结构

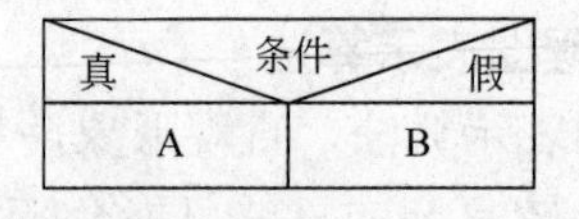

图 2-5　选择结构

3）循环结构的 N-S 流程图，如图 2-6 和图 2-7 所示。

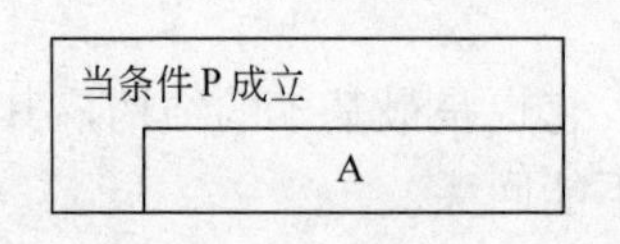

图 2-6　while 循环结构

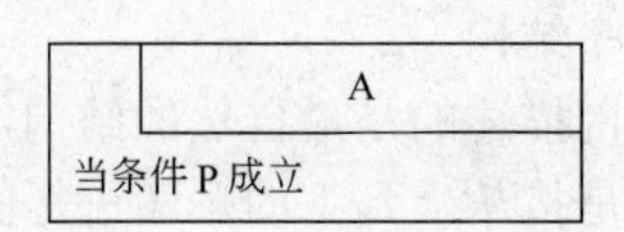

图 2-7　do while 循环结构

这 3 种基本结构都只有一个入口和一个出口，结构内的每一部分都有可能被执行，且不会出现无法终止循环的情况。

3．用伪代码表示算法

伪代码使用介于自然语言和计算机语言之间的文字和符号来描述算法。

伪代码（pseudocode）是一种算法描述语言。使用伪代码的目的是为了使被描述的算法可以容易地以任何一种编程语言（C、C++、Java 等）实现。因此，伪代码必须结构清晰、代码简单、可读性好并且类似自然语言。

4．用计算机语言表示算法

前面已经介绍，程序定义为“数据结构+算法”，所以，可以直接用某种计算机语言编写的程序表示算法。应当强调的是，写出了 C 语言程序，仍然只是描述了算法，并未实现算法。只有运行程序才是实现算法。应该说用计算机语言表示的算法是计算机能够执行的算法。

5．用自然语言表示算法

自然语言，简单来说就是人们在日常生活中应用的语言。相对于计算机语言来说，自然语言更容易被接受，也更容易学习和表达，例 2-1 的算法就是用自然语言描述的。

自然语言的缺点是往往冗长烦琐，而且容易产生歧义，尤其是在描述分支、循环算法时，用自然语言十分不方便。所以，除了一些十分简单的算法外，一般不采用自然语言来表示算法。

2.2 程序设计方法

程序设计方法是指导程序设计工作的思想方法，它主要包括程序设计的原理和所应遵循的基本原则，帮助人们从不同的角度描述问题。时至今日，用于指导程序设计的方法已有许多种类，它们各自有自己的特点，其中结构化和面向对象是两种发展最为成熟、应用最为广泛的程序设计方法。

2.2.1 结构化程序设计方法

结构化程序设计（Structured Programming），也称为结构化编程。它采用子程序、代码区块（用成对的关键字包围一段程序，形成一个“区块结构”，例如，C 语言中用大括号{…}包围的一段程序即一个区块）、for 循环以及 while 循环等结构来取代传统的 goto，希望借此改善计算机程序的明晰性、质量以及开发时间，并且避免写出面条式代码。它具有由基本结构构成复杂结构的层次性。

结构化程序设计的基本思想如下。

（1）自顶向下、逐步求精

所谓“自顶向下，逐步求精”，是指“先整体后局部”的设计方法，即先求解问题的轮廓，然后再根据每个功能模块的情况逐步求精。这是一个先整体后细节，先抽象后具体的过程。

（2）程序模块化

程序由若干模块（或构件）组装而成。所谓“模块化”，是将一个大任务分成若干较小的任务，即将复杂问题简单化。每个小任务完成一定的功能，称为“功能模块”。各个功能模块组合在一起就解决了一个复杂的大问题。

（3）语句结构化

语句结构化是在每一个模块中只允许使用三种基本结构构造程序。它们是顺序、选择和循环结构。结构化过程如下：

1）用顺序方式对过程分解，确定各部分的执行顺序。

2）用选择方式对过程分解，确定某个部分的执行条件。

3）用循环方式对过程分解，确定某个部分进行重复时开始和结束的条件。

4）对处理过程仍然模糊的部分反复使用以上分解方法，最终可将所有细节确定下来。

通过上面的分析可以看出：结构化程序设计的核心思想是功能的分解，从功能的角度审视问题。它将应用程序看成一个能够完成某项特定任务的功能模块，其中的每个子过程是实现某项具体操作的底层功能模块。在每个功能模块中，用数据结构描述待处理数据的组织形式，用算法描述具体的操作过程。其特点是将数据结构与算法分离。

结构化程序设计语言主要包括 C、FORTRAN、PASCAL、Ada、BASIC 等。C 语言是支持结构化程序设计的典型代表。它以函数作为程序的基本单元，在每一个函数中仅使用顺序、选择和循环三种流程结构的语句。

2.2.2 面向对象的程序设计方法

面向对象的程序设计是在结构化程序设计的基础上发展起来的，它吸取了结构化程序设计中最为精华的部分，有人称它是“被结构化了的结构化程序设计”。

面向对象方法的基本思想如下：

1）客观世界中的事物都是对象，对象之间存在一定的关系，并且复杂对象由简单对象构成。

2）具有相同属性和操作的对象属于一个类，对象是类的一个实例。

3）类之间可以有层次结构，即类可以有子类，其中子类继承父类的全部属性和操作，而且子类有自己的属性和操作。

4）类具有封装性，把类内部的属性和一些操作隐藏起来，只有公共的操作对外是可见的，对象只可通过消息来请求其他对象的操作或自己的操作。

5）强调充分运用人在日常生活中经常采用的思想方法与原则，例如抽象、分类、继承、聚合、封装、关联等。

通过上面的分析可以看出：面向对象程序设计的核心思想是数据的分解，着重点是被操作的数据而不是实现操作的过程。它把数据及其操作作为一个整体对待，数据本身不能被外部过程直接存取。其特点是程序一般由类的定义和类的使用两部分组成，主程序中定义各个对象并规定它们之间传递消息的规律，程序中的一切操作都通过向对象发送消息来实现，对象接收到消息后，调用有关对象的行为来完成相应的操作。用这种方法开发的软件的可维护性和可复用性高。

支持面向对象的程序设计语言很多，C++语言就是一种被广泛使用的、全面支持面向对象程序设计的程序设计语言。

上述两类语言之间并不是“井水不犯河水”，实际上，面向对象的程序设计语言恰恰是在面向过程的程序设计语言的基础上发展而来的，它体现了人类对这个客观世界的更进一步的认识。它们的区别仅仅是认识和模拟客观世界的角度和层次不同而已。落实到具体的代码编写上，后者的对象中包含的数据和数据处理的模块本质上就是前者的函数、过程或子程序，只不过作了相应的封装和使用上的某些限制而已。

2.3 程序设计过程——程序开发五步骤

程序设计是给出解决特定问题的程序的过程，是软件构造活动中的重要组成部分。程序设计往往以某种程序设计语言为工具。学习写程序，不能开始就写代码。程序设计过程从给定问题开始，要经历问题分析、算法设计、程序编写、测试运行、程序调试五个主要阶段。

1．问题分析——做什么

问题分析也叫需求分析，是指对要解决的现实世界的问题进行详细的分析，弄清楚问题的要求，包括程序需要实现什么功能，要达到什么样的效果，也就是确定要程序“做什么”，包括需要输入什么数据、要得到什么结果、最后应输出什么，如图 2-8 所示。

问题分析主要包括三项内容：

1）输入：如果问题有输入，分析输入是什么及输入数据的类型；

2）处理：对输入数据作什么处理；

3）输出：如果问题有输出，分析输出什么数据及输出数据的格式。

例如，上述例 2-1 的计算闰年问题，首先将该问题分解为输入年号、计算闰年和输出是否闰年三个功能模块。闰年问题被分解为：

1）输入：year。

2）处理：设 year 为被检测的年份，若 year 能被 4 整除，但不能被 100 整除，则 year 是闰年；若 year 既能被 100 整除，又能被 400 整除，则 year 是闰年。

3）输出：year 是闰年或者 year 不是闰年。

对于复杂问题，可以进行多层分解。例如，图 2-9 所示为例 2-2 的学生信息管理系统的功能结构，通过自顶向下、逐步求精，将问题分解为 6 个功能模块。先求解问题的轮廓，然后再根据每个功能模块的情况逐步求精。这是先整体后细节、先抽象后具体的过程。

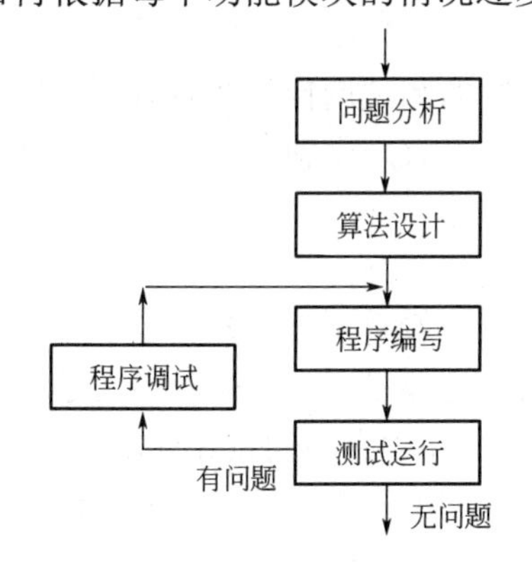

图 2-8　程序开发步骤

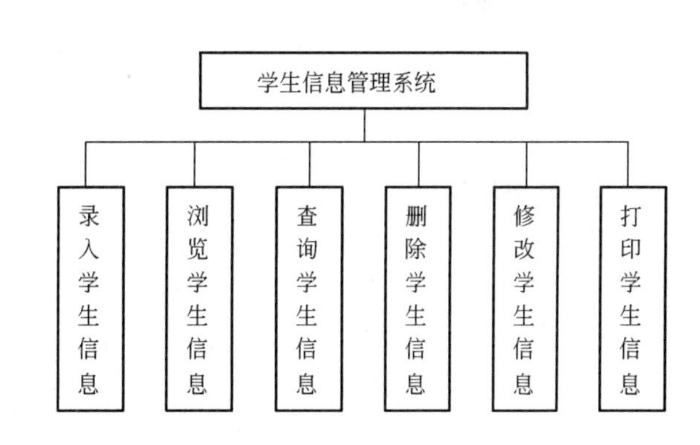

图 2-9　例 2-2 的学生信息管理系统的功能结构

2．算法设计——怎么做

算法设计是指寻找解决现实世界问题的途径和方法，即将解决问题的方法步骤化。

“怎么做”的问题，是初学者甚至很有经验的开发人员都头疼的问题。因为实际的功能描述和程序设计语言之间不能直接转换，就像作家需要组织自己的思路和语言一样，程序设计人员也需要进行转换，而且现实世界和程序世界之间存在一定的差异，所以对于初学者来说，这是一个非常困难的过程，也是开始学习时最大的障碍。前面提到任何简单或复杂的算法都可以由顺序结构、选择结构和循环结构这三种基本结构组合而成。设计算法时一定要注意算法的结构化描述。要把问题分析得到的功能用结构化算法表述出来。

例如，按照结构化的设计方法，针对闰年问题，在进行问题分析的基础上，将数据处理功能设计为多路选择结构，将数据输出设计为双路选择结构。用 N-S 流程图表示算法，如图 2-10 所示。

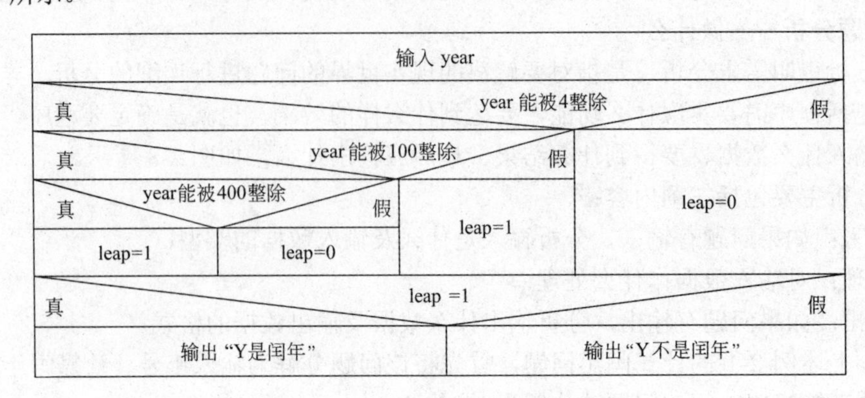

图 2-10 例 2-1 的 N-S 流程图

3. 程序编写——如何描述

编写程序（编码）是将算法翻译成用计算机程序设计语言格式（如 C，C++，Java 等）描述的程序。

“如何描述”的问题，是学习程序中最容易，也是最枯燥的问题。在算法设计过程中，如果用三种基本结构组成描述算法，那么，在程序编写过程中，根据算法编写的程序必然是结构化的程序，这种程序便于编写、便于阅读、便于修改和维护。

4. 测试运行

在纸上写好一个程序后，要经过编辑、编译、连接和程序的测试运行，然后运行可执行程序，得到运行结果，以验证程序是否按要求解决了问题，有没有产生副作用，即程序是否做了该做的事，同时没有做不该做的事。

5. 程序调试

能得到运行结果并不意味着程序正确，要对结果进行分析，看它是否合理，若不合理要对程序进行调试。所谓程序调试，是指当程序的运行结果与设计要求不一致时（通常是程序的运行结果不对），通过一定的方法、使用一定的手段来检查程序中存在的设计问题。

调试是检查某种逻辑错误而不是语法、连接错误。“编译和连接”都正确，只能说明程序没有语法和拼写上的错误，但在算法（逻辑）上有没有错，还得看结果对不对。

调试程序不仅仅可以帮助人们找出程序中的错误，还能帮助人们更好地理解 C 语言内部的工作机制。简单调试方法如下：

1）在程序中插入 printf 打印语句。其优点是能够显示程序的动态过程，比较容易检查源程序的有关信息。其缺点是效率低，可能输入大量无关的数据，发现错误带有偶然性。

2）运行部分程序。有时为了测试某些被怀疑有错的程序段，会将整个程序反复执行许多次，在这种情况下，应设法使被测程序只执行需要检查的程序段，以提高效率。

3）借助调试工具。目前大多数程序设计语言都有专门的调试工具，可以用这些工具来分析程序的动态行为。例如， VC 6.0 就集成了 debug 菜单和工具。

经过上述五步程序设计过程后，还需要做的就是编写程序文档。许多程序是提供给别人使用的，如同正式的产品应当提供产品说明书一样，正式提供给用户使用的程序，必须向用户提供程序说明书。其内容应包括程序名称、程序功能、运行环境、程序的装入和启动、需要输入的数据以及使用时的注意事项等。

2.4 习　　题

1）什么是算法？什么是好的算法？算法在程序设计中的作用是什么？

2）在结构化程序设计中，什么是结构图、结构化的算法和结构化的程序？N-S 流程图描述的算法是结构化的算法吗？

3）设计一个算法完成下面的处理：从键盘接收三个整数分别存储到变量 a、b、c 中，然后判断长度为 a、b、c 的三条线段是否能构成一个三角形。若能，计算并输出该三角形的面积，否则输出相应的信息。

4）请设计一个算法，在整数边长的直角三角形 ABC 的斜边 c 的长度确定的情况下，寻找并输出所有可能的直角边的长度。

5）设想一张单据上有一个 5 位数的号码，其千位数和十位数已变得模糊不清，能看到的仅仅是“1□4□7”；另一方面，又知道这个数能被 57 或 67 除尽。请设计一个算法，找出所有这样的数。

6）假定某银行储蓄的年利率为 2.15%，按复利计算。设计一个算法，计算 y 元在银行储蓄 m 年后所得的本金与利息之和（精确到两位小数）。例如，用户把 100 元存入该银行 3 年，到期后可得到的本金与利息之和为 100*(1+0.0215)*1+0.0215)*(1+0.0215)，约为 106.59 元。

7）如果我国工农业产值每年以 9%的增长率增长，问：几年后我国工农业产值会翻一番？试用程序框图描述其算法。

8）设计一个算法，输出 1000 以内（包括 1000）能被 3 和 5 整除的所有正整数，并画出算法的程序框图。

9）全班一共 40 个学生，设计算法流程图，统计班上数学成绩优秀分数为 85～100 的学生的人数，计算出全班同学的平均分。

10）基本工资大于或等于 600 元，增加工资 10%；若小于 600 元，大于等于 400 元，则增加工资 15%；若小于 400 元，则增加工资 20%。请编写一个程序，根据用户输入的基本工资，计算出增加后的工资。

2.5　实验 2　C 语言程序开发过程实验（2 学时）

1．实验目的

1）学会用 N-S 流程图描述算法。

2）根据流程图编写程序。

3）了解程序开发的过程，能找出并改正 C 语言程序中的语法错误。

2. 实验内容

（1）实验 2-1

1）输入并运行教材上的例题 2-1，试着改动该 C 语言程序，使它出现各种各样的编译错误，并记录错误信息。

① 将“printf("%d is "，year); ”语句后的英文分号改为中文分号。

② 将“printf("%d is "，year); ”语句中的英文双引号改为中文双引号。

③ 将“printf("%d is "，year); ”语句中的英文括号改为中文括号。

④ 将“printf("%d is "，year); ”语句中的英文双引号改为英文单引号。

⑤ 将函数 main( )改为函数 Main( )。

⑥ 在#include <stdio.h>后面加上分号。

⑦ 将#include <stdio.h>中英文的“<”或“>”符号改为对应的中文的符号“＜”或“＞”。

⑧ 将标识函数 main( )开始的“{”去掉。

⑨ 将最后的标识函数 main()结束的“}”去掉。

⑩ 将 printf 改为 Printf 或 print。

⑪ 在源程序第一行“#include <stdio.h>”前面加注释标记“//”，使之成为注释行。

2）实验步骤与要求：

① 建立一个控制台应用程序项目“lab2_1”，向其中添加一个 C 语言源文件“lab2_1.c”，输入教材中例 2-1 的代码，检查一下，确认没有输入错误，选择菜单命令“Build | Build lab2_1.exe”编译源程序，再选择“Build | Execute”运行程序，观察输出是否与教材上的答案一致。

② 试着改动该 C 语言程序，使它出现上述编译错误，并记录错误信息。每改一次，保存后重新编译。

③ 输入前要加提示语句。

④ 输出结果前要有必要的文字说明。

（2）实验 2.2

1）输入三个数 a、b 和 c，找出最小值。画出 N-S 流程图，根据流程图编写程序。

2）实验步骤与要求：

① 建立一个控制台应用程序项目“lab2_2”，向其中添加一个 C 语言源文件“lab2_2.c”，a,b,c 由函数 scanf( )输入，可采用 if 结构找最小值；可用函数 printf( )输出最小值 min。

② 输入前要加提示语句。

③ 输出结果前要有必要的文字说明。

④ 测试数据：

2345，7890，1234

–9876，–4555，–3456

2.6 阅读延伸

2.6.1 程序设计风格

程序主要是写给人看的，而不是写给机器看的，程序和语言文字一样是为了表达思想、记载信息，所以一定要写得清楚整洁才能有效地表达。编译器不会挑剔难看的代码，虽然能编译通过，但是如果和许多人一起进行开发工作，或者希望在过一段时间之后，还能够正确理解自己的程序的话，就必须养成良好的编程习惯。在诸多编程习惯当中，编程风格是最重要的一项内容。良好的编程风格可以在许多方面帮助开发人员，可以增加代码的可读性，并帮助开发人员理清头绪。编程风格最能体现一个程序员的综合素质。

1．缩进和空白

C 语言的语法对编程风格并没有要求，空格、Tab 和换行都可以随意写，实现同样功能的代码可以写得很好看，也可以写得很难看。例如例 2-1 程序的部分代码如果写成下面成这样就很难看了：

```
if (year % 4 == 0)
if (year % 100 == 0)
if (year % 400 == 0) leap=1;
else leap=0;
else leap=1;
else leap=0;                                        //if (year % 4 == 0)
if (leap)       printf("%d is ", year);
else    printf("%d is not ", year);
printf("a leap year.\n");
```

一是没有空白符（包括必要的换行），代码密度太大，看着很费劲。二是没有缩进，看不出来哪个“{”和哪个“}”配对，像这么短的代码还能凑合看，如果代码超过一屏就完全不可读了。

在 C 语言中，合理地使用“多余的”空格和空行（这里指的是不起语法分隔作用的空格和空行），可以使程序更清晰、更易懂、更优美。比如，在加法运算符“+”的两边，分别加一个空格（a + b）就比不加空格的（a+b）要好看些；两个同类项之间，除了必要的逗号分隔符外，还可以加一个（或多个）空格；在功能不同的语句段之间，最好加上一个空行。

对于空白符的规定主要有以下几条：

1）关键字 if、while、for 与其后的控制表达式的括号应紧贴，如：while(1)。

2）双目运算符的两侧插入一个空格分隔，单目运算符和操作数之间不加空格，如“i=i+1”“++i”“!(i<1)”“–x”“&a[1]”等。

3）后缀运算符和操作数之间也不加空格，例如，取结构体成员 s.a、函数调用 foo(arg1)、取数组成员 a[i]。

关于缩进的规则有以下几条：

1）要用缩进体现出语句块的层次关系，使用 Tab 字符缩进，不能用空格代替 Tab。一个 Tab 是 8 个空格的宽度，这样大的缩进使代码看起来非常清晰。

2）if-else、while、do-while、for、switch 这些可以带语句块的语句，语句块的“{”和“}”应该和关键字写在一起，用空格隔开，而不是单独占一行。例如，应该这样写：

```
if(...){
语句列表
}else if(...){
```

```
语句列表
}
```

很多人习惯这样写：

```
if(...)
{
语句列表
}
else if(...)
{
语句列表
}
```

第一种写法的好处是不必占用太多空行，使得一屏能显示更多代码。这两种写法用得都很广泛，只要在同一个项目中能保持统一就可以了。

3）函数定义的“{”和“}”单独占一行，这一点和语句块的规定不同，例如：

```
int fun(int x,int y)
{
语句列表
}
```

4）switch 和语句块里的 case、default 对齐写，也就是说语句块里的 case、default 相对 switch 不往里缩进，例如：

```
switch(c) {
case 'a' : 语句列表
case 'b' :语句列表
default:语句列表
}
```

2. 标识符命名

1）标识符的命名要清晰明了，可以使用完整的单词和大家易于理解的缩写。短的单词可以通过去元音形成缩写，较长的单词可以取单词的头几个字母形成缩写，也可以采用大家基本认同的缩写。例如，count 写成 cnt，block 写成 blk，length 写成 len，window 写成 win，message 写成 msg，temporary 可以写成 temp，也可以进一步写成 tmp。

2）变量、函数和类型采用全小写加下划线的方式命名，常量（宏定义和枚举常量）采用全大写加下划线的方式命名，如上面举例的函数名 radix_tree_insert、类型名 struct radix_tree_root、常量名 RADIX_TREE_MAP_SHIFT 等。

3）全局变量和全局函数的命名一定要详细，不惜多用几个单词，多写几个下划线，例如函数名 radix_tree_insert，因为它们在整个项目的许多源文件中都会用到，必须让使用者明确这个变量或函数是干什么用的。局部变量和只在一个源文件中调用的内部函数的命名可以简略一些，但不能太短，不要使用单个字母作变量名，只有一个例外：用 i、j、k 作循环变量是可以的。

4）针对中国程序员的一条特别规定：禁止用汉语拼音作为标识符名称，因其可读性极差。

3．函数

函数应该短小而迷人，而且它只做一件事情。每个函数都应该设计得尽可能简单，简单的函数才容易维护。设计函数应遵循以下原则：

1）实现一个函数只是为了做好一件事情，不要把函数设计成用途广泛、面面俱到的函数，这样的函数肯定会很长，而且往往不可重用，维护困难。

2）函数内部的缩进层次不宜过多，一般以少于 4 层为宜。如果缩进层次太多就说明设计得太复杂了，应该考虑将其分割成更小的函数来调用。

3）函数不要写得太长，建议在 24 行的标准终端上不超过两屏，太长会造成阅读困难，如果一个函数超过两屏就应该考虑分割函数了。如果一个函数在概念上是简单的，只是长度很长，例如，函数由一个大的 switch 语句组成，其中有非常多的 case 语句，这是可以的，因为各个 case 语句之间互不影响，整个函数的复杂度只等于其中一个 case 语句的复杂度。

4）执行函数就是执行一个动作，函数名通常应包含动词，如 get_current、radix_tree_insert。

5）比较重要的函数定义上面必须加注释，以说明此函数的功能、参数、返回值、错误码等。

6）另一种度量函数复杂度的办法是看有多少个局部变量，5~10 个局部变量就已经很多了，局部变量再多就很难维护了，应该考虑分割函数。

4．注释

注释是一件很好的事情，但是过多的注释也是危险的。通常情况下，注释是说明代码做些什么，而不是说明代码怎么做，而且要试图避免将注释插在一个函数体里，将注释写在函数前，告诉别人它做些什么事情，也可能告诉别人它为什么要这样做。

2.6.2 学习程序设计的目的——培养计算思维能力

美国计算机科学家，卡内基梅隆大学的 Jeannette M.Wing 教授提出了计算思维（Computational Thinking）。计算思维是运用计算机科学的基础概念去求解问题、设计系统和理解人类的行为。计算思维实际上是一个思维的过程。计算思维能够将一个问题清晰、抽象地描述出来，并将问题的解决方案表示为一个信息处理的流程。现实中针对某一问题有很多解决方案的切入角度，而人们提倡的角度就是计算性思维角度。程序设计培养的就是计算思维。计算思维是人类求解问题的一条途径，在程序设计中主要体现为算法思维。

程序设计作为一门基础课程，其主要作用是培养、锻炼学生的计算思维能力。对于计算机专业的学生来说，程序设计是软件开发人员的基本功。通过学习程序设计，学生不仅具有初步编制程序的能力，而且还具有通过计算思维去分析问题和解决问题的能力。

不仅对于计算机专业，学习程序设计对所有的领域、职业都是有用的，人们都是能够从中受益的。

首先，非计算机专业的学生学一点算法、计算机编程方面的知识，其抽象化的计算思维能力对于今后从商、搞法律、学医或者自己创业，都有很大的帮助。这是因为学习抽象的算法和语言，会使人具有一种新的解决问题的技能。另外，有了计算思维，就会知道计算能力的强大，面对大规模的或者复杂的问题，就可以发挥一些计算的能力去解决。

同时，学习程序设计，可以使人们理解程序开发的特点和过程，使人们能与程序开发人员更好地沟通与合作，开展本领域中的计算机应用，开发与本领域有关的应用程序。

2.6.3 怎样学好程序设计

本节讨论如何学习程序设计基础课程的问题。

1．先学习验证

学习程序设计，需要足够的上机编程实践才能找到编程的感觉。首先按照教材上的程序实例进行原样输入，运行一下程序，看是否正确。基本掌握C语言编程软件的使用方法。初步记忆新学章节的知识点，养成良好的C语言编程风格。经过上述过程的学习，学会了C语言各种语句的流程，然后就可以研读别人编写的 C 语言经典程序，看别人是如何解决问题的，通过实践确实感受和领悟求解计算机问题的基本方法和思维模式。

2．增强程序的调试能力

很多程序若只是在纸上阅读，不一定能看懂，但是在调试过程中通过观察中间结果，可以慢慢理解程序思想和设计方法，进一步增强计算思维能力。在程序开发的过程中，上机调试程序是一个不可缺少的重要环节。“三分编程七分调试”，说明程序调试的工作量要比编程大得多。

3．从问题开始，学习结构化编程

编写程序时一定要注意程序的结构性。学习写程序，不能一开始就写代码。许多人在动手写程序的时候感到无从下笔。看到一个题目不知道如何去分析，不知道怎么才能把它编成一个程序，这是初学者在编写程序时的主要问题。计算机领域的程序设计语言用于将客观世界的问题通过逻辑等价地映射为计算机世界的程序。这个映射过程就称为程序设计，如图 2-11 所示。

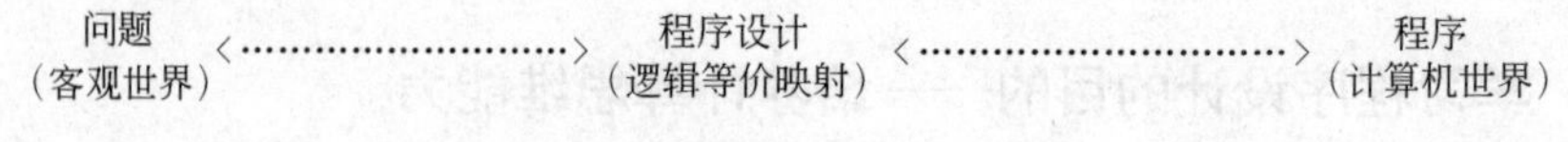

图 2-11　程序设计的本质示意

在图 2-11 中，客观世界的问题多种多样，学习者往往感觉杂乱，不知如何下手，能听懂、看懂别人的程序，但不能系统掌握问题的编程。其难点在于映射过程。其主要原因在于学习者缺乏应有的计算思维能力。对于结构化程序设计，计算思维的核心方法就在于构造问题的求解过程。上述的构造思想体现在结构化程序设计方法中就是功能分解、结构化与模块化编程。

对于闰年问题，首先将问题表示为三个功能，然后在 N-S 流程图中将每个功能进行分解，表示为顺序结构和选择结构，之后可以将算法用程序描述出来。图 2-12 描述了闰年问题、功能结构、算法和程序之间的关系。

4．基于程序基本区块进行归类学习

其实编程的一大部分工作就是分析问题，找到解决问题的方法，再以相应的编程语言写出代码。这就好比学习写作文的时候，一些经典的好词好句可以使文章添彩。同样程序虽然可以实现各种功能，但最基本的一些算法并不是特别多，首先掌握一些简单的算法，在掌握这些基本算法后，根据不同的问题，再灵活应用。

算法可以用程序描述出来。程序都可以分解成一些基本区块结构，如上述的闰年问题，如果能按照它的区块结构理解，可以很熟练地将程序分解为 3 个基本区块结构。如果学生能将功能分解并按基本部件进行描述，学生很容易掌握这些算法思想并书写出正确而规范的程序，这就能够激发学生的学习兴趣。对于程序的基本区块结构，学生在学习过程中很容易记住它们（当然不是死记硬背，而是在理解的基础上记忆）。

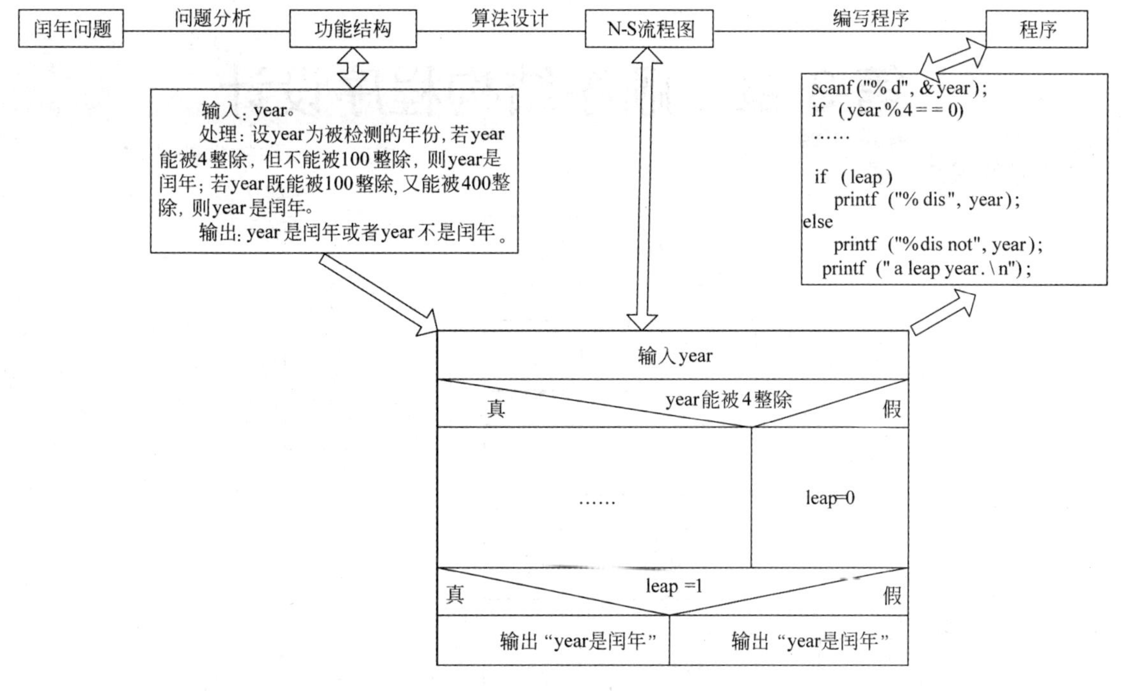

图 2-12　闰年问题的求解过程

综上所述，尽管问题空间中的对象多种多样，但万变不离其宗的是那些算法，这就要求修炼编程的内功。所谓“编程的内功”就是对这个问题空间的抽象化理解能力以及算法描述能力。程序设计工作，就是要求迅速从问题空间中提炼出算法（编程内功），并且能以计算机语言将其描述出来（编程外功）。拥有这两个能力，就能保证遇到任何问题，都有办法写出程序来。因此，在修炼内功的基础上，增强外功也是必要的。

当然，要提倡和培养创新精神。学生学习时不应当局限于教材中的内容，应该激发自身的学习兴趣和创新意识，应该能够在教材所给程序的基础上，思考更多的问题，编写出难度更大的程序。

第 3 章　顺序结构程序设计

本章知识结构图

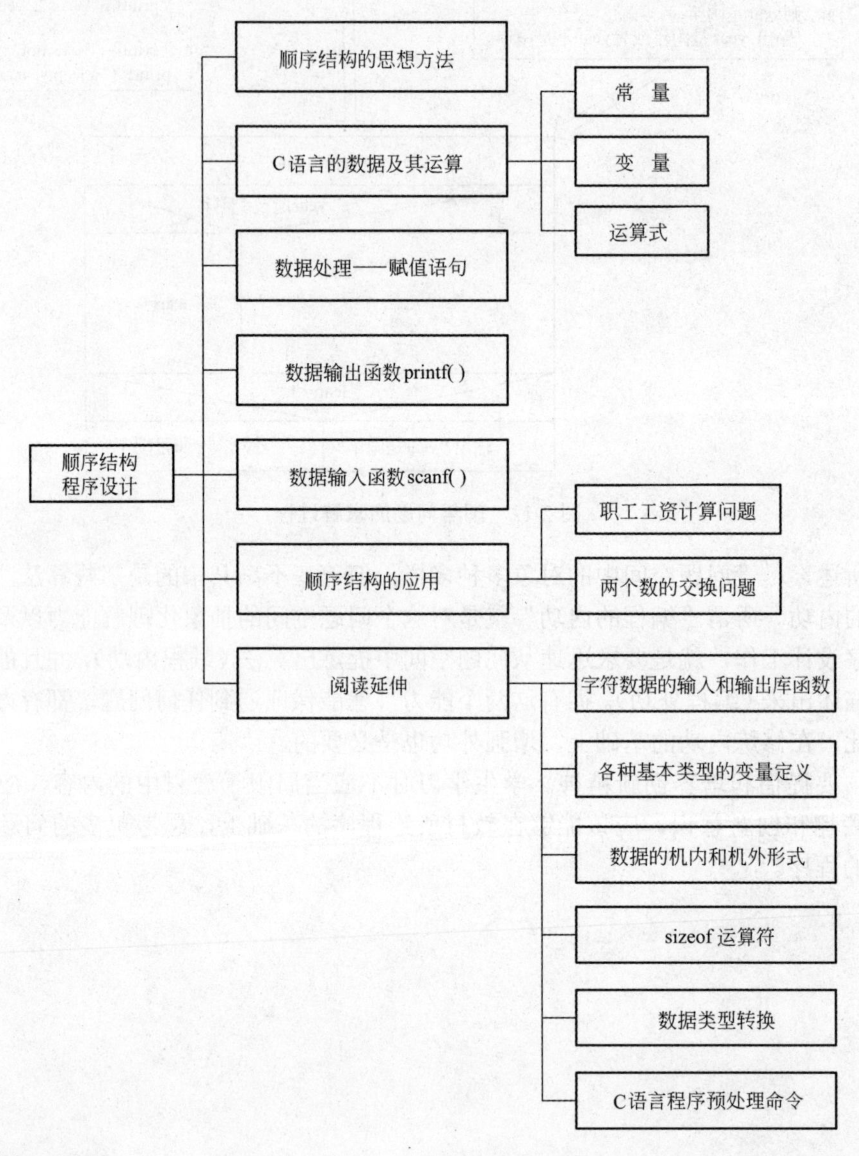

本章学习导读

C 语言是结构化程序设计语言，提供了功能丰富的控制语句，从本章开始本节陆续介绍 C 语言的三种控制结构：顺序结构、选择结构和循环结构。本章主要介绍顺序结构程序设计，包括赋值语句、输出输入库函数 printf( )和 scanf( )等内容。要求重点掌握顺序结构程序设计的基本思想及程序编写方法，熟练掌握常见输入、输出库函数的调用方法。

3.1　顺序结构的思想方法

1. 顺序结构的特点

顺序结构是最基本的一种结构，它表明了事情发生的先后情况。生活中有哪些事情是这样被顺序处理的呢？

例如，在淘米煮饭的时候，人们总是先淘米，然后才煮饭，不可能先煮饭后淘米。还有月份的更替、一天的学习生活、当天的工作……，这些事件都是按顺序处理的。

通常的计算机程序总是由若干条语句组成，在编写应用程序的时候，也存在着明显的先后次序。从执行方式上看，从第一条语句到最后一条语句完全按顺序执行，是简单的顺序结构。如图 3-1 所示，先执行操作语句 A，再执行操作语句 B，两者是顺序执行的关系，用户不能期待先执行语句 B，然后才执行语句 A。程序在执行过程中严格按照语句书写的先后顺序执行。它只有一个入口和一个出口。

顺序结构是程序设计过程中自然形成的，也是三种结构中最简单的一种。顺序结构可以独立使用以构成一个简单的完整程序。常见的输入、计算、输出三部曲的程序就是顺序结构。首先看一个顺序结构的问题。

【例 3-1】已知长方形的长和宽，计算其周长和面积。

（1）问题分析

输入：长 x 和宽 y。

处理：计算周长 c 和面积 area。

输出：c 和 area。

（2）算法设计

用 N-S 流程图表示算法，如图 3-2 所示。从流程图可以看出，程序是顺序执行的。

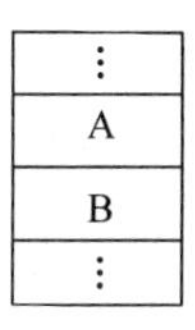

图 3-1　顺序结构

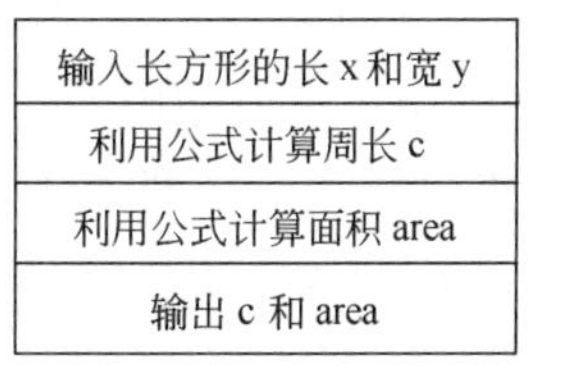

输入长方形的长 x 和宽 y
利用公式计算周长 c
利用公式计算面积 area
输出 c 和 area

图 3-2　例 3-1 的 N-S 流程图

（3）编写程序

```
#include <stdio.h>
#include <math.h>
int main( )
{
    float x, y, c, area;
    printf("输入长和宽:");
    scanf("%f,%f", &x, &y);
    c=2*(x+y);
    area=x*y;
    printf("周长是: %f\n", c);
```

```
    printf("面积是: %f\n", area);
    return 0;
}
```

（4）测试运行

```
输入长和宽：3.0,4.0↙
周长是：14.000000
面积是：12.000000
```

2．顺序结构的三要素

按照结构化程序设计方法，可以用顺序方式对问题的功能进行分解，确定各部分的执行顺序。顺序结构程序一般由三部分组成：数据输入、数据处理和数据输出，如图3-3所示。

1）数据输入是把已知的数据输入到计算机中（给变量赋值）。

2）数据处理是依照某种算法对输入的数据进行相应的运算，得出问题的答案。

3）数据的输出是指把得出的答案以某种方式表示出来。

数据输入
数据处理
数据输出

图3-3　顺序结构的三要素

组成顺序结构的语句一般为：输入语句、赋值语句、函数调用语句、输出语句。本章后面介绍的输入语句有函数scanf( )和getchar( )；赋值语句如y=a+3；函数调用语句如y=sin(x)；输出语句有函数printf( )、putchar( )等。从上面的语句可以看出，顺序结构是程序的默认结构，不需要专门的控制语句，控制语句不出现在顺序结构中。

3.2　C语言的数据及其运算

3.2.1　常量

在C语言源程序中，可以使用的运算量有两大类：常量和变量。

在程序运行过程中，其值不能被改变的量称为常量。C语言中常量又分为数值常量和符号常量两大类。程序中应当多使用含义比较清楚的符号常量，尽量不要用意义不太明确的数值常量。

1．数值常量

在C语言源程序中，数值常量可以直接使用，数值常量的书写规则与其在日常工作中的书写规则类似，但又有些区别。数值常量必须严格按照C语言的规范要求来书写，否则，编译程序将无法识别，不能将其转换成机器指令能够处理的二进制机内形式的常量。

常用的数值常量有以下几种。

（1）整型常量

十进制常量如123、–456、0等，是没有小数部分的整数值。它们可以带有正负号，但正号可以省略不写。一个整型常量的各个数字之间不能出现空格或逗号（例如，12345既不能写成12,345也不能写成1 2345）。

八进制常量的第一位以0开头，注意八进制数码位只能为0～7的八个数码。

十六进制常量以0X作为标志，数码位为0～9，A～F（或a～f）十六个数码。

（2）实型（或称为浮点型）常量

实型常量在源程序中的两种书写形式是十进制小数形式和指数形式。

1）十进制小数形式：由正负号、数字、小数点构成。0.123、.123、123.、123.45、0.0都是十进制的小数形式。在数的左边还可以加上正负号，比如–123.0。小数点的两边至少有一边要有数字。

2）指数形式：绝对值太小或太大的实型常量，用小数形式表示很不方便，可以用指数形式表示。比如，数学中的1.23×10^{15}在C语言中要用1.23E+15表示；数学中的-3.45×10^{-11}在C语言中要用–3.45e–11表示。

指数形式浮点数的书写规则为：字母 e（或者 E）之前和之后都必须有数字，这些数字之前都可以带有正负号；e（或者 E）之后的指数必须是一个整数值；在字母 e（或者 E）的前后以及数字之间不得插入空格。

一个数值的指数表示形式并不是唯一的。比如，54.3e–2 和 5.43e–1 都等于 0.543，也就是说表示同一个实数时，该数的小数点是可以“浮动”的。这是浮点数名称的由来。小数点前面只保留一位非零数字的指数形式，称为规范化的指数形式。

（3）字符常量

用一对单引号括起来的英文常用字符集（英文常用字符集对于绝大多数当代计算机来说，就是 ASCII 字符集）中的单个字符，称为字符常量，例如，'a'、'*'、'8'、' '（这是一个空格字符）等。字符常量是用计算机进行文字处理的基础。

在程序的正文部分书写字符常量时，必须用单引号括住，以便与单个字符的标识符或运算符区别开来。比如在源程序正文部分，a 是标识符，“+”是加法运算符，然而，用单引号括住的'a'和'+'都是字符常量。但是在输入或输出字符常量时，都不用单引号括住。

在前面的例子中，我们已经看到有很多'\n'，回车字符是控制字符，对控制字符则执行控制功能，不在屏幕上显示。因为无法将控制字符输入在字符串中间，所以，C 语言用“转义字符”来代替这一类控制字符。所谓转义序列是用来表示字符的一种方法，即用该字符的ASCII 码值来表示，C 语言的常用转义字符见表 3-1。

表 3-1　C 语言的常用转义字符

转义字符	含义	ASCII 码（十六/十进制）	转义字符	含义	ASCII 码（十六/十进制）
\o	空字符(NULL)	00H/0	\f	换页符(FF)	0CH/12
\n	换行符(LF)	0AH/10	\'	单引号	27H/39
\r	回车符(CR)	0DH/13	\"	双引号	22H/34
\t	水平制表符(HT)	09H/9	\\	反斜杠	5CH/92
\v	垂直制表符(VT)	0B/11	\?	问号字符	3F/63
\a	响铃(BEL)	07/7	\ddd	任意字符	三位八进制
\b	退格符(BS)	08H/8	\xhh	任意字符	二位十六进制

字符常量中使用单引号和反斜杠以及字符常量中使用双引号和反斜杠时，都必须使用转义字符表示，即在这些字符前加上反斜杠。%的输出并不是用"\%"表示，而是用

"%%"表示。

在C程序中使用转义字符“\ddd”或者“\xhh”可以方便灵活地表示任意字符。“\ddd”为斜杠后面跟三位八进制数，该三位八进制数的值即为对应的八进制ASCII码值。“\xhh”后面跟两位十六进制数，该两位十六进制数为对应字符的十六进制ASCII码值。

（4）字符串常量

字符串常量由用双引号括起来的连续多个字符组成，如"567"、"hello"等。注意"h"是字符串常量而不是字符常量。

我们在程序中看到的字符串常量，其实在内存中通常只不过是在多个连续的字节中存放的一串二进制的ASCII码而已。

2. 符号常量

前面所讲的都是数值常量（C语言中字符常量也是数值常量中的一种），而符号常量是用符号在源程序中表示一个数值常量。符号常量一般由大写英文字符组成的标识符构成，用编译预处理命令# define将符号常量与某个数值常量关联起来。例如：

```
# define MAX 100                    //C 语言的宏常量
# define  PI  3.14
```

使用符号常量会使得修改常量的值变得非常方便。对于上例，只要将“#define PI 3.14”修改为“# define PI 3.1416”即可。

字符常量和整型常量，也都可以用符号常量来表示，比如：

```
# define   ADD     '+'
# define   days   31
```

在进行编译之前，源程序中所有出现的符号常量PI都会被编译预处理程序用 3.14 替换掉。

各种常量表示方法见表3-2。

表3-2 常量表示法

常数	规则	范例	常数	规则	范例
十进制	一般十进制格式	1234567890	无符号长整数常量	结尾加上UL	327800UL
八进制	开头加上O	O0123	浮点数的常量	结尾加上F	4.234F
十六进制	开头加上0x	0xFF45	字符常量	以单引号括起来	'a'
无符号整数常量	结尾加上U	30000U	字符串常量	以双引号括起来	"helloV"
长整数常量	结尾加上L	299L	——	——	——

3.2.2 变量

程序中的数据用变量表示，变量的物理含义是指计算机内存。变量有变量名、变量值、变量所对应内存单位的地址、变量的数据类型和变量的存储类别五个属性。下面分别说明这五个属性。

1. 变量名

变量在使用之前必须先定义，即先命名。C语言规定，源程序中所有用到的变量都必须先定义，后使用，否则将会出错。

变量定义语句的格式如下：

```
变量类型　变量名列表;
```

如：

```
int i, j, k;
```

特别的，C 语言可以定义常变量，即程序中不可改变其值的变量。其定义的格式如下：

```
const 变量类型 变量名列表;
```

类型名要使用关键字（如 int、float、char 等）。变量名就是变量的标识符，必须按照标识符命名规则来命名。通过这种方式，编译程序为变量在内存中分配一个大小合适的内存单元，用来存放一个此类型的数据。

例如，在定义变量（int i, j, k;）之后，C 语言编译程序通常会为三个变量 i、j、k 在内存中分配地址连续的 2 个（或 4 个）字节的内存单元，用来存放变量 i、j、k 的数据，编译程序通过这种方式，把一个变量与一个可以存放 int 型数据的内存单元联系起来，如图 3-4 所示（注意：该数据在计算机内存中是以二进制表示的，本书只是为了说明问题方便，用十进制加以说明）。

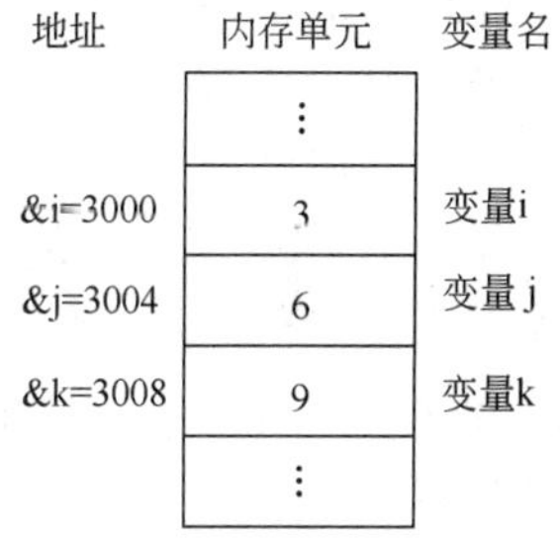

图 3-4　变量名、变量值和变量地址的内存示意

在计算机中，所有的数据都是存放在内存储器中的。一般把内存区中的一个字节称为一个内存单元。

2．变量值

由于变量的内存单元由编译程序分配，因此，在源程序的语句中，可以通过书写变量名来表示要“访问”（即存或取）变量所对应的内存单元中的数据，这个数据称为变量的值。比如，有下列程序片断：

```
int i, j, k;
i=3;
j=6;
k=9;
printf("%d\ %d\ %d \n", i, j, k);
```

在图 3-4 中，i、j、k 三个变量的值分别为 3，6，9。语句“i =3;”表示要把数值 3 存入变量名 i 所对应的内存单元中（简称为把数值 3 存入变量 i 中）。“printf("%d\ %d\ %d \n", i, j, k);”语句输出变量 i、j、k 的值。

变量具有以新替旧，屡取不尽的读写特点。变量的值是“取之不尽”的。从内存单元取得一个变量的值，其实只是从一个内存单元中复制了这个值而已，该变量的值（没有发生任何变化）仍然可以被再次取用；但是，变量的值又是“一存就变”的，只要运行了一条与存数操作有关的语句，（在内存单元中的）变量的“旧值”就被变量的“新值”覆盖了，变量的“旧值”将不复存在。

3．变量所对应内存单位的地址

如图 3-4 所示，i、j、k 三个变量的地址分别为 3000、3004 和 3008。这个地址就是编译系统在内存中给 i、j、k 变量分配的地址。变量的地址是 C 语言编译系统分配的，用户不必关心具体的地址是多少。这些地址对用户是不可用的，但是，可以使用下列方式获得变量的地址。

变量的地址可以表示为

```
&变量名
```

&为取变量的地址。应该把变量的值和变量的地址这两个不同的概念区别开来。例如 i、j、k 三个变量的地址为&i、&j 和&k。有了变量的地址表示法后，就可以有两种方法引用一个变量，即通过变量名和变量的地址，如 i 和&i。

如果现在还理解不了什么是地址，不用管它，有关地址更进一步的描述见第 8 章。

4．变量的数据类型

C 语言的数据类型丰富。数据类型包括整型、实型、字符型、数组类型、指针类型、结构类型、共用体类型等。C 语言能用它们来实现各种复杂的数据结构的运算，并引入了指针概念，使程序效率更高。

基本数据类型只有 5 种，包括 char（字符型）、int（整型）、float（浮点型）、double（双精度浮点型）和 void（无类型），另外布尔型、数组类型、结构类型、枚举类型等都是基本类型的变化。指针是一种地址操作，必须和某一种数据类型相结合才有意义。自定义数据类型则是将以上类型进行组合变化后重新命名而已。不同的 C 语言版本都扩充了许多自己的类型，这些全是基本类型的变化（主要是数据范围的变化），扩充的修饰符有 2 组（short 和 long、signed 和 unsigned）。不同数据类型的变量占用的内存大小是不同的。表 3-3 列出了 C 语言的基本数据类型及部分扩充类型，以供参考。

表 3-3　基本数据类型

类型名称	字节数	其他称呼	值的范围
int	2 4	signed signed int	–32,768 to 32,767 –2,147,483,648 to 2,147,483,647
unsigned int	2 4	unsigned	0 to 65,535 0 to 4,294,967,295
char	1	signed char	–128 to 127
unsigned char	1	none	0 to 255
short	2	Short int, signed short int	–32,768 to 32,767
unsigned short	2	unsigned short int	0 to 65,535
long	4	long int, signed long int	–2,147,483,648 to 2,147,483,647
unsigned long	4	unsigned long int	0 to 4,294,967,295
enum		none	与 int 相同
float	4	none	3.4E +/–38 (7 digits)

续表

类型名称	字节数	其他称呼	值的范围
double	8	none	1.7E +/–308 (15 digits)
long double	16	none	1.2E +/–4932 (19 digits)
void	空	0	没任何数据

标准 ANSI C 中没有布尔型，只有布尔运算式，但不同的 C 语言版本有可能扩充。布尔型只有 2 个值："真""假"。数值 0 表示"假"，0 以外的数值全当作"真"处理。

各种构造数据类型变量占内存的大小见表 3-4。图 3-5 所示为数据类型的分类。共用体(联合体)类型，享用同一段内存单元存放不同类型的变量。一种变量只有几种可能的值时，可以定义为枚举类型。结构变量所占内存长度是各成员所占的内存长度之和，每个成员分别所占有自己的内存单元。共用体变量所占内存的长度等于最长的成员的长度。对共用体变量的引用，在某一时刻只能使用其成员之一。

表 3-4　各种构造数据类型变量占内存的大小

类型名	内存长度（字节）	取值范围
数组类型	所占内存长度是各成员占的内存长度之和	由分量类型决定
结构类型	所占内存长度是各成员占的内存长度之和	由分量类型决定
共用体类型	所占内存的长度等于最长的成员的长度	由分量类型决定
枚举类型	同 int	一种变量只有几种可能值

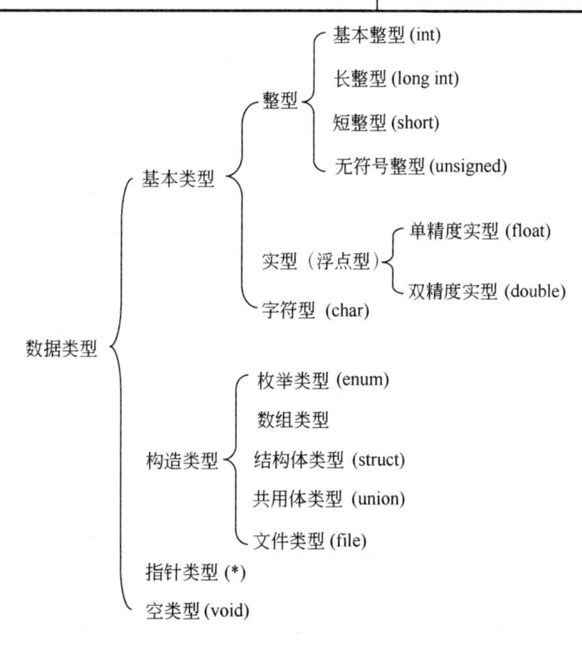

图 3-5　数据类型的分类

【例 3-2】根据下面的要求写出变量的定义语句。

1）定义变量 count 用于存储全国的人口数。

答：全国的人口数很大，估计超过 13 亿，那就是 10 位数以上的整数。这时应该用长整型变量，也就是 4 字节整数。

```
long count;
```

2）定义变量 salary，存储职工月工资，其值在 30000 之内。

答：小于 30000 这个范围，用浮点型变量即可。

```
float salary;
```

3）定义变量 sex，用于存储男女性别（'m'和'f'）。

答：这个是字符变量。

```
char   sex;
```

4）定义变量 e，用于存储较小的小数。

答：这个是浮点数。一般用 4 字节浮点数，非常小的用 8 字节浮点数。

```
double e;
```

5．存储类别

变量的存储类型有自动型（auto）、寄存器型（register）、静态型（static）和外部型（extern），具体特点和使用方法在第 7 章中详细介绍。

3.2.3 运算表达式

1．运算

C 语言的运算非常灵活，功能十分丰富，运算种类远多于其他程序设计语言。在运算式方面较其他程序语言更为简洁。

运算是通过运算表达式实现的。所谓运算表达式是用一个或多个运算符将运算量连接起来的、可计算出一个明确数值的式子。运算表达式简称为运算式或表达式。在运算式中，还可以使用圆括号来改变运算符固有的先后运算顺序。此时，圆括号内的子运算式优先进行运算。

例如，a*a+b*b 和 x+y–z 就是两个运算式。其中，x、y 和 z 称为运算量，是被加工的数据。运算量可以是常量，也可以是变量，还可以是函数调用。“+”和“–□是运算符。在 C 语言中对常量或变量进行运算或处理的符号称为运算符。

2．运算顺序

当多种不同运算组成一个运算式，即一个运算式中出现多种运算符时，运算的优先顺序和结合规则显得十分重要。

（1）运算符的优先级

运算式中优先级较高的运算符先于优先级较低的运算符进行运算。先要明确运算符按优先级不同分类。运算符可分为 15 种优先级，从高到低，优先级为 1～15。

例如，在运算式 a*a+b*b 中，“*”的运算高于“+”的运算。

（2）运算符的结合性

优先级相同时依据运算符的结合性。

例如，在运算式 x–y+z 中，“+”和“–□是同级运算，按自左至右的顺序运算，称为左结合。y 应先与“–”号结合，执行 x–y 运算，然后再执行+ z 的运算。在 C 语言中，除了左结合性之外还有右结合性。除第 2、第 13 级和第 14 级为从右至左结合外，其他都是从左至右结合，它决定同级运算符的运算顺序。在下一节将看到，有一些运算符的结合性是从右到左的（比如赋值运算符）。

3．运算式的分类

C 语言中运算符和运算式数量之多，在高级语言中是少见的。C 语言的运算式不仅包括算术运算式、关系运算式、逻辑运算式，还包括赋值运算式、条件运算式、逗号运算式等。丰富的运算符和运算式使 C 语言的功能十分完善。这也是 C 语言的主要特点之一。

关系运算式、逻辑运算式将在第 4 章介绍，其他一些运算式将陆续在后面的章节中进行介绍。

一些类型的运算式举例如下：

```
(5.0/9.0) * (f – 32)                //算术运算式
age <= 20                           //关系运算式
(score > 60) && (score <=70)        //逻辑运算式
```

在 C 语言程序中，一个运算式里最好使用同一种类型的运算量（比如，同为 int 型的变量或常量）。一个运算式所使用的运算量的类型也可以不同，这就涉及类型之间的转换问题。关于运算式中的类型转换这个比较复杂而又重要的问题，请参见 3.9.5 节。

4．算术运算式

所谓算术运算式是用一个或多个算术运算符将运算量（包括常量、变量、函数调用）连接起来的，可以计算出明确值的式子。比如 b*b – 4*a*c、a*b*sin(alfa)/2.0 就是算术运算式。算术运算符包括加（+）、减（–）、乘（*）、除（/）、求余（或称模运算，%）、自增（++）、自减（– –），共七种，见表 3-5。

表 3-5　算术运算符

运算对象个数	名称	运算符	运算规则	运算对象数据类型	结合性
单目	正	+	取原值	整型或实型	自右向左
	负	–	取负值		
双目	加	+	加法运算		自左向右
	减	–	减法运算		
	乘	*	乘法运算		
	除	/	除法运算		
	模	%	整除取余	整型	
单目	增 1（前缀）	++	先加 1，后使用	整型、字符型、指针型变量或数组元素、实型	自右向左
	增 1（后缀）	++	先使用，后加 1		
	减 1（前缀）	– –	先减 1，后使用		
	减 1（后缀）	– –	先使用，后减 1		

以下是算术运算式的例子：

```
a+b
(a*2)/c
(x+r) *8-(a+b)/7
++I
sin(x)+sin(y)
(-b-sqrt(b*b-4*a*c))/(2*a)
```

需要特别强调的是，在算术运算式中出现的所有变量，都应当是已经被初始化了的。

下面讨论自增 1 、自减 1 运算符：

自增 1 运算符记为“++”，其功能是使变量的值自增 1。自减 1 运算符记为“--”，其功能是使变量的值自减 1。

自增 1、自减 1 运算符均为单目运算，都具有右结合性。其可有以下几种形式：

1）++i：i 自增 1 后再参与其他运算。

2）--i：i 自减 1 后再参与其他运算。

3）i++：i 参与运算后，i 的值再自增 1。

4）i--：i 参与运算后，i 的值再自减 1。

【例 3-3】假设 a 等于 8，b 等于 2，各种算术运算示例见表 3-6。

表 3-6　算术运算

运算符	说明	范例	执行结果
+	加	c=a+b；	c 等于 10
-	减	d=a-b；	d 等于 6
*	乘	e=a*b；	e 等于 16
/	除	f=a/b；	f 等于 4
%	取余数	g=a%b；	g 等于 0
++	加 1	c++；相当于 c=c+1；	c 等于 11
--	减 1	d--；相当于 d=d-1；	d 等于 5

【例 3-4】写出下面每条语句执行后 m、n、x、y 的值。

```
int m, n, x, y;
m=2;
n=3;
x=++m;
y=n++;
```

答：++m 相当于 m=m+1，n++相当于 n=n+1，运算结果为 m=3，n=4。在“x=++m;”语句中，m 是先加后用，x=3。在“y=n++”;语句中，n 是先用后加，y=3。

如果算术运算式中有两个以上的算术运算符，各运算符按照什么先后顺序进行运算？这要分以下三种情况来讨论：

1）由运算符固有的优先级来确定。

在 C 语言的全部算术运算符中，取负数（–）这个一元运算符的优先级最高；“*”“/”“%”这些运算符的优先级次之；“+”“–□运算符的优先级最低。

也就是说，C 语言中的算术运算式中的运算顺序，除增加了一个与乘除运算优先级同样的取模运算符“%”之外，还是完全遵守 “先乘除、后加减”的运算顺序。比如，对于 3.7+4.1*–12.0，先作取负数运算–12.0，再作乘法运算得到–49.2，最后再作加法运算，得到–45.5。

2）二元算术运算符的结合性是从左到右的。

在一个算术运算式中，如果出现了多个同一优先级的二元算术运算符，则是按从左到右的顺序进行运算的。比如，对于 45/2% 6*3，因为该式中从左到右依次出现的算术运算符“/”“%”“*”都是同一优先级的，所以它的运算是从左到右依次进行的。

3）如果以上两种方式构成的算术运算式都不能满足对运算顺序的要求，则可以使用圆括号来改变运算符固有的运算顺序。比如，想求三个变量之和的平均值，不能用 n1+n2+n3/3.0 来表示，而必须加上圆括号：（n1+n2+n3）/3.0。

在C语言中，可以使用圆括号括住运算式中的一个子运算式，用来强制改变运算符固有的运算次序。比如，(3.7+4.1) *12.1，就是要先作子运算式 3.7+4.1 的加法运算，然后再用子运算式得到的运算结果 7.8 再作乘法运算 7.8*12.1。

3.3　数据处理——赋值语句

1．简单赋值运算式和多重赋值

通常的运算式不会改变变量的值。那么，如何通过运算来改变变量原来的值呢？如何通过已知的变量求出未知变量的值呢？这就要用到赋值运算符“=”（以后将其简称为赋值号）。

（1）简单赋值运算式

如：j=i+1。

在 C 语言中，把“=”定义为运算符，从而组成赋值运算式。凡是运算式可以出现的地方均可出现赋值运算式。其一般形式为：

```
变量=运算式
```

例如，式子 x=(a=5)+(b=8)是合法的。它的含义是把 5 赋予 a，把 8 赋予 b，再把 a、b 相加，把和赋予 x，故 x 应等于 13。

（2）多重赋值

多重赋值的作用是为多个变量赋予同一个数值（最右边运算式计算出来的值）。例如：

```
变量 1=变量 2=变量 3=运算式;
```

上式相当于：

```
变量 1 =（变量 2 =（变量 3=运算式））;
```

由以上论述还可知，赋值运算符的结合性是从右到左的。自右至左的结合方向称为“右结合性”。如 x=y=z，由于“=”的右结合性，应先执行 y=z，再执行 x=(y=z)运算。C 语言运算符中有不少为右结合性，应注意区别，以避免理解错误。

2．复合赋值运算式

复合赋值运算符有：“+=”“–=”“*=”“/=”“%=”。

例如：“x*=y–3；”等价于“x=x* (y–3);”，“x+=5；”等价于“x=x+5;”。

【例 3-5】假设 a 等于 8，b 等于 2，各种赋值运算见表 3-7。

表 3-7　赋值运算

运算符	范例	执行结果	运算符	范例	执行结果
=	a=8；	设置 a 等于 8	*=	b*=5； 相当于 b=b*5；	b 等于 10
+=	e+=5； 相当于 e=e+5；	e 等于 21	/=	a/=5； 相当于 a=a/5；	a 等于 1.6
–=	f–=5； 相当于 f=f–5；	f 等于–1	%=	a%=5； 相当于 a=a%5；	a 等于 3

3．赋值语句

简单赋值运算式和复合赋值运算式可以单独作为语句使用，赋值语句的格式是在其后增加“;”，例如：

```
j=i+1;
```

赋值语句的工作流程是：

1）计算出赋值号“=”右边运算式的值。

2）将此值存放在赋值号左边的变量中。

比如，“sales=3693.89;”的作用就是把 3693.89 存入变量 sales 中。

注意：

1）赋值号“=”的左边只能是单个变量，不能是常量（“3693.89=sales ;”是错误的），也不能是函数调用（“sin(x)=a/2.0;”也是错误的）。左边的变量也称为左值。

2）赋值号“=”右边运算式中的变量（如果有的话）仅仅是取出它们的值来参与运算式规定的运算（前提是右边的运算式中不出现具有副作用的运算符），变量的值通常不会改变。赋值号左边变量的原来值，将会被运算式计算出来的新值覆盖。右边的运算式也称为右值。

【例 3-6】已知变量 x 的当前值是 36，变量 y 的当前值是 72。请问执行赋值语句“x=y；”之后，x 和 y 的值分别是多少？执行赋值语句“y=x;”（而不是“x=y;”）之后，x 和 y 的值分别是多少？

答：执行赋值语句“x=y；”之后，x 和 y 的值是 72。执行赋值语句“y=x;”（而不是“x=y;”）之后，x 和 y 的值是 36。

【例 3-7】已知某人的工资额保存在 float 型变量 salary 中，如何将其增加 30%，并且仍然保存在变量 salary 中？

答：可采用赋值语句 “salary=salary*1.3;”（注意：不能用“salary=salary*130% ;”）。

提示：一类极为重要的、常用的、形式如

```
x=包含变量 x 的运算式 ;（x 可以是任何基本类型的变量）
```

的赋值语句表示的是一种迭代关系，其指明了如何用变量 x 的一个旧值参与运算式所规定的运算，然后将运算结果存入赋值号右边的变量 x 之中，最终得到变量 x 的一个新值。这一点与数学中的方程式有着很大的区别。

比如，“i=i+1;”和“sum=sum+k;”（k 可以是任意值）在数学中是无解的方程式，但是在命令型高级语言中却是经常需要使用的赋值语句。

3.4 数据输出——格式化输出库函数 printf( )

数据输出是指把计算机内存中的数据送到外部设备上去的操作。本节介绍输出函数 printf( )。

函数 printf( )和函数 scanf( )中的 f 是 format 的缩写，这里面用到的“格式”，在 C 语言其他地方也有很广泛的应用。

1．Printf( )函数的信息提示功能

格式化输出库函数 printf( )用来在某些常用的输出设备（PC 的显示器或打印机）上输出双引号括住的字符串中的字符序列。printf( )函数是一个标准库函数，它的函数原型在头文件“stdio.h”中。

printf( )函数输出提示信息的格式：

```
printf ("字符串");
```

例如：

```
printf("Hello, world\n");
```

printf( )函数可以将字符串中的字符序列按照原样输出。

【例 3-8】函数 printf( )的信息。

```
#include <stdio.h>
int main( )
{
  int  n1, n2, sum;
  printf("Please input n1 and n2: ");
  scanf("%d%d", &n1, &n2);
  sum=n1+n2;
  printf("n1+n2=%d\n", sum);
  return 0;
}
```

在编写 C 语言程序时，经常会调用 scanf( )函数从键盘往计算机中输入一些数据。这时，可以在调用 scanf( )函数之前先调用 printf( )函数，输出一句信息提示。信息提示可以达到“人机交互”的作用。

2．输出数据功能

调用 printf( )函数，可以把整型、实型、字符型数据输出到显示器上，但是必须符合 printf( )函数的格式，printf( )函数的格式如下：

```
printf (输出格式控制串, 输出列表);
```

该函数的参数的第一部分的输出格式控制串是用双引号括起来的字符串，简称为格式串；第二部分是输出列表，中间用逗号分隔。

例如：

```
int a=4, b=5;
char c='A', D='B';
printf ("a=% d,b=%d\n", a, b);
printf ("c=% c,d=%c\n", c, d);
```

该函数的参数的第二部分为输出列表，输出列表是需要输出的一些数据，可以是变量、常量或运算式，比较简单。例如，该例中的 a、b 就是输出列表。该函数的参数的第一部分的格式串是一个模板，这个模板决定了 a、b 以什么样的格式输出。下面重点讨论第一部分的格式串。

格式串包括文本字符、转义字符和格式说明三种信息：

（1）文本字符

格式串中包括的文本字符即需要原样输出的字符。上例中的"a="、"b="是文本字符，当执行完后，按原样输出。

（2）转义字符

格式串中包括的转义字符按其字符的意义“工作”，如格式控制中常出现的“\n”就是表示将使其后的输出内容换行输出（其他转义字符见表 3-1）。

（3）格式说明

格式串中还包括格式说明，格式说明由"%"和"格式符"组成，如"%d"是格式说明，格式说明的功能是将输出列表的数据转换为指定的格式输出。例如上一个例子就是将输出列表中的数据 a、b，按"%d"指定的格式输出到显示器上。格式符见表 3-8。

表 3-8　格式符

格式符	输 出 形 式	举　例	输出结果
%d	十进制整数	int i=21; printf ("2i=%d", i*2);	2i=42
		int i=12345678; printf ("i=%d", i);	i=12345678
%x(或 x)	不带符号十六进制整数	int i=21; printf ("%x", i);	15
%o	八进制整数	int i=21; printf ("%o", i);	25
%c	单一字符	char c='B'; printf ("%c", c);	B
%s	字符串	char a[ ]="CHINA"; printf ("%s", a);	CHINA
%f	小数型实型	float r=12.21; printf ("%f", r);	12.210000

续表

格式字符	输 出 形 式	举 例	输出结果
%f	小数型实型	float r = 12.123456789; printf ("%f", r);	12.123457
%e(E)	指数型实型	float r = 12.21; printf ("%e", r);	1.22100e+01
%g(G)	e 和 f 中较短的一种	float r = 12.21; printf ("%g", r);	12.21
%%	输出字符%	printf ("%%");	%

有些格式符还可以在其前面加一些修饰，见表 3-9。

表 3-9 格式修饰符

格式说明符	使用的格式	作用（类型、格式）及例子
l（固定字符）	%l 格式字符	作用于整型量（d、o、x、u），将其转换为长整型，作用于实型量（f），将其转换为双精度
m（整型常量）	%m 格式字符	作用于 d、c、s、f 型（指定输出字段的宽度），当|m|小于实际宽度时，按实际宽度输出；当|m|大于实际宽度时，按 m 宽度输出。m>0 右对齐，左补空格；m<0 左对齐，右补空格
n(整型常量)	n 格式字符	作用于 e、f 型，指定小数点及其后数据的位数

3.5 数据输入——格式化输入库函数 scanf( )

1. scanf( )的功能

scanf( )函数的功能与 printf( )正好相反，是输入数据。scanf( )函数是一个标准库函数，它的函数原型在头文件“stdio.h”中。

例如“scanf("%d %d", &a, &b);”，该格式化输入库函数 scanf( )的调用，可以使得程序运行暂停下来，等待用户从键盘输入数据给 a、b 变量。用户通过键盘输入两个数值，输完数据后，还要按下回车键，scanf( )函数就会将这两个输入值（经过转换）存放到变量所对应的内存单元 a、b 中。从 scanf( )函数返回后，接着运行程序后面的语句。

2. scanf( )函数的格式

scanf( )函数的一般形式为：

```
scanf("输入格式控制字符串", 地址表列);
```

该函数的参数的第一部分的输入格式控制串是用双引号括起来的字符串，简称为格式串；第二部分是地址列表，地址列表中给出各变量的地址。地址是由地址运算符“&”后跟变量名组成的。

该函数的参数的第一部分的格式串是一个模板，格式串的形式虽然与 printf( )函数的格式串类似，但二者的作用是完全相反的。printf( )函数的格式串是用于控制数据输出的格式，scanf( )函数的格式串是用于控制数据输入的格式，是一个输入模板。这个模板决定了 a、b 以什么样的格式输入。因此，除了以“%”开头的格式符，其他字符原样输入，如下面这段程序。

【例 3-9】scanf( )函数的输入方法。

```
#include<stdio.h>
int main( )
{
  int a, b, c;
  printf("input a,b,c\n");
  scanf("%d%d%d", &a, &b, &c);
  printf("a=%d,b=%d,c=%d", a, b, c);
}
```

在本例中，由于 scanf( )函数本身不能显示提示串，故先用 printf 语句在屏幕上输出提示，请用户输入 a、b、c 的值。执行 scanf 语句，进入用户屏幕等待用户输入。用户输入"4 5 6"后按下回车键完成输入。在 scanf 语句的格式串中由于没有非格式字符在"%d%d%d"之间作输入时的间隔，因此在输入时要用一个以上的空格或回车键作为每两个输入数之间的间隔，如：

4 5 6

或

4

5

6

另外，&a、&b、&c 分别表示变量 a、b 和 c 在内存中的地址。"&"是一个取地址运算符，&a 是一个运算式，其功能是求变量的地址。

scanf( )函数的格式串用于控制数据输入的格式，格式串中的数据是原样输入的，例如：

```
scanf("%d %d", &a, &b);          //默认间隔符为空格，输入 12  34
scanf("%d ,%d", &a, &b);         //语句指定间隔符为逗号，输入 12，34
scanf("a=%d ,b=%d", &a, &b);     //语句指定间隔符为逗号，输入 a=12，b=34
```

格式符及其含义见表 3-10。

表 3-10　格式字符（"↓"为回车符，"□"为空格）

格式符	输入形式	举　例	输入举例
%d	十进制整数	int k1, k2; scanf ("%d %d", &k1, &k2);	21↓22↓
%x(或 X)	不带符号十六进制整数	int k; scanf("%x", &k);	15↓
%o	八进制整数	int k; scanf("%o", &k);	25↓
%c	单个字符	char c; scanf("%c", &c);	B↓
%s	字符串	char a[6]; scanf("%s", a);	CHINA↓
%f	小数型实型	float r; scanf("%f", &r);	12.210000↓
%e(E)	指数型实型	float r; scanf("%e", &r);	1.22100e+01↓

有些格式符还可以在其前面加一些修饰，见表 3-11。

表 3-11　格式修饰符

格式说明符	使用的格式	作用(类型、格式)及用法实例
l（固定字符）	%l 格式字符	作用于整型量（d、o、x、u），将其转换为长整型，作用于实型量（f），将其转换为双精度，例如：long a; scanf("%ld", &a);
m（整型常量）	%m 格式字符	作用于 d、c、s、f 型，指定输入字段的宽度 例如：scanf("%5d", &a);输入 12345678，a 的值为 12345 scanf("%4d%4d", &a, &b);输入 12345678，a 为 1234，b 为 5678

在输入字符数据时，若格式控制串中无非格式字符，则认为所有输入的字符均为有效字符，例如：

```
scanf("%c%c%c", &a, &b, &c);
```

输入“d　e　f”，则把'd'赋予 a, 把' ' 赋予 b，把'e'赋予 c。只有当输入为“def”时，才能把'd'赋予 a，把'e'赋予 b，把'f'赋予 c。如果在格式控制中加入空格作为间隔，如：

```
scanf("%c %c %c", &a, &b, &c);
```

则输入时各数据之间可加空格。

3.6　顺序结构的应用

3.6.1　职工工资问题

顺序结构的主要应用之一就是解析计算问题。解析算法是指用解析的方法找出表示问题的前提条件与所求结果之间的数学运算式，并通过运算式的计算来求解问题。利用数学公式所准确反映的客观事物间的数量关系，以此为基础，设计出合适的算法，从而编写出正确的程序，利用计算机的高速计算能力，便能快速地获得问题的解。

【例 3-10】公司员工的月工资包括基本工资、职务工资、奖金和扣款四项，计算员工的本月应发工资。

（1）问题分析

输入：基本工资、职务工资、奖金和扣款（a、b、c 和 d）。

处理：根据已知量计算应发工资，赋给变量 salary 。

输出：应发工资 salary。

输入：a、b、c 和 d
计算应发工资赋给变量 salary
输出：salary

图 3-6　例 3-10 的 N-S 流程图

（2）算法设计

算法对应的 N-S 流程图如图 3-6 所示。

（3）编写程序

```
#include<stdio.h>
#include<math.h>
int main( )
{
```

```
    float a, b, c, d, salary;
    printf("请输入基本工资、职务工资、奖金和扣款\n");
    scanf("%f%f%f%f ", &a, &b, &c, &d);                //数据输入
    salary=a+b+c-d;                                     //数据处理
    printf("应发工资为：%f \n", salary);                //数据输出
    return 0;
}
```

（4）测试运行

```
请输入基本工资、职务工资、奖金和扣款
800   1200   500   50
应发工资为：2450.000000
```

本例 3 个矩形框是数据输入、数据处理和数据输出，三者构成了顺序结构。数据处理是解析计算、解析算法的核心思想：分析问题→确立数学关系→写出数学运算式→给出算法。

3.6.2　两个数的交换问题

【例 3-11】交换问题：输入两个整数给变量 x 和 y，交换 x 和 y 的值后再输出 x 和 y 的值。

（1）问题分析

输入：两个整数给变量 x 和 y。

处理：交换变量 x 和 y。

输出：交换后的 x 和 y 的值。

输入x,y
交换x与y
输出x,y

图 3-7　例 3-11 的 N-S 流程图

（2）算法设计

算法对应的 N-S 流程图如图 3-7 所示。

（3）编写程序

```
#include<stdio.h>
int main( )
{
  int w, x, y;
  printf("请输入两个整数：");
  scanf("%d%d", &x, &y);                          //数据输入：x，y
  /*数据处理：以下三行交换 x 和 y 的值*/
  w=x;
  x=y;
  y=w;
  printf("交换后：x=%d y=%d\n", x, y);            //数据输出：交换后的 x，y
}
```

（4）测试运行

```
请输入两个整数：3 6
交换后：x=6 y=3
```

本例 3 个矩形框是数据输入、数据处理和数据输出，三者构成了顺序结构。

1）scanf( )函数为输入函数，可以用来输入数据；输出数据可以使用 printf( )函数。

2）引入第 3 个变量 w，先把变量 x 的值赋给 w，再把变量 y 的值赋给 x，最后把变量 w 的值赋给 y，最终达到交换变量 x 和 y 的值的目的。引入 w 的作用是交换变量 x 和 y 的值。交换 x 和 y 的值不能简单地用“x=y; ”和“y=x;”这两个语句，如果没有把 x 的值保存到其他变量就执行“x=y;”语句，把 y 的值赋给 x，将使 x 和 y 具有相同的值，丢失 x 原来的值，也就无法实现两个值的交换。

3.7 习　题

1）编写一个程序，要求输入一个 ASCII 码值（如 70），然后输出相应的字符。

2）编写一个程序，读入一个浮点数，并分别以小数形式和指数形式打印。输出应如下面的格式：The input is 21.291388 or 2.129139e+1。

3）从键盘上读入 2 个整数，并对它们进行计算和、差、积、商及平均值，然后把结果显示到屏幕上。

4）编写一个程序，首先要求用户输入姓名，然后在下一行显示输入的姓名。

5）编写程序，使用随机数函数出一道数值不超过 50 的算术乘法。

6）编写程序，求一元二次方程 $ax^2+bx+c=0$ 的根。其中 a，b，c 由键盘输入，并且假设 $b^2-4ac>0$。

7）编写程序，实现大、小写字母相互转换。

8）由键盘输入一个三位整数，取出其百、十、个位输出之。

9）输入两个整数，交换之。

10）计算圆的面积，其程序的语句顺序就是输入圆的半径 r，计算 s=3.14159*r*r，输出圆的面积 s。

11）已知华氏温度的数据在变量 F 中，编程求出相应的摄氏温度并把它存放在变量 C 中。已知转换公式是 $C=(5/9)\times(F-32.0)$，C 表示摄氏温度，F 表示华氏温度。

12）已知三角形的两边及其夹角，求对边长度。

13）编写一个程序，该程序要求输入一个 float 类型的数字并打印该数的立方值，并将其立方值赋给一个 int 类型的变量，打印该 int 类型变量的值。

14）从键盘上接收三个整数，依次赋给 a、b、c 三个变量，计算 $(a+b)\div(a-c)$ 、$(ab)^2+ac+c$ 的值，并将其赋给变量 x、y，打印 x、y 的值。

15）初始化 char、int、float、double 类型的四个变量 a、b、c、d，计算其在内存中所占的空间大小。

16）编写一个程序，该程序要求用户输入天数，然后将该值转换成周数和天数。例如，改程序将 18 天转换成 2 周 4 天。用下面的格式显示结果：

```
18 days are 2 weeks and 4 days.
```

17）编写一个程序，该程序能完成一个求矩形面积和周长的功能：从键盘上依次接收矩形的长和宽两个数据，输出这个矩形的面积和周长。

18）构造具有下面功能的语句，并依次打印其结果：

① 把变量 x 的值减 1。

② 把 n 除以 k 所得的余数赋给 m。

③ 用 b 减去 a 的差去除 q，并将结果赋给 p。

④ 用 a 与 b 的和除以 c 与 d 的积，并将结果赋给 y。

3.8 实验 3 顺序结构程序设计实验（2 学时）

1．实验目的

1）理解和掌握运算符与运算对象的关系、优先级和结合方向。

2）掌握 C 语言的几种基本数据类型（int、char、float、double），以及由这些基本数据类型构成的常量和变量的使用方法。

3）掌握基本输入/输出函数的使用方法，包括 printf( )、scanf( )、getchar( )、putchar( )。

4）掌握简单的 C 语言程序的查错方法。

2．实验内容

（1）实验 3.1

1）输入并运行教材上的例 3-11，试着修改该 C 语言程序，使它出现一些语法和逻辑错误，并记录错误信息。

① 将“scanf("%d%d", &x, &y); ”改为“scanf(“%d%d”, x, y) ”。

② 将“scanf("%d%d", &x, &y); ”改为“scanf(“%f%f”, &x, &y) ”。

③ 用“x=y;”和“y=x;” 这两个语句能否交换 x 和 y 的值？

④ 将“y=w;”改为“w=y;”会出现什么结果？

⑤ 在两数交换的程序中将“x=y;”和“y=w; ”两条语句换一下顺序会出现什么结果？

2）实验步骤与要求：

建立一个控制台应用程序项目“lab3_1”，向其中添加一个 C 语言源文件“lab3_1.c”，输入教材中例 3-12 的代码，检查一下，确认没有输入错误，运行程序，观察输出是否与教材上的答案一致。

试着改动该 C 语言程序，使它出现上述的一些语法和逻辑错误，并记录错误信息。每改一次，保存后重新编译。如果程序有误，可采用“跟踪打印”的调试方法，确定错误的出处。所谓“跟踪打印”即在程序中插入打印函数 printf( )，检查出现的逻辑错误，改正错误后删除。

（2）实验 3.2

1）已知 3 个变量 x、y 和 z，计算并输出 3 个量的平均值 average。

2）实验步骤与要求：

① 建立一个控制台应用程序项目“lab3_2”，向其中添加一个 C 语言源文件“lab3_2.c”，在 main( )函数中给整数 x、y 和 z 赋值，其中 x=y=1，z=0。观察运行结果。

② 将 x、y、z 和 average 改为实型变量，再观察运行结果。理解整除和不同类型数据进行混合运算的转化规律，对结果进行合理的解释。

③ 改写程序，针对上一题的要求，采用从键盘用 scanf( )函数输入 x、y、z 的值。要求输出结果的形式为：average=…。

（3）实验 3.3

1）输入 3 个整数给 a、b、c，然后交换它们，把 a 原来的值给 b，把 b 原来的值给 c，把 c 原来的值给 a。

2）实验步骤与要求：

① 建立一个控制台应用程序项目“lab3_3”，向其中添加一个C语言源文件“lab3_3.c”，在main( )函数中通过scanf( )函数输入3个整数给a、b、c，交换它们的数值，通过printf( )函数完成输出，观察运行结果。

② 输入前要加提示语句。

③ 输出结果前要有必要的文字说明。

④ 输入一组数据3、4、5，观察运算结果。

⑤ 如果程序有误，可采用“跟踪打印”的调试方法，确定错误的出处，并在改正错误后删除。

3.9 阅读延伸

3.9.1 字符数据的输入和输出库函数

1. 输入库函数 getchar( )

getchar( )函数的功能是从键盘上输入一个字符。其一般形式为：

```
getchar( );
```

通常为输入的字符赋予一个字符变量，构成赋值语句，如：

```
char c;
c=getchar( );
```

getchar( ) 函数是从终端输入一个字符。注意：它是一个字符，也就是说，调用该函数一次只能得到一个字符，想要得到若干字符，只能调用若干次。

【例 3-12】大小写转换问题：输入一个小写字母，编写一个程序，将其转换为大写字母。

（1）问题分析

输入：小写字母x。

处理：利用公式x–32计算大写字母y。

输出：大写字母y。

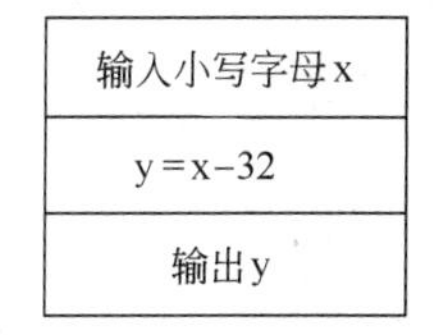

图3-8 例3-12的N-S流程图

（2）算法设计

算法对应的N-S流程图如图3-8所示。

（3）编写程序

```
#include<stdio.h>
int main( )
{
  char x, y;
  printf("input a character\n");
  x=getchar( );
  y=x–32;
  putchar(y);
  return 0;
}
```

（4）测试运行

```
input a character
a
A
```

getchar( )函数只能接受单个字符，输入数字也按字符处理。输入多于一个字符时，只接收第一个字符。使用本函数前必须包含文件“stdio.h”。程序最后两行可用下面两行的任意一行代替：

```
putchar(getchar( ) – 32);
printf("%c", getchar( ) – 32);
```

2．输出库函数 putchar( )

该函数的功能是将所指定的一个字符输出到屏幕上，即将该字符显示在屏幕上。该函数的格式如下：

```
putchar (c)
```

其中，c 是该函数的参数。该函数将 c 所表示的字符显示在屏幕上。c 可以是一个字符常量，也可以是一个字符型变量，还可以是一个运算式。正常情况下，该函数返回输出字符的代码值；出错时，返回输出 EOF[①]。

例如：

```
putchar('A');                    //输出大写字母 A
putchar(x);                      //输出字符变量 x 的值
putchar('\101');                 //也是输出字符 A
putchar('\n');                   //换行
```

对控制字符则执行控制功能，不在屏幕上显示。

使用本函数前必须要用文件包含命令：

```
#include <stdio.h>   或   #include "stdio.h"
```

【例 3-13】输出单个字符。

```
#include<stdio.h>
int main( )
{
  char a='B', b='o', c='k';
  putchar(a); putchar(b); putchar(b); putchar(c); putchar('\t');
  putchar(a); putchar(b);
  putchar('\n');
  putchar(b); putchar(c);
}
```

【例 3-14】从键盘输入 6 位密码并以“*”的形式显示出来。

① EOF 是“End Of File”的缩写，是计算机术语，在操作系统中表示资料源无更多的资料可读取。

（1）问题分析

输入：6 位密码。

处理：使用 getchar( )函数，从键盘输入一个字符，但是不显示在屏幕上。这样就可以输入密码而不让别人知道具体的密码。getchar( )函数所在的头文件为“conio.h”。

输出：******。

（2）算法设计

略。

（3）编写程序

```
#include<stdio.h>
#include< conio.h>
int main( )
{
char ch1, ch2, ch3, ch4, ch5, ch6;
  printf("请输入 6 位密码\n");
  ch1=getchar( );
  ch2=getchar ( );
  ch3=getchar ( );
  ch4=getchar ( );
  ch5=getchar ( );
  ch6=getchar ( );                          //数据输入：输入 6 位密码
  printf("******\n");                   //数据输出
  return 0;
}
```

请输入 6 位密码：

```
123456
******
```

3.9.2 各种基本类型的变量定义

1）整型变量（int）：在程序运行时，需要内存单元存放（数值可以变化）可正可负的整数时，要用此类型来定义。C 语言编译器一般分配 2 字节（16 位系统）或 4 字节（32 位系统）的内存空间给一个整型变量。

占用 2 字节的整型变量的取值范围为–32768～32767，这个范围比较小。

2）单精度浮点型变量（float）：在程序运行时，需要内存单元存放以实数形式（即有小数分量）出现的量（比如 34.1、–678.34、0.368 等）时，要用此类型来定义。

比如，“float x，y;”就定义了两个单精度浮点型变量 x 和 y。一般 C 语言编译器分配 4 字节的内存空间给一个单精度浮点型变量。单精度浮点型变量的精度是十进制的 7 位。也就是说，只有数值中的高 7 位数字肯定是正确无误的。

单精度浮点型变量的优点：取值范围远比整型变量大（大约正数为 1.17×10^{-38}～3.4×10^{38}，负数的取值范围与正数是关于原点对称的）。单精度浮点型变量的缺点：运算速度不如整型变量快，所存入的数据通常也只是一个近似值。

3）字符型变量：用类型关键字 char 来定义字符型变量。

在程序运行时，需要用内存单元存储单个字符（通常是 ASCII 字符）时，要用此类型来定义。C 语言编译器分配 1 字节的内存空间给一个字符型变量。比如，“char ch1，ch2;”定义了两个字符变量 ch1 和 ch2。

字符型变量属于一种从表面上看来是非数值型的量——字符。但其实在计算机的内存中，它通常就是一个以 ASCII 码形式存储的、占用 1 字节内存的二进制码。在 C 语言中，把这个 ASCII 码当作一个小整数来对待。比如字符 a，实际上被编译程序看成占用 1 字节的整数 97（但在有些高级语言比如 Pascal 语言中，不能把字符量当成整型量来对待）。

在高级编程语言中，任何类型变量的值都有一定的限定范围（这是由于存储变量值的字节数有限），程序运行时超出了变量允许的取值范围称为发生了溢出（关于溢出的讨论，请参见本书后面的讨论）。这是在编程时要注意避免和进行处理的。

变量允许的取值范围与所分配到的字节数有关，不同编译器为同一种类型变量分配的字节数很可能不一样，C 语言标准只是规定了各种类型变量所占用内存的最少字节数（参见后续内容）。

3.9.3 数据的机内形式和机外形式

对于不同类型的变量，编译程序分配给变量的内存单元字节数很可能不一样，数据的机外形式、机内形式不一样，运算时选用的运算指令类型不一样（比如对于实型量加法，编译程序选用浮点数加法指令；而对于整型量加法，则选择整数加法指令），输入/输出变量值的转换工作不一样，变量取值的允许范围可能不一样，允许进行的运算也不一样。但上述所有这些“不一样”，除了最后两项需要编程者注意外，大多都不需要编程者来具体操心。对于这些原本极为琐碎的基础性的编程工作，只要恰当地定义了变量的类型，并在程序语句中合理地使用变量，编译程序（包括标准输入/输出库函数）基本上就可以代劳了。

源程序中（或输入/输出时），常量（或变量）值的形式（比如十进制形式）称为数据的机外形式；而计算机内部存储（和传输）的二进制数据形式称为数据的机内形式。一个机内形式的数据常常可以表示为多种等值的机外形式的数据。

在编写 C 语言源程序和运行程序输入数据时，只能使用数据的机外形式，不能使用二进制数据。将机外形式数据转换成机内形式数据是由系统（编译程序、输入/输出库函数等）自动进行的。但是在遇到一些疑难编程问题（溢出、类型转换或进行嵌入式编程和系统编程）时，往往需要了解和掌握数据的机内形式，才能找到较好的解决方案。

1. 整型量在计算机内部的存储方式

整型量在计算机内部的存储方式有两类：无符号整型量和有符号整型量。无符号整型量就是用一定长度的二进制位串直接表示的非负整数。有符号整型量就是用一定长度的二进制位串作为编码，来间接表示一个有符号整数。通常用最高位表示数的符号，最高位为 0 表示正数，最高位为 1 表示负数。在绝大多数计算机中，使用补码来表示有符号整数量。

2. 实型量在计算机内部的存储方式

在计算机内部，实型量的存储方式与整型量的存储方式全然不同。它们通常是以规范化的指数形式来存储的（即小数点前面只有一位非负整数的指数形式，在二进制中，这个非负整数必定是 1）。一般是用内存中地址连续的几个字节（比如 4 字节一共 32 位）中的最高位表示数的正负号，若干位表示数的指数部分，若干位表示数的小数部分（即除去一位非零整数部分后的小数部分)，如下：

符号位（占 1 位）指数部分（若干位）小数部分（若干位）

指数部分的符号通常隐含在指数部分的数据位串中，这是由于指数部分通常采用余码表示法。

编译程序通过扫描每个函数中的所有变量定义，建立起一张表，即“变量名 - 内存单元地址对照表”。接下来在扫描所有的语句时，编译程序就可以通过查找这张对照表，将源程序语句中出现的变量名转变为机器语言指令中的内存单元的地址，即指令中的操作数。

编译程序通过把变量名映射为内存地址的方式，达到了为变量分配相应内存单元的目的（类似于导游通过将游客名对应为房间号，达到为每个游客分配一个房间的目的）。

3.9.4 sizeof 运算符

C 语言中的运算符共有 43 种。运算符规定的运算，最终都将由编译程序翻译成的机器指令来具体执行。

运算符与运算类的机器指令之间并不是一一对应的。有些运算符规定的运算用一条机器指令即可实现（比如 i++、--j 等）；另一些运算符指定的运算则需要多条机器指令来实现（比如下一章要讲的条件运算符等）。一种运算符随着运算量的类型不同，可以转换成不同的机器指令（如加法运算符）。

长度运算符 sizeof 的格式为：sizeof(变量名)或 sizeof(数据类型名)。

该运算的功能是计算变量或数据类型的字节长度，如：

```
int a;
sizeof(a)            求整型变量 a 的长度，值为 4(bytes)
sizeof(int)          求整型的长度，值为 4 (bytes)
sizeof(double)       求双精度浮点型的长度，值为 8 (bytes)
```

3.9.5 数据类型转换

对数据进行运算时，要求参与运算的对象的数据类型相同（运算得到的运算结果的类型与运算对象也相同）。因此，在运算过程中常常需要对变量或常量的数据类型进行转换。转换的方法有两种，一种是系统自动转换（又称为隐式转换），另一种是在程序中强制转换（又称为显式转换）。

1. 自动转换

在不同类型数据的混合运算中，由系统自动实现转换。转换规则如下：

1）若参与运算的数据的类型不同，则应先转换成同一类型，然后进行运算。

2）将低类型数据转换成高类型数据后进行运算。如 int 型和 long 型运算时，先把 int 型转换成 long 型再进行运算。类型的高低是根据其所占空间的字节数按从小到大的顺序排列的，顺序如下：

char，int，long，float，double。

如'A'+12−10.05 运算式最终类型为 double 型。

3）所有的浮点运算都是按照双精度进行运算的，即使仅含 float 型单精度量运算的运算式，也要先转换成double型，再进行运算。

4）char型和short型参与运算时，必须先转换成int型，例如：

```
float PI=3.14;
int s,r=7;
s=r*r*PI;
```

因为PI为单精度型，s和r为整型，在执行“s=r*r*PI”语句时，r和PI都转换成double型后再进行计算，运算结果也为double型，右边的运算结果为153.86，但由于s为整型，故应将赋值号右边的运算结果转换成整型（舍去小数部分），因此s的值为153。

2．强制转换

强制类型转换是通过类型转换运算来实现的，其语法格式如下：

```
（类型说明符）（运算式）
```

其功能是把运算式的运算结果强制转换成类型说明符所表示的类型。例如：“(float)a”表示把a转换为实型；“(int)(x+y)”表示把x+y的结果转换为整型；而“(int)x+y”则表示只将x转换为整型。

在强制转换时应注意以下问题：

1）类型说明符和运算式都必须加括号(单个变量可以不加括号)，如把“(int)(x+y)”写成“(int)x+y”则只是把x转换成int型之后再与y相加。

2）对于被转换的单个变量而言，无论是强制转换还是自动转换，都只是为了本次运算的需要对变量的数据长度进行临时性转换，而不会改变变量定义时所声明的类型，例如：

```
float f=–5.75;
int x;
x=(int)f;
```

以上语句将f强制转换成整数–5，因此x=–5，而f本身的类型并未改变，其值仍为–5.75。

3.9.6 C语言程序预处理命令

1．预处理的功能

在C语言程序中可包括各种以符号“#”开头的编译指令，这些指令称为预处理命令。预处理命令属于C语言编译器，而不是C语言的组成部分。通过预处理命令可扩展C语言程序设计的环境。

在集成开发环境中，编译、连接是同时完成的。其实，C语言编译器在对源代码编译之前，还需要进一步的处理——预编译。预编译的主要作用如下：

1）将源文件中以“include”格式包含的文件复制到编译的源文件中。

2）用实际值替换用“#define”定义的字符串。

3）根据“#if”后面的条件决定需要编译的代码。

预处理器的输入是一个C语言程序，程序可能包含指令。预处理器会执行这些指令，并在处理过程中删除这些指令。预处理器的输出是另外一个程序：源程序的一个编辑后的版本，不再包含指令。预处理器的输出被直接交给编译器，编译器检查程序是否有错误，并经程序翻译为目标代码。

2. 预处理指令

大多数预处理器指令属于下面 3 种类型：

1）宏定义："#define"指令定义一个宏，"#undef"指令删除一个宏定义。

2）文件包含："#include"指令导致一个指定文件的内容被包含到程序中。

3）条件编译："#if""#ifdef""#ifndef""#elif""#else"和"#endif"指令可以根据编译器测试的条件将一段文本包含到程序中或排除在程序之外。剩下的"#error""#line"和"#pragma"指令及更特殊的指令则较少用到。

（1）指令规则

指令都是以"#"开始的。"#"符号不需要在一行的行首，只要它之前有空白字符就行。在"#"后是指令名，接着是指令所需要的其他信息。

在指令的符号之间可以插入任意数量的空格或横向制表符。

指令总是在第一个换行符处结束，除非明确地指明要继续。

指令可以出现在程序中的任何地方。通常将"#define"和"#include"指令放在文件的开始，其他指令则放在后面，甚至放在函数定义的中间。

注释可以与指令放在同一行。

（2）宏定义命令——#define

使用"#define"命令并不是真正的定义符号常量，而是定义一个可以替换的宏。被定义为宏的标示符称为"宏名"。在编译预处理时，对程序中所有出现的"宏名"，都用宏定义中的字符串去代换，这称为"宏代换"或"宏展开"。在 C 语言中，宏分为有参数和无参数两种。无参数的宏的定义格式如下：

```
#define 宏名 字符串
```

在以上宏定义语句中，各部分的含义如下：

1）#："#"表示这是一条预处理命令(凡是以"#"开始的均为预处理命令)。

```
define:关键字"define"为宏定义命令。
```

2）宏名：宏名是一个标识符，必须符合 C 语言标识符的规定，一般以大写字母表示。

3）字符串：字符串可以是常数、表达式、格式串等。在前面使用的符号常量的定义就是一个无参数宏定义。

预处理命令语句后面一般不会添加分号，如果在"#define"最后有分号，在宏替换时分号也将替换到源代码中去。在宏名和字符串之间可以有任意个空格，例如：

```
#define PI 3.14
```

在使用宏定义时，还需要注意以下两点：

1）宏定义是由宏名来表示一个字符串，习惯上宏名可用大写字母表示，以方便与变量区别，但也允许用小写字母。在宏展开时又以该字符串取代宏名。这只是一种简单的代换，字符串中可以含任何字符，可以是常数，也可以是表达式，预处理程序对它不作任何检查。如有错误，只能在编译已被宏展开的源程序时发现。

2）宏定义必须写在函数之外，其作用域从宏定义命令起到源程序结束。宏定义允许嵌套，在宏定义的字符串中可以使用已经定义的宏名。在宏展开时由预处理程序层层替换。

（3）文件包含——#include

“#include”指令告诉预处理器打开一个特定的文件，将它的内容作为正在编译的文件的一部分“包含”进来。例如下面这行命令：

```
#include <stdio.h>
```

指示预处理器打开一个名字为“stdio.h”的文件，并将它的内容加到当前的程序中。

当一个C语言程序由多个文件模块组成时，主模块中一般包含main( )函数和一些当前程序专用的函数。程序从 main( )函数开始执行，在执行过程中，可调用当前文件中的函数，也可调用其他文件模块中的函数。如果在模块中要调用其他文件模块中的函数，首先必须在主模块中声明该函数原型。一般都是采用文件包含的方法，包含其他文件模块的头文件。

文件包含中指定的文件名既可以用引号括起来，也可以用尖括号括起来，格式如下：

```
#include <文件名>
```

或

```
#include"文件名"
```

“#include”命令的作用是把指定的文件模块内容插入到“#include”所在的位置，当程序编译连接时，系统会把所有“#include”指定的文件连接生成可执行代码。“文件包含”命令必须以“#”开头，表示这是编译预处理命令，行尾不能用分号结束。

“#include”所包含的文件，其扩展名可以是“.c”，表示包含普通 C 语言源程序；也可以是“.h”，表示 C 语言程序的头文件。C 语言系统中大量的定义与声明是以头文件形式提供的。

（4）条件编译

预处理器还提供了条件编译功能。在预处理时，按照不同的条件去编译程序的不同部分，从而得到不同的目标代码。使用条件编译，可方便地处理程序的调试版本和正式版本，也可使用条件编译使程序的移植更方便。

1）使用“#if”。

与C语言的条件分支语句类似，在预处理时，也可以使用分支，根据不同的情况编译不同的源代码段。

“#if”的使用格式如下：

```
#if 常量表达式
  程序段 1
#else
  程序段 2
#endif
```

该条件编译命令的执行过程为：若常量表达式的值为真(非 0)，则对程序段 1 进行编译，否则对程序段 2 进行编译。由此可以使程序在不同条件下完成不同的功能，例如：

```
#define DEBUG 1
int main( )
{
  int i, j;
  char ch[26];
  for (i='a', j=0; i <= 'z'; i++,j++)
  {
      ch[j]=i;
      #if DEBUG
          printf("ch[%d]=%c\n", j, ch[j]);
      #endif
  }
  for (j=0; j < 26; j++)
  {
      printf("%c", ch[j]);
  }
  return 0;
}
```

在上面的“#if”条件编译命令中，需要判断符号常量定义的具体值。在很多情况下，其实不需要判断符号常量的值，只需要判断是否定义了该符号常量。这时，可不使用“#if”命令，而使用另外一个预编译命令——#ifdef。

2）使用“#ifdef”。

“#ifdef”命令的使用格式如下：

```
#ifdef 标识符
    程序段 1
#else
    程序段 2
#endif
```

其含义是：如果“#ifdef”后面的标识符已被定义过，则对程序段 1 进行编译；如果没有定义标识符，则编译程序段 2。一般不使用“#else”及后面的程序段 2。

3）使用“#ifndef”。

“#ifndef”的意义与“#ifdef”相反，其格式如下：

```
#ifndef 标识符
    程序段 1
#else
    程序段 2
#endif
```

其含义是：如果未定义标识符，则编译程序段 1，否则编译程序段 2。

第 4 章　选择结构程序设计

本章知识结构图

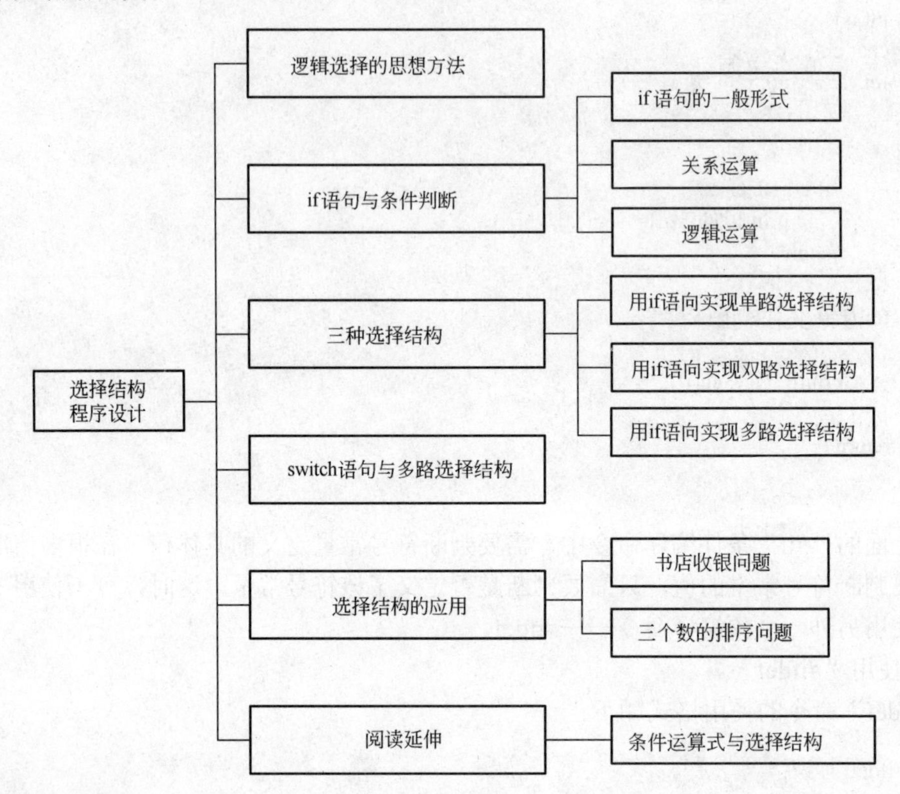

本章学习导读

选择结构又称分支结构。在选择结构程序设计中，根据条件的判断情况需要选择不同的语句组执行。本章介绍 if 和 switch 两种选择语句。

1）条件选择语句（if）：根据给定的条件运算式进行判断，决定执行某个分支中的程序段，由 if 语句来实现。

2）开关选择语句（switch）：根据给定的整型运算式的值进行判断，然后决定执行多个分支中的某一个分支，由 switch 语句来实现。

4.1　逻辑选择的思想方法

1．从问题到算法

在前面的章节中，我们学习了 C 语言程序最基础的结构——顺序结构，顺序结构的程序中每条语句顺序向下执行，中间没有任何执行路径的跳转。然而，现实世界中的事情并不都是一帆风顺的，更多的时候，还需要具体情况具体分析，根据各种情况作出合适的选择。

在现实生活中，最简单、最常见的选择结构就是“红灯停，绿灯行”。在这个场景中，有一个条件——交通灯的颜色，同时也有根据这个条件作出的选择，正是这个条件以及根据这个条件作出的选择构成了一个完整的选择结构。生活中的其他情形还有：

① 交通灯是红色还是绿色决定是否前行。

② 天气情况决定出游。

③ 身体状况决定学习生活。

④ 技术准备情况决定宇宙飞船的发射时间。

⑤ 工程进度决定商品的出厂时间与方式。

现实世界中的这一根据不同条件作出不同选择的场景，反映到程序当中就是程序的选择结构。选择结构与人们日常使用的自然语言“如果……则……否则……”类似。

若在程序执行过程中，根据用户的输入或中间结果去执行若干不同的任务则为选择结构。正是有了这种方法，计算机才有了思维能力（或称之为逻辑判断能力）。选择结构反映的是“先判断，后执行”的思想，其执行过程是先判断，后执行。计算机区别于其他机械的能力就来自由算法作判断和按判断的结果行动的能力。

【问题 4-1】绝对值问题：从键盘输入一个整数，若是负数则输出该数的绝对值，否则原样输出。

【问题 4-2】学位问题：某高校每年给本科毕业生发学位的政策都会改变。某年的政策如下：申请学位的同学的所有课程都需在大学期间修完（成绩在及格以上），满足以下几个条件中任一条的学生均可获得学位证，其余人员不得获得学位证：

大学英语通过 4 级；重修课程门数为 0；重修课程门数在 10 门以下，且成绩在全年级排名 70%以上；重修门数在 7 门以下且大学英语 4 级考试成绩为 450 分以上。

输入一个学生的重修门数、大学英语 4 级成绩和该生在全年级的成绩排名，判断该学生可否获得学位证。

【问题 4-3】折扣问题：一家大型超市为吸引顾客，在顾客购物时，实行折扣销售，具体办法如下（假设购买商品的个数为 x）：

$x<5$	没折扣
$5 \leqslant x<10$	1%折扣
$10 \leqslant x<20$	2%折扣
$20 \leqslant x<30$	4%折扣
$30 \leqslant x$	6%折扣

假定该商品单价为 m 元，编程计算某顾客购买 x 个该商品应付多少钱。计算公式如下：

$$p=m*x*(1-d)$$

其中，p 为应付钱数（元），d 是所打的折扣数。

【问题 4-4】3 个数排序问题：输入 3 个数 a、b、c，要求按由小到大的顺序将之输出。

事实上，现实生活中的复杂问题数不胜数，以上只列举出常见的问题而已。通过对这类问题的学习，不难学会更复杂问题的解决方法。

按照结构化程序设计方法，对于上述四个问题，都可以将其抽象为选择结构，用选择方式对过程分解，确定某个部分的执行条件。对于问题 4-1，N-S 流程图如图 4-1 所示。

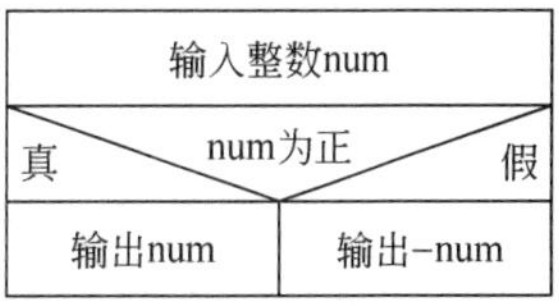

输入整数num
num为正
真
假
输出num
输出-num

图 4-1　问题 4-1 的 N-S 流程图

2．从算法到程序

至此，已给出解决问题 4-1 的详细算法，剩下的是如何实现算法的问题。要实现算法至少需掌握两方面的知识：一是要熟悉条件判断的写法，二是要熟悉选择结构的表达方法。一般说的“条件判断”，通常指的是关系运算式或逻辑运算式，这两种运算式的结果都只有“真”或者“假”两种，实际对应整数 1 或 0。当用户输入的数存储在变量 f 中时，运算式 f >0 就可以判断用户输入的数是否为正数。如果运算式 f >0 为真，则用户输入的数是正数；如果为假，则不是正数。

与以前只能处理一种情况的程序不同，由于包含了多种处理方法，选择结构程序可以针对用户的实际输入数据，灵活地选择有针对性的处理方法，忽略不匹配的处理方法，因此，选择结构程序功能强大，可以处理一些较复杂的问题。问题 4-1 的程序如下：

```
#include <stdio.h>
int main( )
{
    int num;
    printf("Please input a integer:");
    scanf("%d", &num);
    if (num >= 0)
            printf("%d", num);
    else
            printf("%d\n", –num);
return 0;
}
```

设计选择结构程序需要考虑两个问题：一个是在 C 语言中如何表示条件；另一个是在 C 语言中用什么语句实现选择结构。

在 C 语言中，一般用关系运算式或逻辑运算式来表示选择条件，用 if 语句或 switch-case 语句实现选择结构。

4.2 if 语句与条件判断

4.2.1 if 语句的一般形式

if 语句是 C 语言中用于实现条件选择结构的语句。

1．if 语句的一般格式

```
if (运算式) {
语句组 1;
}
            [else {
语句组 2;
} ]
```

1）if 语句中的“运算式”表示条件判断，必须用“(”和“)”括起来。

2）else 子句是可选的，可以省略。

3）当 if 和 else 下面的语句组仅由一条语句构成时，也可不使用复合语句形式（即去掉花括号）。

2．if 语句的执行过程

（1）缺省 else 子句时

当“运算式”的值不等于 0（即判定为“逻辑真”）时，执行语句组 1，否则直接转向执行下一条。

（2）指定 else 子句时

当“运算式”的值不等于 0（即判定为“逻辑真”）时，执行语句组 1，然后转向下一条语句；否则，执行语句组 2。

3．if 语句的嵌套与嵌套匹配原则

if 语句允许嵌套。所谓 if 语句的嵌套是指，在语句组 1 或（和）语句组 2 中，又包含 if 语句的情况。

if 语句嵌套时，else 子句与 if 的匹配原则：else 子句与在它上面、距它最近，且尚未匹配的 if 配对。

为明确匹配关系，避免匹配错误，强烈建议：将内嵌的 if 语句一律用花括号括起来。

4.2.2 关系运算

前面介绍了 if 语句的一般格式。使用 if 语句时，其中的“运算式”用来描述条件判断，一般要用关系运算式或逻辑运算式来描述条件判断。

1．关系运算

关系运算是逻辑运算中最简单的一种，也称“比较运算”，即将两个值进行比较，判断其结果是否符合给定的条件。如“num>0”是一个关系运算式，其中“>”是一个关系运算符。该运算式的含义为，当 num 是一个正数的时候，关系运算式的值为“真”（即“条件满足”）；当 num 是一个负数或者 0 的时候，关系运算式的值为“假”（即“条件不满足”）。在程序中经常需要比较两个量的大小关系，以决定程序下一步的工作。

2．关系运算符

（1）C 语言中提供的 6 种关系运算符

比较两个量的运算符称为关系运算符。在 C 语言中有以下关系运算符：

1）<　小于；

2）<= 小于或等于；

3）>　大于；

4）>= 大于或等于；

5）== 等于；

6）!= 不等于。

（2）关系运算符的优先级

与不同的算术运算符可能具有不同的优先级一样，不同的关系运算符也具有不同的优先级。在关系运算符中，前 4 个（“<”“<=”“>”和“>=”）优先级相同，后两个（“==”和“!=”）优先级相同，但前四个关系运算符的优先级高于后两个关系运算符的优先级。

例如，计算“a>b==c；”，先判断“a>b”是否成立，然后，进一步判断“(a>b)==c”是否成立。

关系运算、算术运算和赋值运算的 3 种运算符优先级从高到低为：

算术运算符→关系运算符→赋值运算符

关系运算符的优先级低于算术运算符，高于赋值运算符。

例如，对于“x=a+10>b;”，先计算“a+10”，然后，进一步判断“a+10>b”，最后再将结果赋值给 x 变量。

（3）运算符结合方向

关系运算符都是双目运算符，关系运算符的结合性均为左结合。

3．关系运算式

（1）关系运算式的一般形式

运算式 关系运算符 运算式

【例 4-1】实型变量 score，存放着一门课程的成绩，写出判断该成绩是否优秀（即成绩不低于 90）的运算式。

score >=90

【例 4-2】实型变量 score1 和 score2 分别存放一位学生的两门课程的成绩，写出判断该学生的平均成绩是否及格的运算式。

（score1+score2）/2 >=60

【例 4-3】判断整数 x 能被 3 整除的运算式。

x % 3 == 0

（2）关系运算式的值

关系运算式的值是“真”和“假”，用“1”和“0”表示。如“5>0”的值为“真”，即为1。又如“(a=3)>(b=5)”，由于 3>5 不成立，故其值为“假”，即为 0。

【例 4-4】假设 a 等于 8，其比较运算见表 4-1。

表 4-1 比较运算

运算符	说明	范例	执行结果
==	等于	a == 5	0
! =	不等于	a != 5	1
<	小于	a < 5	0
>	大于	a > 5	1
<=	小于或等于	a <= 5	0
>=	大于或等于	a >= 5	1

4.2.3 逻辑运算

1．逻辑运算

什么是逻辑运算——逻辑运算用来判断一件事情是“对”的还是“错”的，或者说是“成立”还是“不成立”。在计算机里面进行的是二进制运算，逻辑判断的结果只有两个值，称这两个值为“逻辑值”，用数字表示就是“1”和“0”。“1”表示该逻辑运算的结果是“成立”的，“0”表示这个逻辑运算的结果“不成立”。

2．逻辑运算符

（1）C语言中提供的3种逻辑运算符

1）&& 与运算。

2）|| 　或运算。

与运算符“&&”、或运算符“||”均为双目运算符。

3）！ 非运算。

非运算符“!”为单目运算符。

（2）逻辑运算符的优先级

逻辑运算符的运算优先级：逻辑非的优先级最高，逻辑与次之，逻辑或最低：

！（非）→ &&（与）→ ||（或）

与其他种类运算符的优先关系：

！→ 算术运算 → 关系运算 → &&（与）→ ||（或）→ 赋值运算

（3）运算符的结合方向

&&（与运算）、||（或运算）具有左结合性。

！（非运算）具有右结合性。

例如，按照运算符的优先顺序可以得出：

“a > b && c > d”等价于“(a > b) && (c > d)”；

“! b = = c || d < a”等价于“((! b) == c) || (d < a)”；

“a+b > c && x+y < b”等价于“((a+b) > c) && ((x+y) < b)”。

3．逻辑运算式

逻辑运算式的一般形式为：

运算式　逻辑运算符　运算式

其中的运算式又可以是逻辑运算式，从而组成了嵌套的情形。

【例4-5】判断小写字母的逻辑运算式。

(ch <='z') && (ch >='a')

错误运算式示例：'a' <= ch <= 'z'

【例4-6】判断一个变量的值是否在12和30之间。

(12 < a) && (a < 30)

错误运算式示例：12 < a < 30

【例4-7】判断非数字字符。

(ch > '9') || (ch < '0')

【例4-8】判断非小写字母的逻辑运算式。

! ((ch <= 'z') && (ch >= 'a'))

【例4-9】变量score1、score2中存放着两个成绩，用关系运算式和逻辑运算符表示以下4种情况：

1）两个成绩全都及格。可理解为：第一个成绩及格，并且第二个成绩及格，即

(score1 >= 60) && (score2 >= 60)

2）两个成绩中有及格成绩。可理解为：第一个成绩或者第二个成绩及格，即

(score1 >= 60) || (score2 >= 60)

3）第一个成绩不及格。可理解为：否定第一个成绩及格，即

! (score1 >= 60)

4）有且仅有一门课程及格的运算式为

((x1 >= 60) && (x2 < 60)) || ((x1 < 60) && (x2 >= 60))

4．逻辑值和逻辑量

在逻辑运算式里，有参加逻辑运算的逻辑量以及逻辑运算最后的结果，即逻辑值，把这两个概念区分开来并记住它们是很重要的。

（1）逻辑值

逻辑运算式最后的运算结果的值就是逻辑值。逻辑值只能是“0”和“1”这两个数。“1”表示逻辑真（成立）；“0”表示逻辑假（不成立）。

求值规则如下：

1）与运算&&：参与运算的两个量都为真时，结果才为真，否则为假。

例如，5 > 0 && 4 > 2，由于 5 > 0 为真，4 > 2 也为真，相“与”的结果也为真。

2）或运算||：参与运算的两个量只要有一个为真，结果就为真。两个量都为假时，结果为假。

例如：5 > 0 || 5 > 8，由于 5 > 0 为真，相“或”的结果也就为真。

3）非运算!：参与运算量为真时，结果为假；参与运算量为假时，结果为真。

例如：“! (5 > 0)”的结果为假。

【例 4-10】假设 a 等于 8，其逻辑运算见表 4-2。

表 4-2 逻辑运算

运算符	说明	范例	执行结果
&&	AND	(a>5) && (a<10)	1
||	OR	(a<5) || (a>10)	0
!	NOT	!(a > 10)	1

（2）逻辑量

凡是参加逻辑运算的变量、常量都是逻辑量。

下面仔细分析一下哪些是逻辑量，哪些是逻辑值。

【例 4-11】“如果他来了，这件事情一定能成功”，用程序语句描述就是：

```
if (a != 0)
```

在这个语句里用变量 a 来表示他来与不来这件事，变量的值为 1 说明他来了，为 0 就是不来。在 C 语言中，一般不写成这样，而是写成：

```
if (a)
```

括号里面的变量 a 就是逻辑量。当该逻辑量的逻辑值为 1 时，if 运算式为“真”，这时可以执行 if 后的程序语句。当该逻辑量的逻辑值为 0 时，if 运算式为“假”，就不能执行 if

后面的程序语句。

4.3　三种选择结构

4.3.1　用 if 语句实现单路选择结构

1．单路选择结构

一般形式如下：

```
if (运算式) {
语句组;
} //语句组为单个语句时可省略"{"和"}"
```

2．执行过程

先求解运算式的值，如果运算式的值为“真”（非 0），就执行语句 A，否则直接执行 if 语句后面的语句。执行过程如图 4-2 所示。

【例 4-12】已知两个数 a 和 b，若 a 小于 b，则保持原来的顺序，否则，交换 a 和 b 的值。

（1）问题分析

输入：a 和 b。

处理：若 a 小于 b，则保持原来的顺序，否则，交换 a 和 b 的值。

输出：按 a 小 b 大的顺序输出。

（2）算法设计

算法对应的 N-S 流程图如图 4-3 所示。

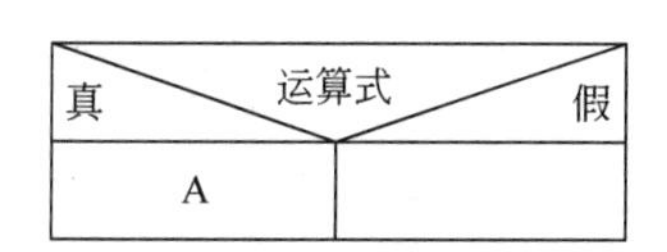

图 4-2　单路选择结构

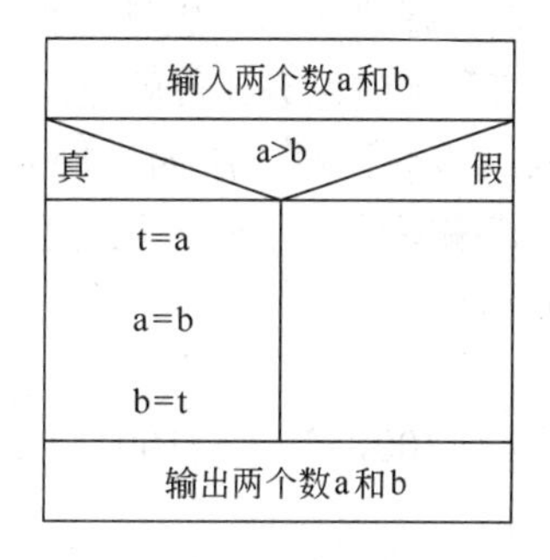

图 4-3　例 4-12 的 N-S 流程图

（3）编写程序

```
#include <stdio.h>
int main( )
{
  int a, b, t;
  printf("input two numbers: ");
  scanf("%d %d", &a, &b);                    //数据输入:a 和 b
  if (a > b){                                //数据处理：单路比较，反序交换
     t=a;
```

```
        a=b;
        b=t;
    }                                          //数据处理：if( )结束
    printf("%d %d\n", a, b);                   //数据输出：a,b
    return 0;
}
```

（4）测试运行

```
input two numbers: 8 5
5 8
```

本例的数据处理部分(矩形框中)是一个单路选择结构。a > b 时进行交换。

4.3.2 用 if 语句实现双路选择结构

1. 双路选择结构

一般形式如下：

```
if (运算式) {
语句组 1;
}            //语句组 1 为单个语句时可省略"{"和"}"
else {
语句组 2;
}            //语句组 2 为单个语句时可省略"{"和"}"
```

2. 执行过程

先求解运算式的值，如果运算式的值为“真”(非 0)，执行语句 A；若运算式的值为“假”（值为 0），就执行语句 B。执行过程如图 4-4 所示。

【例 4-13】邮政包裹计费问题：

假设邮政包裹计费方法为：100 克以内（含 100 克）收费 5 元，超过 100 的部分每克加收 0.2 元。试编写程序，要求从键盘输入邮寄物品的质量，计算出邮费。

（1）问题分析

输入：g。

处理：g<=100，f=5; g>100，f=5+0.2*(g−100)。

输出：f。

（2）算法设计

相应算法的 N-S 流程图如图 4-5 所示。

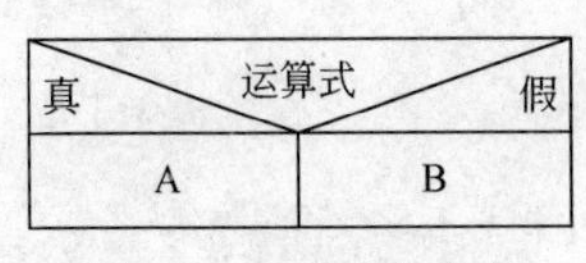

图 4-4　双路选择结构

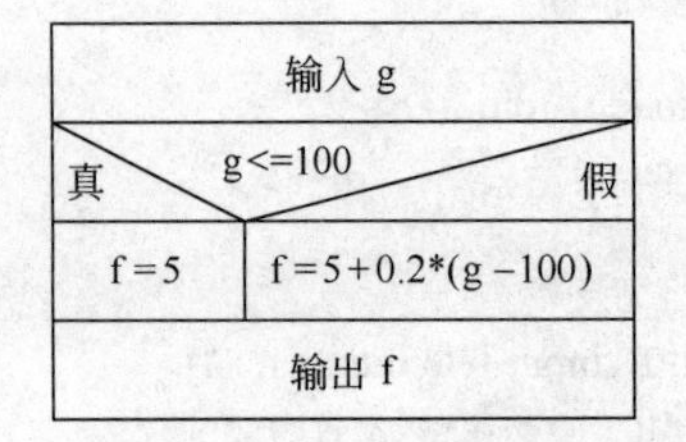

图 4-5　例 4-13 的 N-S 流程图

（3）编写程序

```
#include <stdio.h>
int main( )
{
  float g,f;
  printf("input one number:");
  scanf("%f", &g);                      //数据输入：g
  if(g <= 100)                          //数据处理：if 双路比较
    f=5;
  else
    f=5+0.2* (g-100);                       //if( )结束
  printf("%f",f);                       //数据输出：f
  return 0;
}
```

（4）测试运行

```
input one number: 200
25.00
```

本例的数据处理部分(矩形框中)是一个双路选择结构。

4.3.3 用 if 语句实现多路选择结构

1．多路选择结构

多路选择结构用于有多种情况需要选择的程序，一般形式为：

```
if (运算式 1) {
语句组 1;                            //语句组 1～n+1 为单个语句时可省略"{"和"}"
}
else if (运算式 2) {
语句组 2;
}
else if (运算式 3) {
语句组 3;
}
……
else if (运算式 n) {
语句组 n;
}
else {
语句组 n+1;
}
```

2．执行过程

依次判断运算式的值，当出现某个值为“真”时，则执行其对应的语句，然后跳到整个 if 语句之后继续执行程序。如果所有的运算式均为假，则执行语句 n，然后继续执行后续程序。执行过程如图 4-6 所示。

【例 4-14】判断字符的类别。字符的类别包括大写字母、小写字母、数字字符、控制字符和其他字符五类。

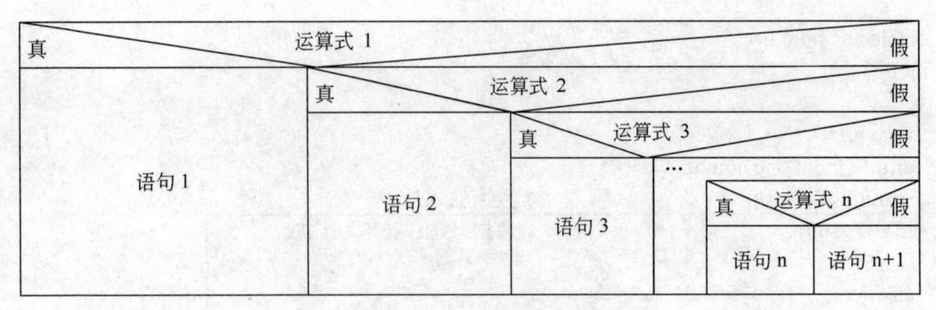

图 4-6　多路选择结构

（1）问题分析

输入：c。

处理：判断键盘输入字符的类别。

输出：输出字符类别。

（2）算法设计

相应算法的 N-S 流程图如图 4-7 所示。

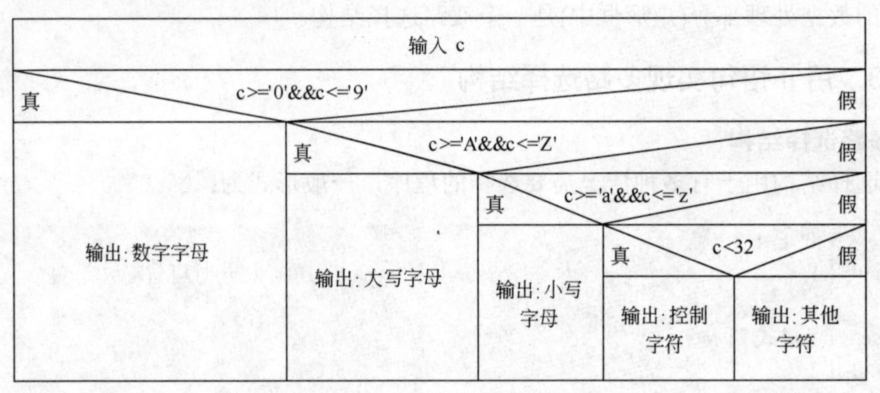

图 4-7　例 4-14 的 N-S 流程图

（3）编写程序

```
#include "stdio.h"
int main( )
{
  char c;
  printf("input a character: ");
  c=getchar( );  //数据输入：c
  if (c >= '0' && c <= '9') //数据处理并输出：5 路选择结构
      printf("This is a digit\n");
  else if (c >= 'A' && c <= 'Z')
      printf("This is a capital letter\n");
  else if (c >= 'a' && c <= 'z')
      printf("This is a small letter\n");
  else if (c < 32)
      printf("This is a control character\n");
  else
      printf("This is an other character\n");
  return 0;
}
```

（4）测试运行

```
input a character: 7
This is a digit
```

本例的数据处理部分（矩形框中）是一个多路选择结构，用 if-else-if 语句编程。本例要求判断键盘输入字符的类别。可以根据输入字符的 ASCII 码来判断类型。由 ASCII 码表可知 ASCII 值小于 32 的为控制字符。在 0 和 9 之间的为数字字符，在 A 和 Z 之间的为大写字母，在 a 和 z 之间的为小写字母，其余为其他字符。判断输入字符 ASCII 码所在的范围，分别给出不同的输出。本例的数据处理部分是一个多路选择的结构。

4.4 switch 语句与多路选择结构

1．switch 语句

C 语言还提供了另一种用于多分支选择的 switch 语句，其一般形式为：

```
switch (运算式)
{
case 常量运算式 1: 语句 1;
case 常量运算式 2: 语句 2;
……
case 常量运算式 n: 语句 n;
default : 语句 n+1;
}
```

其中，switch、case 和 default 是关键字。

2．执行过程

程序执行时，由第一个 case 分支开始查找，如果运算式的值与 case 后的常量运算式匹配，则执行其后的块，接着执行第 2 个 case 分支、第 3 个 case 分支、……、第 n 个 case 分支的块，直到遇到 break 语句；如果不匹配，查找下一个分支是否匹配。如运算式的值与所有 case 后的常量运算式均不相同，则执行 default 后的语句。

注意：要特别注意开关条件的合理设置以及 break 语句的合理应用。另外，开关选择结构根据给定的整型运算式的值进行判断，然后决定执行多个分支中的某一个分支。

【例 4-15】计算器程序。

用户输入运算数和四则运算符，输出计算结果。

（1）问题分析

输入：a、c、b。

处理：四则计算。

输出：sum。

（2）算法设计

相应算法的 N-S 流程图如图 4-8 所示。

（3）编写程序

```
#include "stdio.h"
int main( )
```

```
{
float a, b, s;
char c;
printf("input expression: a+(-,*,/)b \n");
scanf("%f%c%f", &a, &c, &b);                    //数据输入：a,c,b
switch (c)
{                                               //数据处理并输出，switch (c)开始
case '+': s=a+b;
        printf("%f\n", s); break;
case '-': s=a-b;
        printf("%f\n", s); break;
case '*': s=a*b;
        printf("%f\n", s); break;
case '/': s=a/b;
        printf("%f\n", s); break;
default: printf("input error\n");
}                                               //数据处理并输出，switch (c) 结束
return 0;
}
```

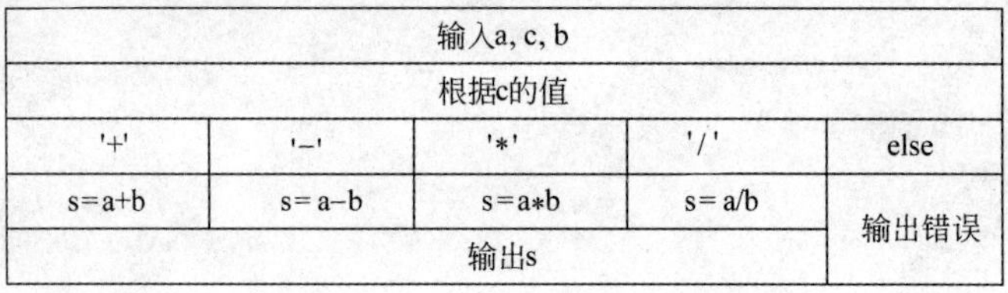

<table>
<tr><td colspan="5">输入a, c, b</td></tr>
<tr><td colspan="5">根据c的值</td></tr>
<tr><td>'+'</td><td>'-'</td><td>'*'</td><td>'/'</td><td>else</td></tr>
<tr><td>s=a+b</td><td>s=a-b</td><td>s=a*b</td><td>s=a/b</td><td rowspan="2">输出错误</td></tr>
<tr><td colspan="4">输出s</td></tr>
</table>

图 4-8　例 4-15 的 N-S 流程图

（4）测试运行

```
input expression: a+(-,*,/)b
5+6
11.000000
```

数据处理部分是一个多路（矩形框中）选择的结构，用 switch 语句编程。本例可用于四则运算求值。switch 语句用于判断运算符，然后输出运算值。当输入运算符不是“+”“-”“*”“/”时给出错误提示。

【例 4-16】输入某年某月某日，判断这一天是这一年的第几天。

（1）问题分析

输入：year、month、day。

处理：判断这一天是这一年的第几天。以 3 月 5 日为例，应该先把前两个月的加起来，然后再加上 5 天，即本年的第几天。特殊情况：闰年且输入月份大于 3 时需考虑多加一天。

输出：s。

（2）算法设计

相应算法的 N-S 流程图如图 4-9 所示。

（3）编写程序

```
#include "stdio.h"
int main( )
```

```
{
int day, month, year, s, leap;
printf("\nplease input year,month,day\n");
scanf("%d,%d,%d", &year, &month, &day);    //数据输入：
switch (month)                              //数据处理：先计算某月以前月份的总天数
{
   case 1: s=0; break;
   case 2: s=31; break;
   case 3: s=59; break;
   case 4: s=90; break;
   case 5: s=120; break;
   case 6: s=151; break;
   case 7: s=181; break;
   case 8: s=212; break;
   case 9: s=243; break;
   case 10: s=273; break;
   case 11: s=304; break;
   case 12: s=334; break;
   default: printf("data error"); break;
}                                          //switch (month) 结束
s=s+day;                                   //数据处理：再加上某天的天数
if (year % 400==0 || (year % 4 == 0 && year % 100 != 0))
   leap=1;
else
   leap=0;                                 //判断是不是闰年
if (leap == 1 && month > 2)
   s++;                                    //数据处理：如果是闰年且月份大于 2,总天数应该加一天
printf("It is the %dth day.",s);           //数据输出：s
return 0;
}
```

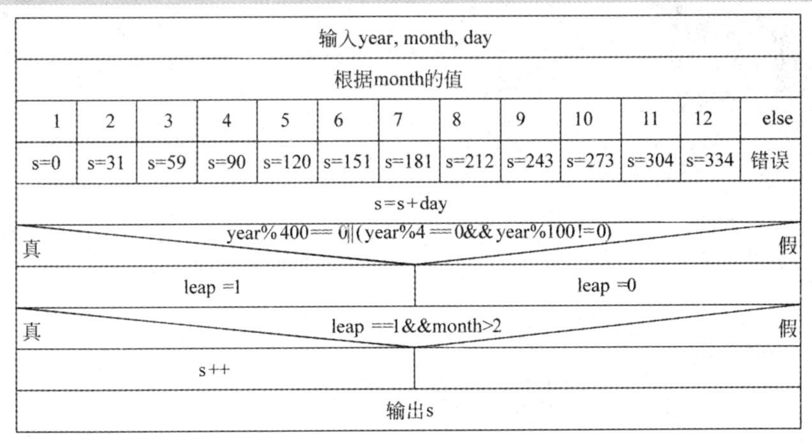

图 4-9　例 4-16 的 N-S 流程图

（4）测试运行

```
please input year,month,day
2014 5 18
It is the 138th day.
```

本例的数据处理部分由三个选择结构构成，第一个是多路选择结构，根据月份判断之前月份的天数，用 switch 语句编程;第二个是一个双路选择结构，判断是否闰年；第三个是单路选择结构，是在闰年且月份大于 3 时，天数加 1。

4.5 选择结构的应用

4.5.1 书店收银问题

在现实生活中存在着很多需计费的实际问题，如电费计算、水费计算、话费计算和税费计算等。这些都可以归为数学的分段函数问题，通过选择结构来设计算法。

【例 4-17】 书店收费计算问题。某书店收费方法如下：

$$y=\begin{cases}0.9x\ (x\leqslant 100)\\0.8x\ (100<x\leqslant 500)\\0.7x\ (x>500)\end{cases}$$

其中，x 表示原价，y 表示实际收费。

（1）问题分析

输入：x。

处理：根据三种不同 x，通过公式计算 y。

输出：y。

（2）算法设计

相应算法的 N-S 流程图如图 4-10 所示。

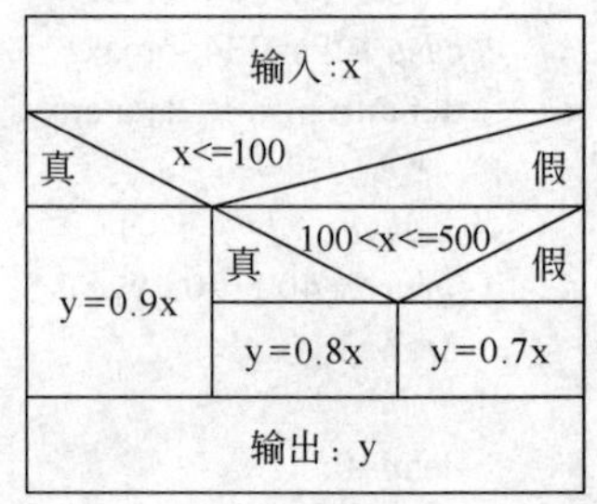

图 4-10　例 4-17 的 N-S 流程图

（3）编写程序

```
#include <stdio.h>
int main( )
{
  float x, y;
  printf("Input x : ");
  scanf("%f", &x);              //数据输入：x
  if (x <= 100) {              //数据处理：3 路选择
     y=0.9*x;
  }
  else if(x <= 500) {
         y=0.8*x;
  }
  else
         y=0.7*x;
  }                             //数据处理：if( )结束
  printf("%7.2f\n", y);         //数据输出：y
  return 0;
}
```

（4）测试运行

```
Input x : 300
240.00
```

本例的数据处理部分是一个三路选择结构。

4.5.2　三个数的排序问题

【例 4-18】三个数排序问题：输入任意三个数，按由小到大的顺序排序并输出。

（1）问题分析

输入：a、b、c。

处理：待排序的三个数在变量 a、b、c 中，由小到大排序即最终达到 a≤b≤c。

输出：排序后的 a、b、c。

（2）算法设计

相应算法的 N-S 流程图如图 4-11 所示。

（3）编写程序

```
#include <stdio.h>
int main( )
{
  int a, b, c, t;
  printf("请输入三个数");
  scanf("%d %d %d", &a, &b, &c);                    //数据输入：a,b,c
  if (a > b){
      t=a; a=b; b=t;                        //数据处理：先交换 a 与 b
  }
  if (a > c){
      t=a; a=c; c=t;                        //数据处理：再交换 a 与 c
  }
  if (b > c){
      t=b; b=c; c=t;                        //数据处理：最后交换 b 与 c
  }
  printf("从小到大：%d %d %d", a, b, c);       //数据输出
  return 0;
}
```

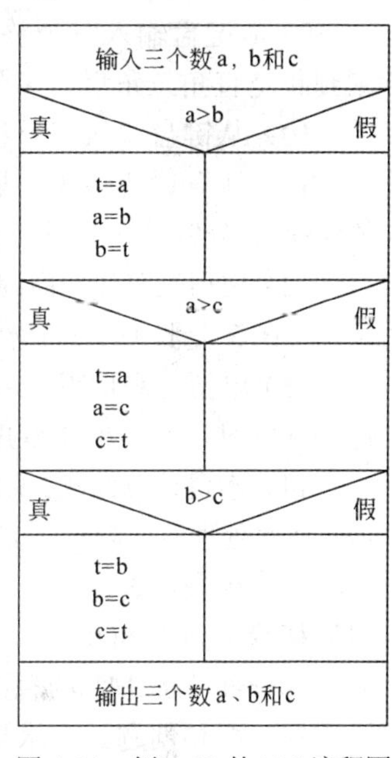

图 4-11　例 4-18 的 N-S 流程图

（4）测试运行

```
请输入三个数 8 5 9
从小到大：5 8 9
```

本例的数据处理部分由三个单路选择结构串联构成。其基本思想是通过“两两比较和交换”这种基本操作的多次重复来解决问题。

第一遍，通过两两比较和交换，把 a、b、c 中最小的一个数放到 a 中。

首先比较 a 和 b，如果 a 不是最小的，则交换它们俩的值。

再比较 a 和 c，如果 a 不是最小的，则交换它们俩的值。

第二遍，通过两两比较和交换，把 b 和 c 中最小的一个数放到 b 中。

比较 b 和 c，如果 b 不是最小的，则交换它们俩的值。

4.6　习　　题

1）写一个程序，判断一个数是否为奇数或偶数。

2）写一个程序，接收两个整数 a 和 b，并判断 a 是否能被 b 整除，输出判断结果。

3）写一个程序，接收两个数字，判断这两个数字的乘积是否大于或等于 5000。如果大于，则告诉用户大于 5000；如果相等，则告诉用户等于 5000；否则，告诉用户小于 5000。

4）从键盘上接收一个字符，判断它到底是哪种字符：数字、小写字母、大写字母、控制字符、其他字符。

5）写一个程序，接收一个数字，判断它是否能同时被 2 和 3 整除。

6）有 3 个整数 a、b、c，由键盘输入，输出其中最大的数。

7）给出一百分制成绩，要求从键盘输入成绩后，输出成绩等级 A、B、C、D、E。90 分以上为 A，80～89 分为 B，70～79 分为 C，60～69 分为 D，60 分以下为 E。

8）给定三个数，输出其中最大的数、最小的数并按由大到小的顺序输出。

9）从键盘输入三个整数，判断它们是否能构成三角形的三边，若能构成三角形的三边则判断是直角三角形、等腰三角形、等边三角形还是任意三角形。

10）从键盘输入三个整数，使用条件运算符求出最大、最小、中间 3 个数。

11）计算话费问题。某地各城镇打市内电话都按时收费，收费办法：以 3 分钟为计时单位(不足 3 分钟按 3 分钟计)，每个计时单位收 0.2 元。

12）出租汽车计费问题。出租汽车行驶里程在 3 千米以内（含 3 千米）按 7 元收费；超过 3 千米，在 5 千米（含 5 千米）以内，每千米按 1.8 元加收；超过 5 千米，每千米按 2.4 元加收。

13）电费计算问题。用户每月用电量不超过 100 度时，按每度 0.57 元计算；每月用电超过 100 度时，其中的 100 度仍按原标准收费，超过部分每度按 0.50 元计算。

14）水费计算问题。用户每月用水未超过 7 立方米时，每立方米收费 1.0 元并加收 0.2 元的城市污水处理费；超过 7 立方米的部分每立方米收费 1.5 元并加收 0.4 元的城市污水处理费。

15）税费问题。国家规定个人发表文章、出版著作所获稿费应纳税，其计算方法如下：（1）稿费不高于 800 元，不纳税；（2）稿费高于 800 元，但不高于 4000 元应缴纳超过 800 元的那一部分的 14%的税；（3）稿费高于 4000 元应缴纳全部稿费的 11%的税。

16）折扣问题。在水果产地批发水果，100 千克为批发起点，每 100 千克 40 元；100～1000 千克 8 折优惠；1000～5000 千克，超过 1000 千克部分 7 折优惠；5000～10000 千克，超过 5000 千克的部分 6 折优惠；超过 10000 千克，超过部分 5 折优惠。

17）给定一个三位数，判断其百位是否大于十位和个位。

18）输入任意四个数，按由大到小的顺序排序并输出。

19）编程计算一元二次方程 $ax^2+bx+c=0$ 的根，其中 a、b、c 是整数，且 $a\neq0$。若存在实根，则输出之；若不存在实根，则输出“在实数范围内无解”。

4.7 实验 4 选择结构程序设计实验（4 学时）

1．实验目的

1）了解用 C 语言语句表示逻辑量的方法（以 0 代表“假”，以 1 代表“真”）。

2）学会正确使用逻辑运算符和逻辑表达式。

3）熟练掌握 if 语句和 switch 语句。

4）熟练掌握 switch 语句中 break 语句的作用。

5）学会使用 VC 6.0 开发环境中的 debug 调试功能：单步执行、设置断点、在变量窗口（Variables）中观察变量值。

预备知识：

与调试相关的操作菜单："Debug" 菜单。

Start Debug：选择该项将弹出子菜单，其中含有用于启动调试器运行的几个选项。例如，其中的"Go"选项用于从当前语句开始执行程序，直到遇到断点或遇到程序结束；"Step Into"选项开始单步执行程序，并在遇到函数调用时进入函数内部再从头单步执行；"Run to Cursor"选项使程序运行到当前鼠标光标所在行时暂停其执行（注意，使用该选项前，要先将鼠标光标设置到某一个希望暂停的程序行处）。执行该菜单的选择项后，就启动了调试器，此时菜单栏中将出现"Debug"菜单（而取代了"Build"菜单）。

注意：启动调试器后才出现该"Debug"菜单（而不再出现"Build"菜单）。

Go：快捷键为 F5。从当前语句启动继续运行程序，直到遇到断点或遇到程序结束而停止（与 Build→Start Debug→Go 的功能相同）。

Restart：快捷键为"Ctrl+Shift+F5"。从头开始对程序进行调试执行（当对程序做过某些修改后往往需要这样做！）。选择该项后，系统将重新装载程序到内存，并放弃所有变量的当前值（而重新开始）。

Stop Debugging：快捷键为"Shift+F5"。中断当前的调试过程并返回正常的编辑状态（注意，系统将自动关闭调试器，并重新使用"Build"菜单取代"Debug"菜单）。

Step Into：快捷键为 F11。单步执行程序，并在遇到函数调用语句时，进入那一函数内部，从头单步执行（与 Build→Start Debug→Step Into 的功能相同）。

Step Over：快捷键 F10。单步执行程序，但当执行到函数调用语句时，不进入那一函数内部，而是一步直接执行完该函数后，接着再执行函数调用语句后面的语句。

Step Out：快捷键为"Shift+F11"。与"Step Into"选项配合使用，当执行进入到函数内部，单步执行若干步之后，若发现不再需要进行单步调试，通过该选项可以从函数内部返回（到函数调用语句的下一语句处停止）。

Run to Cursor：快捷键为"Ctrl+F10"。使程序运行到当前鼠标光标所在行时暂停其执行（注意，使用该选项前，要先将鼠标光标设置到某一个希望暂停的程序行处）。事实上，这相当于设置了一个临时断点，与 Build→Start Debug→Run to Cursor 的功能相同。

Insert/Remove Breakpoint：快捷键为 F9。本菜单项并未出现在"Debug"菜单上（在工具栏和程序文档的上下文关联菜单上），列在此处是为了方便读者掌握程序调试的手段，其功能是设置或取消固定断点——程序行前有一个圆形的黑点标志，表示已经在该行设置了固定断点。另外，与固定断点相关的还有组合键"Alt+F9"（管理程序中的所有断点）、组合键"Ctrl+F9"（禁用/使用当前断点）。

2. 实验内容

（1）实验 4.1

1）程序预期的功能是从键盘上读入两个数（a 和 b），判断 a 和 b 是否相等，相等则在屏幕上显示"a=b"，不相等则显示"a < > b"。程序如下：

```
#include <stdio.h>
int main( )
```

```
{
int    a, b;
printf("Please input a, b:");
scanf("%d %d", &a, &b);
if (a=b)
        printf("a=b\n");
else
        printf("a < > b\n");
return 0;
}
```

2）实验步骤与要求：

① 建立一个控制台应用程序项目“lab4_1”，向其中添加一个 C 语言源文件“lab4_1.c”，输入程序，检查一下，确认没有输入错误，观察输出是否与预期答案一致。

② 采用单步跟踪执行程序，发现程序中的逻辑错误并改正之。

利用菜单中的“Step Into”功能或按 F11 键，进入单步调试状态，有一个箭头指向程序的第一行，每按一次 F11 键，程序再向前执行一行语句，如图 4-12 所示。对图 4-12 所示的界面进行观察。

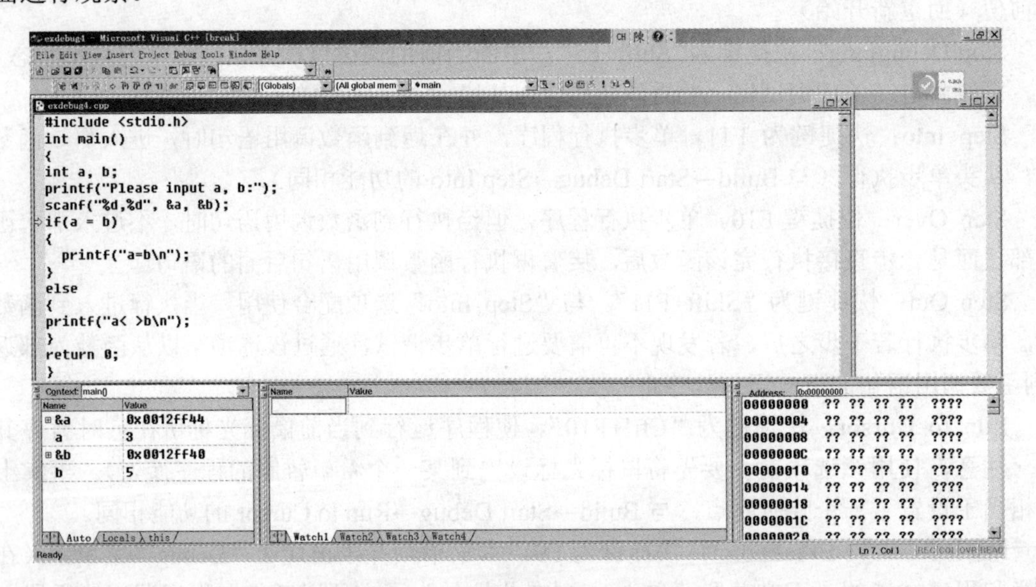

图 4-12　开始调试后的界面

首先，菜单中增加一个调试（Debug）菜单；其次，和当前正在执行的语句相关的变量，以及其当前的值；再次，黄色箭头代表了正在执行的位置。

让程序被一步一步地执行，观察分析执行过程是否符合预期要求。程序预期的功能是从键盘上读入两个数(a 和 b)，判断 a 和 b 是否相等，相等则在屏幕上显示“a=b”，不相等则显示“a < > b”。这是要求实现的功能，但程序实际的运行状况却是：无论输入什么，都会在屏幕上显示“a=b”和“a < > b”，程序肯定有问题，但表面上看却找不到问题所在，使用单步执行，则能定位故障点，缩小检查的范围。例如，在单步执行的过程中，若输入 2、3，发现 a 和 b 的值的确变成了 2 和 3，此时按道理不应执行“printf("a=b\n");”，但单步跟踪却发现其被执行了，因此多半问题出在“if (a=b)”。

在单步执行的过程中，应灵活应用“Step Over”“Step Into”“Step Out”“Run to Cursor”等菜单命令，提高调试效率。建议在程序调试过程中，记住并使用“Step Over”“Step Into”“Step Out”“Run to Cursor”等菜单项的快捷键，以便提高效率。

（2）实验 4.2

1）计算图形面积的程序。圆形的面积计算公式为 s=PI*r*r，长方形的面积计算公式为 s=a*b，正方形的面积计算公式为 s=a*a；程序中定义一个整型变量 iType 表示图形的类型，用 printf 语句输出提示信息让用户选择图形的类型，用 scanf 语句读入 iType 的值，然后，使用 switch 语句判断图形的类型，分别提示用户输入需要的参数值，计算出面积的值后用 printf 语句显示出来；最后，编译运行程序。参考程序如下：

```
#include <stdio.h>
#define PI 3.1416
int main( )
{
  int iType;
  float radius, a, b, area;
  printf("图形的类型为?(1-圆形  2-长方形  3-正方形):");
  scanf("%d", &iType);
  switch (iType)
  {
  case 1:
        printf("圆的半径为：");
        scanf("%f" , &radius);
        area=PI*radius*radius;
        printf("面积为：%f", area);
  case 2:
        printf("矩形的长为：");
        scanf("%f", &a);
        printf("矩形的宽为：");
        scanf("%f", &b);
        area=a*b;
        printf("面积为：", area);
  case 3:
        printf("正方形的边长为：");
        scanf("%f", &a);
        area=a*a;
        printf("面积为：", area);
  default:
        printf("不是合法的输入值!");
  }
  return 0;
}
```

2）实验步骤与要求：

① 建立一个控制台应用程序项目“lab4_2”，向其中添加一个 C 语言源文件“lab4_2.c”，

输入程序，检查一下，确认没有输入错误，观察输出是否与预期答案一致。

② 通过设置固定断点或临时断点来跟踪程序的运行。

所谓断点，是指定程序中的某一行，让程序运行至该行后暂停运行，使得程序员可以观察分析程序运行过程中的情况。有两种设置断点的方法：

将光标移到需要设置断点的程序行，单击工具栏上的手形按钮设置断点。

利用鼠标右键设置：在程序行前的空白栏内单击鼠标右键，选择菜单中的"Insert/Remove Breakpoints"选项可以设置断点。

设置了断点的程序行前会出现一个黑色的实心圆圈。

取消断点用同样的按钮和菜单。

"Go"(F5)命令从程序中的当前语句开始执行，直到遇到断点（后面讲）或遇到程序结束。

技巧：在调试的过程中，可以直接使用"Run to Cursor"，从而避免多次用"Step Into/Over"等命令。如果设置了断点，直接运行程序就可以在断点处停止，从而避免程序员总得关注光标的位置。一个程序中可以设多个断点，这也为程序员提供了方便。

程序运行过程中的情况一般包括：

a．在变量窗口(Variables)中观察程序中变量的当前值。程序员观察这些值的目的是将其与预期值对比，若与预期值不一致，则此断点前运行的程序肯定在某个地方有问题，以此可缩小故障范围。

b．在监控窗口(Watch)中观察指定变量或表达式的值。当变量较多时，使用变量窗口可能不太方便，使用监控窗口则可以有目的、有计划地观察关键变量的变化。

c．在输出窗口中观察程序当前的输出与预期是否一致。同样的，若不一致，则此断点前运行的程序肯定在某个地方有问题。

d．在内存窗口(Memory)中观察内存中数据的变化。在该窗口中能直接查询和修改任意地址的数据。对初学者来说，通过它能更深刻地理解各种变量、数组和结构等是如何占用内存的，以及数组越界的过程。

e．在调用堆栈窗口(Call Stack)中观察函数调用的嵌套情况。此窗口在函数调用关系比较复杂或递归调用的情况下，对分析故障很有帮助。

首先在第 10 行处设置调试断点。用鼠标右键单击源程序第 10 行左边的空白处，出现一个菜单，选择"Insert/Remove Breakpoint"一项，可看到左边的边框上出现了一个褐色的圆点，这代表已经在这里设置了一个断点。

所谓断点就是程序运行时的暂停点，程序运行到断点处便暂停，这样就可以观察程序的执行流程，以及执行到断点处时有关变量的值。

然后选择菜单命令"Build | Start Debug | Go"，或按下快捷键 F5，系统进入 Debug（调试)状态，程序开始运行，一个 DOS 窗口出现，此时，Visual Studio 的外观如图 4-13 所示，程序暂停在断点处。

在监控窗口中，在"Name"栏中输入"iType"，按回车键，可看到"Value"栏中出现"1"，这是变量 iType 现在的值（如果没看到变量窗口或监控窗口，可通过"View"菜单的"Debug Windows | Variables"或"Debug Windows | Watch"选项打开它们)。

再在第 24 行设置断点，如图 4-14 所示，继续执行程序，参照上述方法，观察程序的执行，若有什么问题，请改正程序。

图 4-13　添加断点并执行到断点

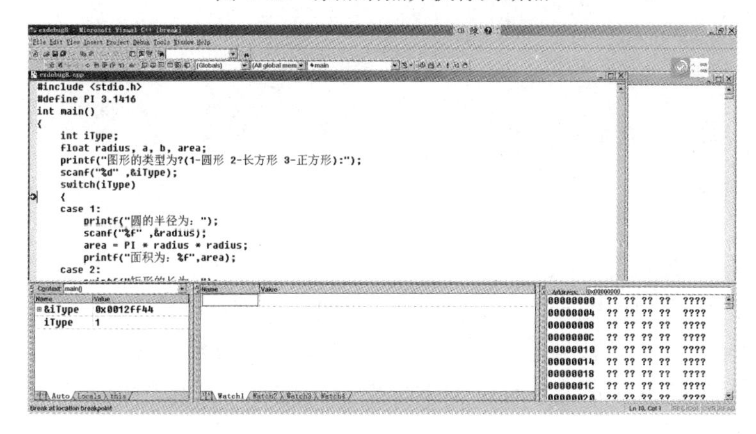

图 4-14　再次添加断点并执行到断点

练习：在程序中随意设置和取消断点（在一个程序中可以根据需要设置多个断点），然后用“Go”命令(F5)执行，观察变量及程序流程的变化。

（3）实验 4.3

1）跟踪调试如下程序，改正程序中的逻辑错误。

```
#include <stdio.h>
int main( )
{
int a=1, b=2, c=3;
if (a <= c)
  if (b = = c)
     printf("a=%d\n", a);
  else
printf("b=%d\n", b);
printf("c=%d\n", c);
return 0;
}
```

2）实验步骤与要求：

① 建立一个控制台应用程序项目“lab4_3”，向其中添加一个 C 语言源文件“lab4_3.c”，输入程序，检查一下，确认没有输入错误，观察输出是否与预期答案一致。

② 通过设置固定断点或临时断点来跟踪程序的运行。在程序调试中，在变量窗口和监控窗口中观察变量值的变化。

（4）实验 4.4

1）跟踪调试如下程序：

```
#include <stdio.h>
int main( )
{
int x=1, a=0, b=0;
switch (x)
{
case 0: a++; break;
case 1: b++;
case 2: a++; b++; break;
case 3: a++; b++;
}
printf("a=%d,b=%d\n", a, b);
return 0;
}
```

2）实验步骤与要求：

① 建立一个控制台应用程序项目“lab4_4”，向其中添加一个 C 语言源文件“lab4_4.c”，输入程序，检查一下，确认没有输入错误，观察输出是否与预期答案一致。

② 通过设置固定断点或临时断点来跟踪程序的运行。在程序调试中，在变量窗口和监控窗口中观察变量值的变化。

（5）实验 4.5

1）改错，对 2 个整数进行乘、除和求余运算。源程序（有错误的程序）如下：

```
#include<stdio.h>
int main( )
{
  char sign;
  int x, y;
  printf("输入 x  运算符  y：");
  scanf("%d%c%d", &x, &sign, &y);
  if (sign='*')
     printf("%d*%d=%d\n", x, y, x*y);
  else if
     printf("%d*%d=%d\n", x, y, x*y);
  else if
     printf("%d*%d=%d\n", x, y, x*y);
  else
     printf("运算符输入错误");
}
```

2）实验步骤与要求：

① 建立一个控制台应用程序项目“lab4_5”，向其中添加一个 C 语言源文件“lab4_5.c”，

输入程序，检查一下，确认没有输入错误，观察输出是否与预期答案一致。

② 输入输出示例：

```
输入 x 运算符 y:
21 % 8
21 Mod 8=5
```

③ 通过设置固定断点或临时断点来跟踪程序的运行。在程序调试中，在变量窗口和监控窗口中观察变量值的变化。

（6）实验 4.6

1）编程，输入 x，计算并输出下列分段函数 f(x)的值（保留 2 位小数）：

$$y=\begin{cases} x & x<1 \\ 2x-1 & 1\leqslant x<10 \\ 3x-11 & x\geqslant 10 \end{cases}$$

2）实验步骤与要求：

① 建立一个控制台应用程序项目“lab4_6”，向其中添加一个 C 语言源文件“lab4_6.c”，输入程序，检查一下，确认没有输入错误，观察输出是否与预期答案一致。

② 输入输出示例：

```
Input x: -2.5
f(-2.500000)=-2.5
```

③ 该程序应该运行 3 次，每次测试一个分支，即分别输入每个分段中的 x 值。

④ 假设 x 为整数，如何用 switch 计算上述分段函数？

（7）实验 4.7

1）编程，把百分制成绩转换成 5 级记分制，要求用 switch 语句。

90 分以上（包括 90）：A；

80～90 分（包括 80）：B；

70～80 分（包括 70）：C；

60～70 分（包括 60）：D；

60 分以下：E。

2）实验步骤与要求：

① 建立一个控制台应用程序项目“lab4_7”，向其中添加一个 C 语言源文件“lab4_7.c”，输入程序，检查一下，确认没有输入错误，观察输出是否与预期答案一致。

② 输入输出示例：

```
Input Score: 86
86 的等级为 B
```

③ 该程序应该运行 6 次，每次测试一种情况，即分别输入不同等级的成绩。

④ 在 switch 中使用 break 语句。

⑤ 如何用 if 语句实现转换？

（8）实验 4.8

1）编程，输入 2015 年的任一个月份，输出这个月的天数，要求使用 switch 语句。

2）实验步骤与要求：

① 建立一个控制台应用程序项目“lab4_8”，向其中添加一个 C 语言源文件“lab4_8.c”，输入程序，检查一下，确认没有输入错误，观察输出是否与预期答案一致。

② 输入输出示例：

```
Input month of 2005: 10
2015 年 10 月有 31 天
```

③ 该程序应该运行 13 次，分别输入 1～12，以及除此之外的数。

④ 运行时调试跟踪月份的变化。

⑤ 编程时注意不同月份可以有相同的天数。

⑥ 输入年和月，如何求该月的天数？

4.8 阅读延伸

条件运算式与选择结构

1．条件运算式

如果在条件语句中，只执行单个的赋值语句，常可使用条件运算式来实现。其不但使程序简洁，也提高了运行效率。

条件运算符为“?”和“：”，它们是三目运算符，即有三个参与运算的量。由条件运算符组成的条件运算式的一般形式为：

```
运算式 1？运算式 2：运算式 3
```

2．运算规则

其求值规则为：如果运算式 1 的值为真，则以运算式 2 的值作为条件运算式的值，否则以运算式 3 的值作为整个条件运算式的值。条件运算式通常用于赋值语句之中。

例如，条件语句

```
if (a > b)
    max=a;
else
    max=b;
```

可用条件运算式写为“max=(a > b) ? a : b;”，执行该语句的语义是：如 a > b 为真，则把 a 赋予 max，否则把 b 赋予 max。

使用条件运算式时，还应注意以下几点：

1）条件运算符的运算优先级低于关系运算符和算术运算符，但高于赋值符。因此“max=(a>b)？a:b”可以去掉括号而写为“max=a>b？a:b”。

2）条件运算符“?”和“：”是一对运算符，不能分开单独使用。

3）条件运算符的结合方向是自右至左，例如：“a>b？a:c>d？c:d”应理解为条件运算式嵌套的情形，即其中的运算式 3 又是一个条件运算式。

【例 4-19】使用条件运算式，计算两个数的较大者。

```
#include "stdio.h"
int main( )
{
  int a, b, max;
  printf("\n input two numbers: ");
  scanf("%d%d", &a, &b);
  max=a > b  ? a : b;
  printf("max=%d", max);
  return 0;
}
```

程序运行结果如下：

```
input two numbers: 5 8
max=8
```

第5章 循 环 结 构

本章知识结构图

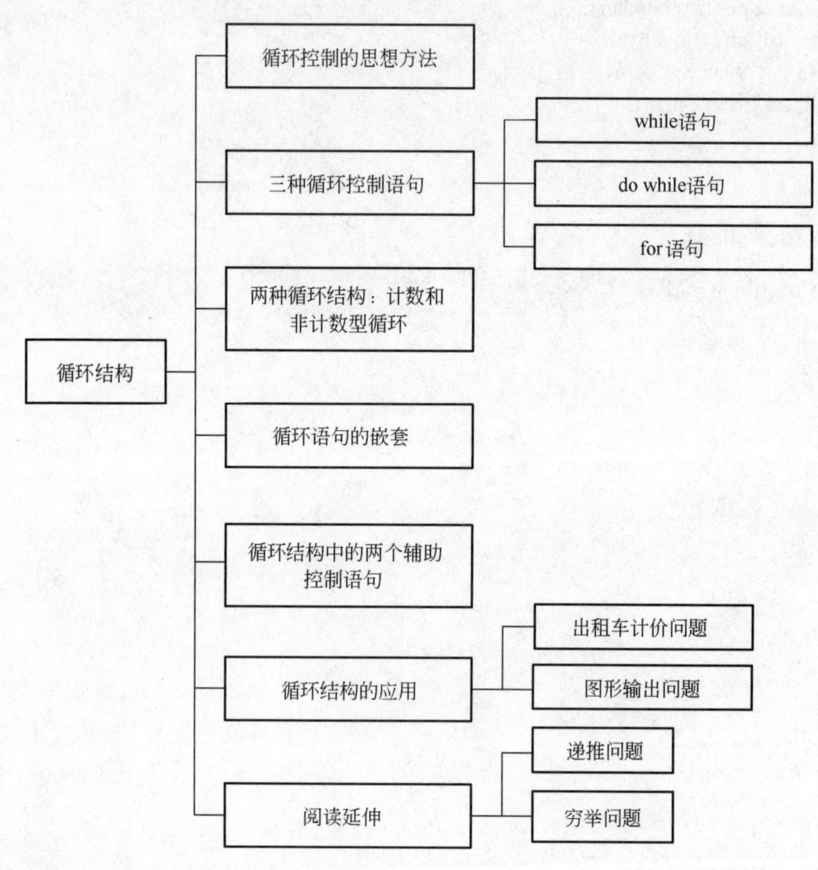

本章学习导读

循环结构又称重复结构，用来处理需要重复处理的问题，它是程序中一种很重要的结构。循环结构是由循环控制条件来控制循环体是否执行。

本章主要介绍三种循环语句的语法格式及用法，包括 while 语句、do while 语句和 for 语句的使用；循环语句嵌套的运用；以及转移控制语句：break、continue。

本章以应用为中心，以算法为基础，确立循环的算法设计思想，并将此算法设计思想用流程图表示出来。在"阅读延伸"一节，增加了两类重要的用循环结构解决的问题——递推和穷举。

5.1 循环控制的思想方法

前面两章介绍了程序中常用到的顺序结构和选择结构，但是仅有这两种结构是不够的，还要用到循环结构。

1．现实世界中的循环问题

生活中到处都是循环，例如打印 50 份试卷，10000 米赛跑，旋转的车轮，包括每天的吃饭、上课、睡觉……，自然界、社会上以及人生中的各种现象，似乎都在周而复始，不停地循环，一切都在兜圈子。

那么循环的特点是什么呢？

对于循环，英文原版教材是这样描述的：repetition，重复。《辞海》上说循环是指事物周而复始的运动或变化。由这两个定义可以看出，循环重在“重复”。

现在可以提出一个问题：在计算机程序设计的世界里是否也有类似的这种相同操作重复出现的问题呢？又当如何提高程序设计的工作效率呢？在程序所处理的问题中也常常遇到需要重复处理的问题。例如：

【问题 5-1】全班有 50 个学生，每个学生期末参加三门课考试，计算每个学生三门课的平均成绩。

【问题 5-2】每个学生期末参加三门课考试，计算每门考试的平均分。

【问题 5-3】老师检查 30 个学生的各科成绩是否及格。

【问题 5-4】把 100 个职工的工资单打印出来。

循环就是不断重复地执行同一段程序，即在程序设计中，从某处开始有规律地反复执行某一程序块的现象。简单地说，循环就是重复。

2．循环的思想方法

人们最怕机械重复，因为重复枯燥乏味。即使用到这种思想方法也因为手工计算过于烦琐而人们不愿用或不能用。计算机擅长重复，这种重复体现到程序中就是循环，使用循环可达到便捷、高效的目的。循环结构可以减少源程序重复书写的工作量，用来描述重复执行某段算法的问题，这是程序设计中最能发挥计算机特长的程序结构。

下面分析一下问题 5-1 的循环问题：

可以先输入学生 1 的三门课的成绩，计算平均值后输出：

```
scanf("%f,%f,%f", &n1, &n2, &n3);
aver=(n1+n2+n3)/3;
printf("aver=%7.2f", aver);
```

然后，输入学生 2 的三门课的成绩，计算平均值后输出：

```
scanf("%f,%f,%f", &n1, &n2, &n3);
aver=(n1+n2+n3)/3;
printf("aver=%7.2f", aver);
……
```

要对 50 个学生进行相同的操作，重复 50 次。显然，这种方法是不可取的，需要引入循环的控制结构。循环结构就是设计一种能让计算机周而复始地重复地执行某些相同代码的结构。换句话说就是：相同语句只编写一次代码并让计算机多次重复执行。这就是下面要介绍的三种循环控制语句。

C 语言中，有一组相关的控制语句，用以实现循环结构：

1）循环控制语句：for、while、do while。

2）转移控制语句：break、continue、goto。

5.2　三种循环控制语句

C 语言中提供四种循环，即 goto 循环、while 循环、do while 循环和 for 循环。四种循环可以用来处理同一问题，一般情况下它们可以互相替换，在结构化程序设计方法中不提倡用 goto 循环，因为强制改变程序的顺序经常会给程序的运行带来不可预料的错误。

5.2.1　while 语句

循环结构和顺序结构、选择结构是结构化程序设计的三种基本结构，它们是各种复杂程序的基本构造单元。

1．while 语句的格式

```
while (运算式){
循环体语句;
}                    //循环体为单个语句时可省略"{"和"}"
```

2．while 循环的执行过程

第一步，如果运算式成立，执行循环体语句，然后重复执行第一步，直到运算式不成立为止，即首先计算条件运算式的值，如果为“真”，则执行一次循环体，若为“假”，则结束循环，执行循环的后继语句，执行过程如图 5-1 所示。

3．while 循环的特点

先判断条件运算式，后执行循环体语句。

【例 5-1】全班有 50 个学生，每个学生期末参加三门课考试，计算每个学生三门考试的平均成绩。

（1）问题分析

输入：每个学生的三门考试的成绩；三个变量 x1，x2，x3。

处理：对每个学生计算三门考试的平均成绩。

输出：每个学生的平均成绩 aver。

（2）算法设计

算法对应的 N-S 流程图如图 5-2 所示。

（3）程序编写

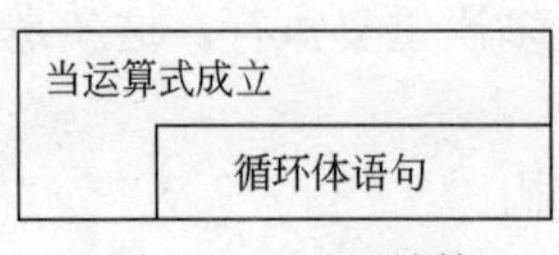

图 5-1　while 结构

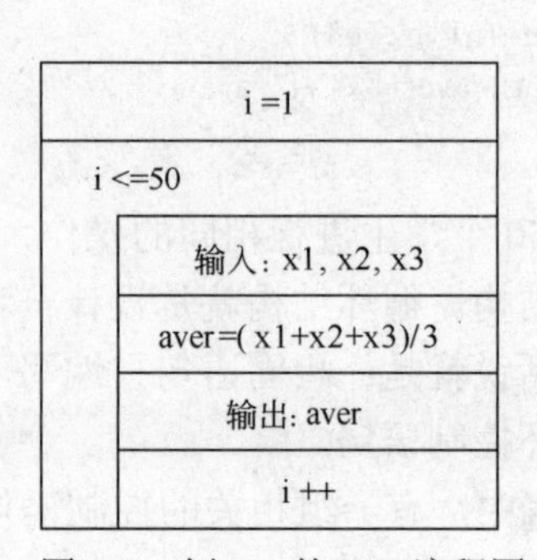

图 5-2　例 5-1 的 N-S 流程图

```
#include <stdio.h>
int main( )
{
  float x1, x2, x3, aver;
  int i;
  i=1;
  while (i <= 50){
        scanf("%f%f%f", &x1 , &x2 , &x3);              //数据输入
        aver=(x1+x2+x3)/3;                             //数据处理
        printf("aver=%f\n", aver);                     //数据输出
        i++;
  }                                                     //while 循环体结束
return 0;
}
```

（4）测试运行

为简化，给出运行结果如下：

```
67 89 56
aver=70.666667
78 75 80
aver=77.666667
90 86 65
aver=80.333333
89 78 76
aver=81.000000
55 89 98
aver=80.666667
```

本例中的矩形框部分是一个循环结构，其内部包括数据输入、数据处理和数据输出三个部分。

其算法思想类似手工计算。这是重复 50 次的问题，应该用循环来解决。

在手工计算的过程中，需要一个计数的过程，是用大脑记忆着数到哪个学生了，而在编程中，则用变量 i 来记忆。i 称为计数器变量，简称计数器。其中第一个数为 i=1，下一个数为 i=i+1。

注意：循环体语句超过一条语句必须用花括号括起来，以复合语句的形式出现。

while 循环的流程是“条件—循环体—条件—循环体—……—条件假—循环的后面继续”。

利用循环的好处是节省了编程的书写时间，减少了程序源代码的存储空间，提高了程序的质量。这就是程序设计过程中循环的本质。循环结构的三要素如下：

循环变量赋初值，循环条件和循环变量增量。

（1）循环变量赋初值

在上述程序中，被用作循环计数器 i 的数值变量称为循环变量。循环变量有初值。

（2）循环条件

循环条件和循环变量相关，是关于循环变量的关系或逻辑运算式，如上例中的“i<=50”。

（3）循环变量增量

循环变量增量即循环变量的步长，可以是正数或负数，如上例中的“i++”。

除此之外，在循环体中还包括要重复的部分。

5.2.2 do while 语句

1. do while 语句的一般形式

```
do {
循环体语句
}
while(运算式);
```

2. do while 循环的执行过程

do while 循环是先执行循环体语句，后判断条件运算式是否为“真”。如果为“真”，则重复执行下一次循环体；若为“假”，则结束循环，执行循环的后继语句，执行过程如图 5-3 所示。

3. do while 循环的特点

这个循环与 while 循环的不同在于：它先执行循环体中的语句，然后再判断条件是否为“真”，如果为“真”则继续循环，如果为“假”则终止循环。因此，do while 循环至少要执行一次循环语句。同样当有许多语句参加循环时，要用“{”和“}”把它们括起来。

【例 5-2】用 do while 循环实现例 5-1。

算法对应的 N-S 流程图如图 5-4 所示。

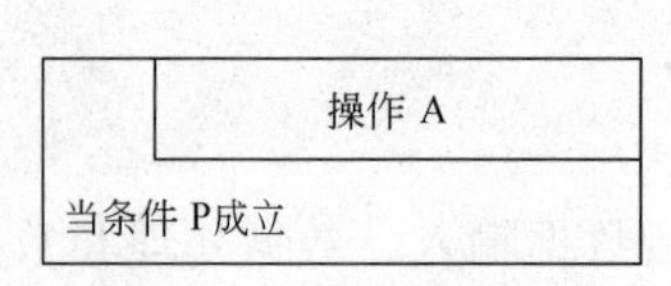

图 5-3 do while 循环结构

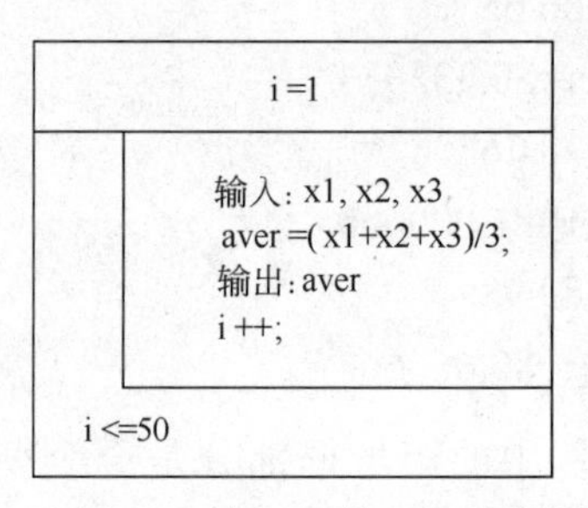

图 5-4 例 5-2 的 N-S 流程图

```
#include <stdio.h>
int main( )
{
float x1, x2, x3, aver;
int i ;
i=1;
do {
    scanf("%f%f%f", &x1 , &x2, &x3);                //数据输入
    aver=(x1+x2+x3)/3;                              //数据处理
    printf("aver=%f\n", aver);                      //数据输出
    i++;
}while (i <= 50);                                   //do while 循环体结束
 return 0;
}
```

本例中的矩形框部分是一个循环结构，其内部包括数据输入、数据处理和数据输出三个部分。

do while 循环的流程是“循环体—条件—循环体—条件—循环体—……—条件“假”—循环的后面继续”。

5.2.3 for 语句

1. for 循环的语句格式

```
for  (运算式 1; 运算式 2; 运算式 3){
循环体语句;
}    //循环体为单个语句时可省略"{"和"}"
```

2. for 语句的执行过程

第一步，首先执行运算式 1，运算式 1 只执行一次。

第二步，执行运算式 2，如果运算式 2 成立，就执行循环体语句，然后执行运算式 3。

重复执行第二步，直到运算式 2 不成立为止，执行过程如图 5-5 所示。

【例 5-3】用 for 循环实现例 5-1。

算法对应的 N-S 流程图如图 5-6 所示。

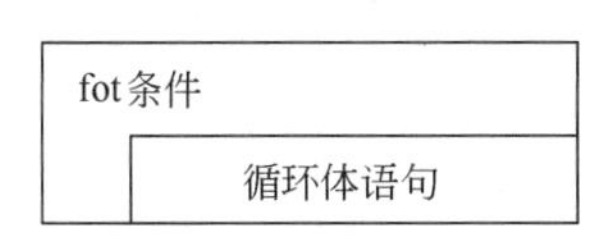

图 5-5　for 循环结构

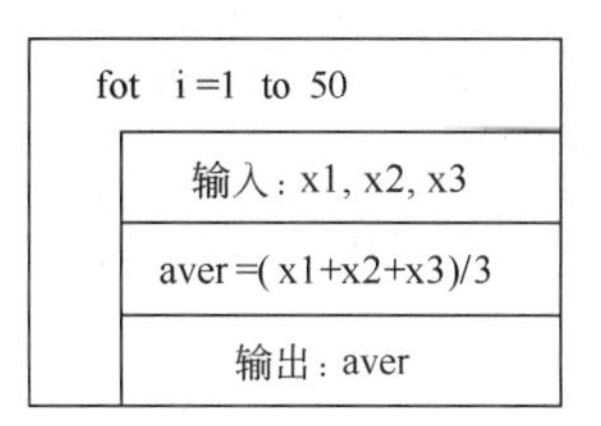

图 5-6　例 5-3 的 N-S 流程图

下面用 for 循环实现例 5-1。

```
#include <stdio.h>
int main( )
{
  float x1, x2, x3, aver;
  int i;
  for (i=1; i <= 50; i++){
      scanf("%f %f %f", &x1, &x2, &x3);            //数据输入
      aver=(x1+x2+x3)/3;                           //数据处理
      printf("aver=%f\n", aver);                   //数据输出
}                                                  //for 循环体结束
return 0;
}
```

本例中的矩形框部分是一个循环结构，其内部包括数据输入、数据处理和数据输出三个部分。

从该程序可以看出，for 循环的流程是“条件—循环体—增值—条件—循环体—增值—……—条件“假”—循环的后面继续”。从上面三个程序看出，使用 for 循环、while 循环和 do while 循环求解同样的问题，其基本思路类似。

【例 5-4】计算 1+2+…+100。

（1）问题分析

输入：无。

处理：将1～100重复100次加法运算，将结果存入sum。

输出：和 sum。

（2）算法设计

算法对应的 N-S 流程图如图 5-7 所示。

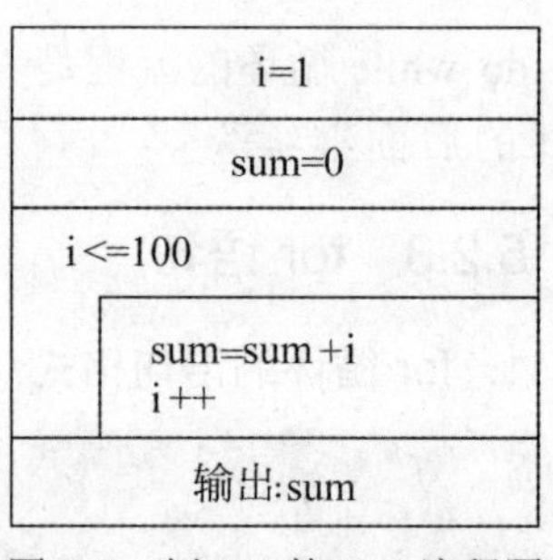

图 5-7　例 5-4 的 N-S 流程图

（3）程序编写

```
#include <stdio.h>
int main( )
{
  int    i, sum;
  sum=0;                                          //数据处理部分：变量 sum 的初值为 0
  i=1;                                            //变量 i 的初值为 1
  while (i <= 100){
       sum=sum+i;
       i++;
  }                                               //while 循环体结束
  printf("sum=%d\n", sum);                        //数据输出：sum
  return 0;
}
```

（4）测试运行

```
sum=5050
```

本例中的矩形框部分是一个循环结构，循环结构内部是数据处理过程：累加和计数。

其算法思想类似计算器的累加过程。

首先，在日常生活中，用计算器进行 100 个数的加法，应该怎么做呢？首先读第一个数“1”，按一下计算器上的“+”，保存；再读下一个数“2”，再按一下计算器上的“+”，再保存……这个过程一直继续，直到加完第 100 个数为止。上面读的每个数，都是用大脑记忆的。在程序中，可以用一个变量 i 记忆。i 即计数器。

其次，上述计算器的计算过程中的每次结果是存到计算器中了，而在程序中可以用一个内存变量 s 保存结果。用于存放累加结果的变量 s 称为累加器。

第三，这里重复的是什么？是“+”，从而可以把日常生活中的累加写成公式：

$$s=s+i$$

这个公式的含义是将当前读的数 i 与 s 进行累加，保存在 s 中，重复 100 次这个过程，要重复 100 次加法运算，可用循环实现。

想一想本程序用到的循环的三要素是什么。

for 语句完全可以代替 while 语句。

例：　　　　　　　　　　　　　　　　等价于：

```
i=1;                                     for (i=1;i <= 100;i++)
while (i <= 100){                            sum=sum+i;
     sum=sum+i;
     i++;
}
```

5.3　两种循环结构——计数型和非计数型

1．计数型循环

此类问题的循环程序的基本部分分别为：

```
i=1;                 //循环变量初值
while (i <= n){      //循环条件
    scanf…… ;        //循环体语句
    aver=…… ;        //循环体语句
    printf…… ;       //循环体语句
    i++;             //循环变量增量
}                    //while 循环体结束
```

```
for (i=1; i <= n; i++){ //循环变量初值，条件，增量
    scanf…… ;           //循环体语句
    aver=…… ;           //循环体语句
    printf…… ;          //循环体语句
} //for 循环体结束
```

2．非计数型循环

【例 5-5】从键盘输入任意多个年号，判断其是否为闰年，直到输入的年号为 0 时停止。

（1）问题分析

输入：年号 year。

处理：设 year 为被检测的年份，若 year 能被 4 整除，但不能被 100 整除，则 year 是闰年；若 year 能被 100 整除，又能被 400 整除，则 year 是闰年。

输出：是否闰年。

（2）算法设计

算法对应的 N-S 流程图如图 5-8 所示。

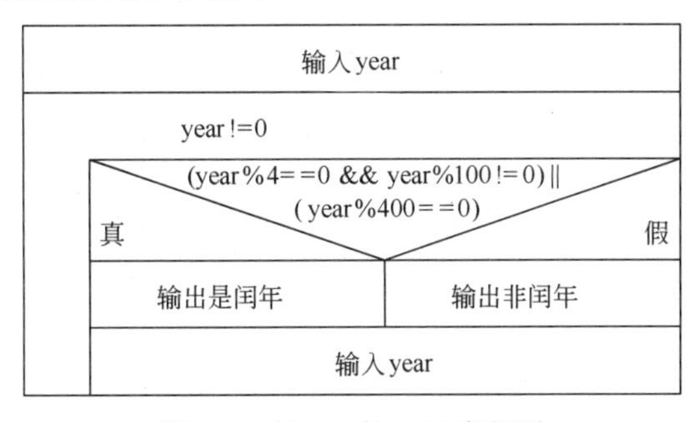

图 5-8　例 5-5 的 N-S 流程图

（3）程序编写

```
#include <stdio.h>
int main( )
{
 int year;
 scanf("%d", &year);                            //数据输入：第一个数据
 while (year != 0){
 if ((year % 4 = = 0 && year % 100 != 0) || (year % 400 = = 0))
   printf("%d is ", year);
```

```
    else
        printf("%d is not ", year);                    //数据计算：if( )
printf("a leap year.\n");                              //数据输出
scanf("%d", &year);                                    //数据输入：下一个数据
}                                                      //while 循环体结束
return 0;
}
```

（4）测试运行

```
2014
2014 is not a leap year.
2016
2016 is a leap year.
0
```

本例中的矩形框部分是一个循环结构，循环结构包括数据输入、数据处理和数据输出，注意数据输入语句的位置，比较其和计数型循环有什么不同。

5.4 循环结构的嵌套

循环结构的嵌套又称多重循环，即循环结构体中还包含循环结构。

【例 5-6】有 N 个歌手参加比赛，8 个评委为每个歌手打分。去掉一个最高分和一个最低分，求每个歌手的得分。

（1）问题分析

输入：输入每一个歌手的 8 个评委的评分。

处理：去掉一个最高分和一个最低分，计算每个歌手的平均分。

输出：每个歌手的平均分。

（2）算法设计

算法对应的 N-S 流程图如图 5-9 所示。

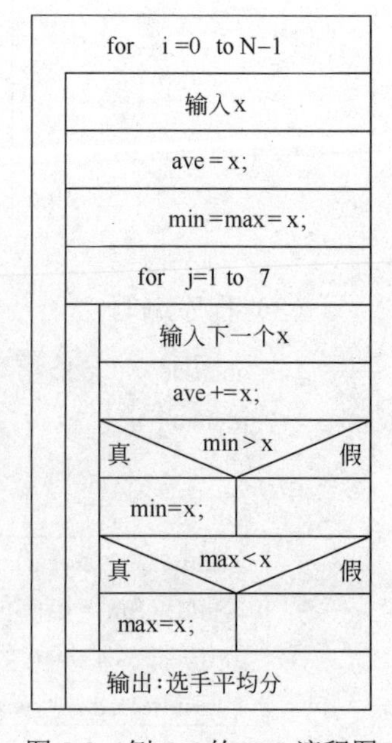

图 5-9 例 5-6 的 N-S 流程图

（3）程序编写

```
#include <stdio.h>
#define  N  5
int main( )
{
 int i,j,x,max,min;
 float ave=0.0;
 for(i=0;i < N;i++){
     printf("输入一个歌手的 8 个评委的评分：");
     scanf("%d", &x);
     ave += x;
     min=max=x;
     for (j=1;j<=7; j++){
         scanf("%d",&x);
         ave += x;
         if (min > x) min=x;
```

```
        if (max < x) max=x;
    }
  printf("歌手的得分是  %.1f\n",(ave - max - min)/6);
  ave=0.0;
  }
   return 0;
}
```

（4）测试运行

```
输入一个歌手的 8 个评委的评分：7 8 9 6 5 10 8 8
歌手的得分是  7.7
输入一个歌手的 8 个评委的评分：8 8 8 8 9 5 5 5
歌手的得分是  7.0
输入一个歌手的 8 个评委的评分：8 8 8 8 7 7 7 7
歌手的得分是  7.5
输入一个歌手的 8 个评委的评分：6 6 6 5 5 5 9 9
歌手的得分是  6.2
输入一个歌手的 8 个评委的评分：9 9 9 7 7 6 6 6
歌手的得分是  7.3
```

本例是二重循环结构，矩形框部分是内循环结构，内循环结构包括数据输入和数据处理部分。

其算法思想中找最大值、最小值类似武林比赛的打擂台，这里同时设置了最大和最小两个擂台。歌手得分计算是一个累加过程。

5.5 循环结构中的两个辅助控制语句

1. break 语句

break 为关键字。break 语句通常用在循环语句和开关语句中。当 break 用于开关语句 switch 中时，可使程序跳出 switch 而执行 switch 以后的语句。当 break 语句用于 do while、for、while 循环语句中时，可使程序强行中断本层循环，转去执行循环的后继语句。

【例 5-7】从键盘输入字符，统计其中输入的字符个数，直到按回车键退出循环为止。

（1）问题分析

输入：字符 ch。

处理：字符数累加计数 i++。

输出：字符数 i。

（2）算法设计

算法对应的 N-S 流程图如图 5-10 所示。

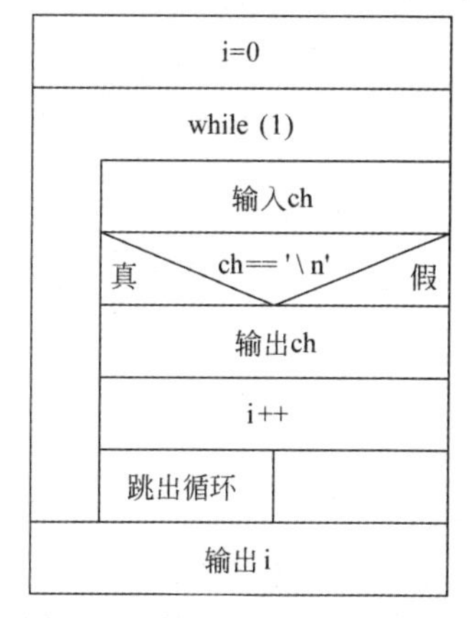

图 5-10　例 5-7 的 N-S 流程图

（3）程序编写

```
#include <stdio.h>
```

```
int main( )

{
  char ch;
  int i;
  i=0;
  printf("请输入数据：\n");
  while (1){                              //设置循环
       ch=getchar( );                     //数据输入
       if (ch = = '\n')
          break;                          //判断若按回车键则退出循环/
       i++;                               //数据计算
  }                                       //while 循环体结束
  printf("The count is %d\n", i);         //数据输出
  return 0;
}
```

（4）测试运行

```
The computer
The count is 12
```

本例中的矩形框部分是一个循环结构，循环结构包括数据输入、数据处理和数据输出，注意数据输入语句的位置，对比其和计数型循环有什么不同。

想一下本例中循环的三要素是什么。

该循环条件为 1，永远为真，其出口通过“if(ch = = '\n')”完成，然后由 break 语句跳出循环。可以看出，break 语句为编写循环程序提供了第 2 个出口。通常 break 语句总是与 if 语句联在一起，即满足条件时便跳出循环。带有 break 语句的循环程序的基本部分为：

```
for (i=1; i <= n; i++){                  //循环变量的初值，循环条件，循环变量增量
        ……
        if (   )
   break;                                //满足条件时，循环的另一出口。
}
```

2．continue 语句

continue 语句的作用是跳过循环体中剩余的语句而强行执行下一次循环，即强行中止本次循环，转去执行循环的条件判断（for 则转去执行运算式 3）。

continue 语句只用在 for、while、do while 等循环体中，常与 if 条件语句一起使用，用来加速循环。

【例 5-8】全班有 N 个学生，每个学生期末参加三门考试，计算每个学生三门考试的平均成绩。输出每一个平均分超过 90 分的学生的平均分，并确定其是第几个学生。

（1）问题分析

输入：每个学生的三门考试的成绩 x1，x2，x3。

处理：计算每个学生三门考试的平均成绩并将之存入 aver，将名次存入 i。

输出：平均分 aver，名次 i。

（2）算法设计

算法对应的 N-S 流程图如图 5-11 所示。

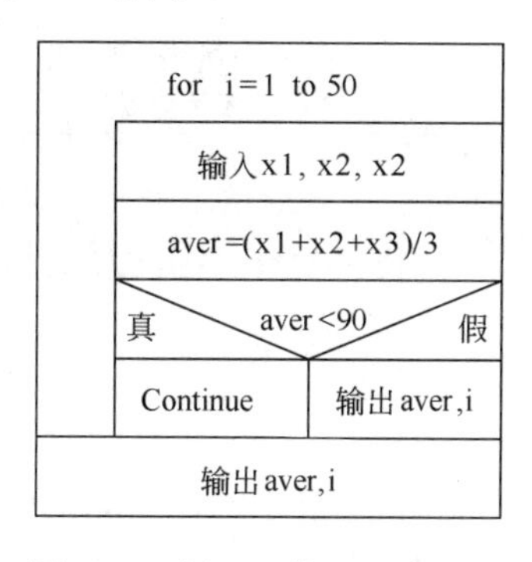

图 5-11 例 5-8 的 N-S 流程图

（3）程序编写

```
#include <stdio.h>
#define N 5
int main( )
{
  float x1, x2, x3, aver;
  int i;
  for (i=1; i <= 50; i++){
     scanf("%f%f%f", &x1, &x2, &x3);               //数据输入
     aver=(x1+x2+x3)/3;                             //数据计算
     if (aver < 90)
       continue;                                    //如果平均分小于 90，回到 for 循环处继续
     printf("aver=%f，order=%d\n", aver, i);        //数据输出
  }                                                 //for 循环体结束
  return 0;
}
```

（4）测试运行

```
67 78 89
56 76 90
91 93 95
aver=93.000000，order=3
66 92 77
98 87 91
aver=92.000000，order=5
```

本例中的矩形框部分是一个循环结构，循环结构包括数据输入、数据处理和数据输出三个部分。

本算法的基本思想是简单的重复问题。想一下本例中循环的三要素是什么。

带有 continue 语句的循环程序的基本部分为：

```
for (i=1; i <= n; i++) {              //循环变量的初值，循环条件，循环变量增量
  ……
    if (  )                           //满足条件时，结束本次循环，回到 for 循环处继续
        continue;                     //变量增量语句继续
}                                     //for 循环体结束
```

5.6　循环结构的应用

5.6.1　出租车计价问题

【例 5-9】出租车的计价规则为起步价为 10 元（3km）；3km 以内（不含 3km），应付车款 10 元；3～8km（不含 8km），应付车款为：起步价+1.6 元/km×(里程数−3)；大于 8km，应付车款为：起步价+2.2 元/km×(里程数−3)；不足 1km，按照 1km 计算。计算每位乘客应付的车款并计算司机一天的总收入。

（1）问题分析

输入：输入每位乘客的行车里程 m。

处理：计算每位乘客应付的车款 y，计算司机一天的总收入 sum。

输出：y，sum。

（2）算法设计

算法对应的 N-S 流程图如图 5-12 所示。

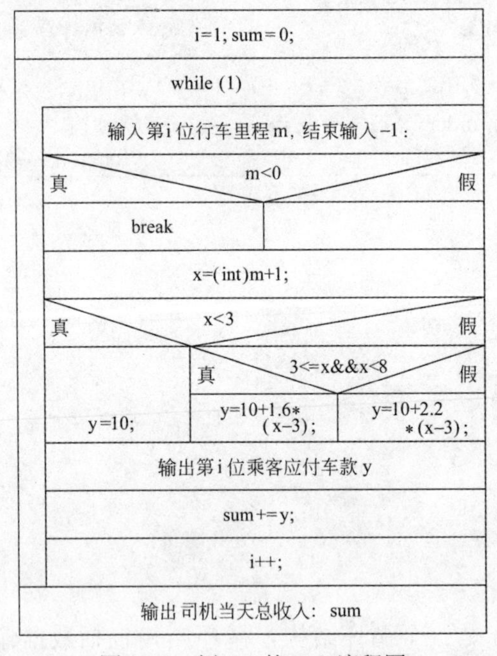

图 5-12　例 5-9 的 N-S 流程图

（3）程序编写

```
#include <stdio.h>
int main( )
```

```
{
 int i=1;
 float m, x, y, sum=0;
 while(1){
       printf("输入第%d 位乘客的行车里程，结束输入-1：", i);
       scanf("%f", &m);
       if(m < 0)
            break;
       x=(int)m+1;
       if(x < 3)
           y=10;
       else if(3 <= x && x < 8)
           y=10+1.6*(x-3);
       else
           y=10+2.2* (x-3);
  printf("第%d 位乘客应付车款 %.2f 元\n", i, y);
  sum += y;
  i++;
 }
 printf("司机当天总收入: %.2f 元\n", sum);
 return 0;
}
```

（4）测试运行

```
请输入第 1 位乘客的行车里程，若当天工作结束输入-1：2
第 1 位乘客应付车款 10.00 元
请输入第 2 位乘客的行车里程，若当天工作结束输入-1：5
第 2 位乘客应付车款 14.80 元
请输入第 3 位乘客的行车里程，若当天工作结束输入-1：9
第 3 位乘客应付车款 25.40 元
请输入第 4 位乘客的行车里程，若当天工作结束输入-1：-1
司机当天总收入：50.20 元
```

本例算法思想是重复计算和累加。本例中的矩形框部分是一个循环结构，循环结构中包括数据输入、数据处理和数据输出。该问题是一个非计数型的循环结构，请读者仔细思考其结构，这种结构值得借鉴。想一下本例中循环的三要素是什么。

5.6.2 图形输出问题

【例 5-10】输出图 5-13 所示图形：

```
      A
     ABC
    ABCDE
   ABCDEFG
  ABCDEFGHI
 ABCDEFGHIJK
ABCDEFGHIJKLM
```

图 5-13 例 5-10 的图形

（1）问题分析

该问题主要是输出上述图形。

（2）算法设计

算法对应的 N-S 流程图如图 5-14 所示。

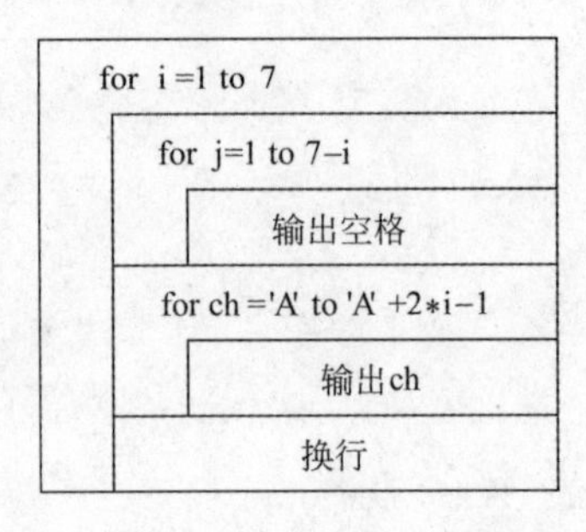

图 5-14　例 5-10 的 N-S 流程图

（3）程序编写

```
#include <stdio.h>
int main( )
{
int i,j;
char ch;
for (i=1; i <= 7; i++){
    for (j=1; j <= 7 – i; j++)                //行首位置，输出空格数
        printf(" ");

for (ch='A'; ch < 'A'+2∗i – 1; ch++)          //输出行中间字符
    printf("%c", ch);
printf("\n");                                 //行尾换行
}                                             //外层循环体结束
return 0;
}
```

（4）测试运行（略）

该问题是一个二重循环结构，主要思想是外循环控制输出行，内循环控制输出每一列。该图形一共有 7 行，每行要先输出若干个空格，所以，其外循环为：

```
for (i=1; i <= 7; i++){
    输出若干个空格
    输出若干字符
    换行
}
```

如果要输出 A 起头的 n(n<27)个字母，可以为：

```
for (ch='A'; ch < 'A'+n; ++ch)
    printf("%c",ch);
```

下面分析每一行中的空格数与字符数与第 i 行之间的关系：

行 i	空格数	字符数
1	6	1
2	5	3
…		
7	0	13

即第 i 行的空格数据为 7–i 个，字符数为 2i–1。输出空格数和字符数的内循环分别为：

```
for (j=1; j <= 7–i; ++j) //输出空格数
    printf(" ");
for (ch='A'; ch < 'A'+2*i–1; ++ch)
    printf("%c", ch);
```

5.7 习　　题

1）发奖品问题：学期末班里评出 5 位三好学生。老师要将 5 件互不相同的奖品发给这 5 位同学，一共有几种不同的发法？

2）求 1～1000 中，能被 3 整除的数。

3）找出 1～1000 中所有能被 7 和 11 整除的数。

4）一张单据上有一个 5 位数的编号，万位数是 1，千位数是 5，百位数是 2，个位数是 6，十位数已经模糊不清。只知道该 5 位数是 57 或 67 的倍数，找出所有满足这些条件的 5 位数并输出。

5）一张单据上有一个 5 位数的编号，万位数是 1，千位数是 4，十位数是 7，个位数和百位数已经模糊不清。该 5 位数是 57 或 67 的倍数，输出所有满足这些条件的 5 位数的个数。

6）找水仙花数（若三位数 x=100a+10b+c，满足 a3+b3+c3=x，则 x 为水仙花数）。

7）求 1+2+…+n 的结果。n 从键盘输入。

8）从键盘输入 10 个数，求其平均值。

9）编程序实现求 1 和 1000 之间的所有奇数的和并输出。

10）从键盘输入 10 个整数，统计其中正数、负数和零的个数，并在屏幕上输出。

11）求 S=–1+3–5+7–9+…+19。

12）求 S=1/(1*3)+1/(3*5)+1/(5*7)+…+1/(17*19)。

13）求 S=1+(1+3)+(1+3+5)+…+(1+3+5+7+…+19)。

14）求 2/1+3/2+5/3+8/5+13/8+21/13 +…前 20 项之和。

15）求阶乘和：1+2+3！ + 4！ +…+ 10!。

16）利用泰勒公式：$e^x=1+x+x^2/2!+x^3/3!+\cdots$，0<x<1，计算 e 的 x 次幂。要求精确到 6 位小数。

17）求和：S=1–(1/2)+(1/3) –(1/4) +…+(1/n)，其中 n 由键盘输入。

18）给定公式求值：

①s=1+1/2+1/3+…+1/n。

②$s=1+1/2^2+1/3^2+\cdots+1/n^2$。

③$s=1-1/2^2-1/3^2-\cdots-1/n^2$。

④s=1+1/3+1/3*2/5+1/3*2/5*3/7+…。

⑤s=1–1/3+1/5–…–1/n。

⑥s=2/1+3/2+5/4+…+(n+1)/n。

⑦求 s=1!+(1!+2!)+(1!+2!+3!)+⋯+ (1!+2!+⋯+n!)。

19）输入 n 值，输出图 5-15 所示的平行四边形：

```
    ******
   ******
  ******
```

图 5-15 19 题图

20）输入 n 值，输出图 5-16 所示的高为 n 的等腰三角形。

```
     *
    ***
   *****
  *******
```

图 5-16 题 20 图

21）输入 n 值，输出图 5-17 所示的高为 n 的等腰三角形。

```
  *****
   ***
    *
```

图 5-17 题 21 图

22）输入 n 值，输出图 5-18 所示的高和上底均为 n 的等腰梯形。

```
    *****
   *******
  *********
```

图 5-18 题 22 图

23）输入 n 值，输出图 5-19 所示的高和上底均为 n 的等腰空心梯形。

```
     *****
    *     *
   *       *
  ***********
```

图 5-19 题 23 图

24）输入 n 值，输出图 5-20 所示的 n 行的图形。

```
*   *
 **
  *
 **
*   *
```

图 5-20 题 24 图

25）输入 n 值，输出图 5-21 所示的 n 行的图形。

```
*****
   *
  *
 *
*****
```

图 5-21 题 25 图

26）输入 n 值，输出图 5-22 所示的 n 行的图形。

```
* *
**
*
**
* *
```

图 5-22　题 26 图

27）编写程序，输出 sin(x)函数 x 取 0～2π的图形。

28）编写程序，在屏幕上输出一个由“*”号围成的空心圆。

29）输出图 5-23 所示的图形。

```
        121
       12321
      1234321
        ……
  12345678987654321
```

图 5-23　题 29 图

30）给定数列的规律求第 n 项或前 n 项之和：

① 斐波那契数列：1，1，2，3，5，8，13，21，…。

② A1=1，A2=1/(1+A1)，…，An=1/(1+An−1)。

③ a，aa，aaa，…，aaa…aaa。

31）给定数列的规律，如 a_1，q=2，则求前 n 项和小于 100 的最大值 n 是多少。

32）鸡兔同笼问题：有鸡兔同笼，上有三十五头，下有九十四足，问：鸡兔各几何？

33）如果上题中上有 m 个头，下有 n 只脚，m 和 n 都是从键盘输入的一个数字，如何求鸡有多少只，兔有多少只？

34）求两个数的最大公约数和最小公倍数（辗转相除法）。

35）找出一个整数的所有质因子。

36）从 3 个红球、5 个白球、6 个黑球中任意取 8 个球，其中必须有白球，请编程输出所有可能方案。

37）1000 元可以由多少张 10 元、20 元、50 元组成？打印各种情况。

38）已知人口基数为 x，人口平均增长率为 r，求 y 年以后的人口总量 z。

39）已知人口基数为 x，人口平均增长率为 r，求几年以后人口的总量达到 z。

40）自由落体问题：一球从 100 米高度自由落下，落下后反复弹起。每次弹起的高度都是上次高度的一半。求此球第 10 次落地后反弹起的高度和球所经过的路程。

41）编程求一个四位自然数 ABCD，它乘以 A 后变成 DCBA。

42）编写一个程序，从键盘上接收一个整数，并且从 1 和 100 之间找到能被它整除的整数，并输出找到的整数。

43）模拟××银行输入密码的操作，在程序开始时提示用户输入密码，如果密码输入不正确（可以事先自己随意确定一个密码，如果输入不是这个密码，就认为是错误的），则要求用户重新进行输入；如果输入正确，可以直接输出“密码输入正确，请选择其他操作”，然后程序结束。如果用户连续三次输入错误，程序也将结束，可以提示用户“密码输入有误超过 3 次，您的账户已经被冻结，请明天再输入”。

44）设计一个程序，该程序能输出一个十进制整数转化为二进制数以后有多少个 1。例如，3 转化为二进制是 11，有两个 1，就输出 2；5 转化为二进制是 101，也输出 2。

45）有一条长阶梯，若每步跨 2 阶最后剩下 1 阶；若每步跨 3 阶最后剩下 2 阶；若每步跨 5 阶最后剩下 4 阶；若每步跨 6 阶最后剩下 5 阶；只有每步跨 7 阶，最后才正好 1 阶不剩。编程计算这条阶梯共有多少阶。

46）求 1 到 3000 之间所有 5 的倍数和 7 的倍数的和。

47）编写程序，输入一组字符(以“#”号结尾)，对该组字符作一个统计，统计字母、数字和其他字符的个数，输出统计结果。

48）编写用人机对话形式进行加、减、乘、除运算的程序。用户每输入一次运算数和运算符，系统输出相应的计算结果。当输入的运算符为“#”时结束循环。

49）修改上题，要求用户从键盘输入一个运算符，实现 100 以内的两个数的加、减、乘、除运算，并根据做题的对错给出相应的批示。

50）编写程序，输入某门功课的若干个同学的成绩，假定成绩都为整数，以–1 作为终止的特殊成绩，计算平均成绩并输出。

51）任意输入 10 个数，计算所有正数的和、负数的和以及这 10 个数的总和。

52）有一分数序列：2/1，3/2，5/3，8/5，13/8，21/13…求出这个数列的前 20 项之和。

53）一个数如果恰好等于它的因子之和，这个数就称为“完数”。例如，6=1+2+3，编程找出 1000 以内的所有完数。

54）编写程序求 n!，n 从键盘输入，且 n < 20。

55）求 1!+2!+3!+…n!，其中 n≤16。要求 n 从键盘输入。

56）写一个两位纯数字密码破解程序。

57）输出 ASCII 码表。

5.8　实验 5　循环结构程序设计实验（6 学时）

1．实验目的

1）熟练使用 while、for 和 do while 语句实现循环程序设计。

2）理解循环条件和循环体，以及 for、while 和 do while 语句的相同及不同之处。

3）掌握嵌套循环程序设计。

4）熟练掌握 break、continue 语句在循环程序设计中的实现。

5）进一步掌握 VC 6.0 开发环境中的 debug 调试功能：单步执行、设置断点、在监控窗口中观察变量值。

2．实验内容

（1）实验 5.1

1）分别用 while 语句、do while 语句和 for 语句编写程序，计算 e≈1+1/1!+1/2!+…+1/n!。

2）实验步骤与要求：

① 用单重循环编写程序。

② 建立一个控制台应用程序项目“lab5_1”，向其中添加一个C语言源文件“lab5_1.c”，输入程序，检查一下，确认没有输入错误，观察输出是否与预期答案一致。

③ 使误差小于给定的ε，设$\varepsilon=10^{-5}$。

④ 除了输出e以外，同时还要输出总的项数n。

⑤ 调试程序，在变量窗口中观察变量值的变化。

⑥ 调试程序，在监控窗口中输入不同变量的值来验证程序的正确性。

（2）实验5.2

1）输入并运行下面的程序，使用debug调试功能观察该程序运行中变量值的变化情况。

```
#include "stdio.h"
int main( )
{
int n;
while (1){
   printf("Enter a number:");
   scanf("%d", &n);
   if (n % 2 = = 1){
      printf("I said");
      continue;
   }
   break;
}
printf("Thanks. I needed that!");
return 0;
}
```

2）实验步骤与要求：

① 建立一个控制台应用程序项目“lab5_2”，向其中添加一个C语言源文件“lab5_2.c”，输入程序，检查一下，确认没有输入错误，观察输出是否与预期答案一致。

② 调试程序，在变量窗口中观察变量值的变化。

③ 调试程序，在监控窗口中输入不同变量的值来验证程序的正确性。

（3）实验5.3

1）使用debug调试功能观察该程序运行中变量值的变化情况。

```
#include <stdio.h>
int main( )

{
int i, j, s=0;
for (i=1; i <= 4; i++){
    for (j=1; j <= i; j++)
        s=s+1;
}
printf("s=%d\n", s);
return 0;
}
```

2）实验步骤与要求：

① 建立一个控制台应用程序项目“lab5_3”，向其中添加一个 C 语言源文件“lab5_3.c”，输入程序，检查一下，确认没有输入错误，观察输出是否与预期答案一致。

② 调试程序，在变量窗口中观察变量值的变化。

③ 调试程序，在监控窗口中输入不同变量的值来验证程序的正确性。

（4）实验 5.4

1）使用 debug 调试功能观察下面的程序运行中变量值的变化情况。

```
#include <stdio.h>
int main( )
{
int number=1024, digit;
do {
    digit=number % 10;
    number=number/10;
    printf("number is %d\n", digit);
}while (number > 0);
return 0;
}
```

2）实验步骤与要求：

① 建立一个控制台应用程序项目“lab5_4”，向其中添加一个 C 语言源文件“lab5_4.c”，输入程序，检查一下，确认没有输入错误，观察输出是否与预期答案一致。

② 调试程序，在变量窗口中观察变量值的变化。

③ 调试程序，在监控窗口中输入不同变量的值来验证程序的正确性。

（5）实验 5.5

1）编程，输入一批整数，先求出其中的偶数和及奇数和，然后输出偶数和与奇数和的差。

2）实验步骤与要求：

① 建立一个控制台应用程序项目“lab5_5”，向其中添加一个 C 语言源文件“lab5_5.c”，输入程序，检查一下，确认没有输入错误，观察输出是否与预期答案一致。

② 调试程序，在变量窗口中观察变量值的变化。

③ 调试程序，在监控窗口中输入不同变量的值来验证程序的正确性。

（6）实验 5.6

1）编程，输入 1 个正实数 eps，计算并输出下式的值，直到最后一项的绝对值小于 eps。

$$s=1-\frac{1}{5}+\frac{1}{9}-\frac{1}{13}+\frac{1}{17}-\frac{1}{21}+\cdots$$

2）实验步骤与要求：

① 建立一个控制台应用程序项目“lab5_6”，向其中添加一个 C 语言源文件“lab5_6.c”，输入程序，检查一下，确认没有输入错误，观察输出是否与预期答案一致。

② 输入输出示例：

```
Input
eps：0.00001
```

```
S=0.866977
```

③ 调试程序，在变量窗口中观察变量值的变化。

④ 调试程序，在监控窗口中输入不同变量的值来验证程序的正确性。

⑤ 如果条件改为前后 2 项的绝对值的差小于 eps，如何编程？

（7）实验 5.7

1）编程，输入一个整数，求它的各位数字之和及位数。例如，123 的各位数字之和是 6，位数是 3。

2）实验步骤与要求：

① 建立一个控制台应用程序项目“lab5_7”，向其中添加一个 C 语言源文件“lab5_7.c”，输入程序，检查一下，确认没有输入错误，观察输出是否与预期答案一致。

② 输入输出示例：

输入一个整数：–12345

–12345 有 5 位数，各位数字之和是 15。

③ 提示：n 表示一个整数，则 n%10 取个位数，n=n/10 去掉个位数，组成一个新数。

④ 调试程序，在监控窗口中输入不同变量的值来验证程序的正确性。

⑤ 如果条件改为前后 2 项的绝对值的差小于 eps，如何编程？

⑥ 如果要把每位数字转换为字符输出，如何编程？

（8）实验 5.8

1）设计报选体育科目统计程序。

设某学校在新生入学时，需选修体育科目。体育科目包括篮球、排球、体操、乒乓球和网球。请为某班级（30 人）统计报选各体育科目的人数。

2）实验步骤与要求：

① 可采用 switch 与 for 结构。

② 建立一个控制台应用程序项目“lab5_8”，向其中添加一个 C 语言源文件“lab5_8.c”，输入程序，检查一下，确认没有输入错误，观察输出是否与预期答案一致。

③ 调试程序，在变量窗口中观察变量值的变化。

④ 调试程序，在监控窗口输入不同变量的值来验证程序的正确性。

（9）实验 5.9

1）编写程序，输出九九乘法口诀表，如下：

1×1=1

1×2=2　2×2=4

1×3=3　2×3=6　3×3=9

1×4=4　2×4=8　3×4=12　4×4=16

……

2）实验步骤与要求：

① 可用外循环变量代表行数，用内循环变量代表需打印字符的个数。

② 使用二重 for 循环处理此问题。

③ 建立一个控制台应用程序项目“lab5_9”，向其中添加一个 C 语言源文件“lab5_9.c”，输入程序，检查一下，确认没有输入错误，观察输出是否与预期答案一致。

5.9 阅读延伸

5.9.1 递推问题

递推法是计算机用于数值计算的一种重要算法。例如，数列 0，3，6，9，12，15，…该数列的后一项的值是前一项的值加 3，当然必须事先给定第一项的值（称为边界条件或初始条件）。可以看出，第 n 项的值等于第 n−1 项的值加 3，即：

$$a_n=a_{n-1}+3 \quad (n>1) \quad \text{(递推公式)}$$

$$a_1=0 \quad (n=1) \quad \text{(边界条件)}$$

递推是指已知第一个数，其后的每一个数都可利用递推公式由前数推出，并且能够重复进行，因此这种算法可用循环结构来处理解决。在许多情况下，要得到数列的通项公式是比较困难的，而通过已知条件归纳出一个递推关系则相对容易。这时可以采用递推方法，把一个复杂问题的求解，分解成若干步重复的简单运算，由边界条件出发进行递推，最后得到最终结果，充分发挥出计算机擅长重复处理的特长。

递推方法的关键：

1）确定递推变量及初值（边界条件）。

2）寻找递推关系式（作为循环体）。

3）递推次数。

注意：递推变量和循环变量是两个不同的概念。

递推法按照推导问题的方向，一般可分为顺推法和倒推法。

顺推法是先找到递推关系式，然后从初始条件出发，一步步地按递推关系式递推，直至求出最终结果。斐波那契数列就是顺推。倒推法是在不知道初始条件的情况下，经某种递推关系而获知问题的解，再倒过来，推知它的初始条件。

1. 递推与累加连乘类问题

累加连乘类问题属于递推问题，包括计数、求和、求阶乘等简单算法，还包括人口增长率求解问题等。此类问题都要使用循环结构，要注意根据问题确定循环变量的初值、终值或结束条件，特别要注意用来表示计数、和、阶乘的变量的初值。

【例 5-11】人口增长率求解问题。

已知人口基数为 p=13 亿，人口平均增长率为 r，求经过多少年后人口数量超过 16 亿。

（1）问题分析

输入：人口基数 p，人口平均增长率 r。

处理：连乘计算 p。

输出：人口平均增长率 r，年数 y，人口基数 p。

（2）算法设计

算法对应的 N-S 流程图如图 5-24 所示。

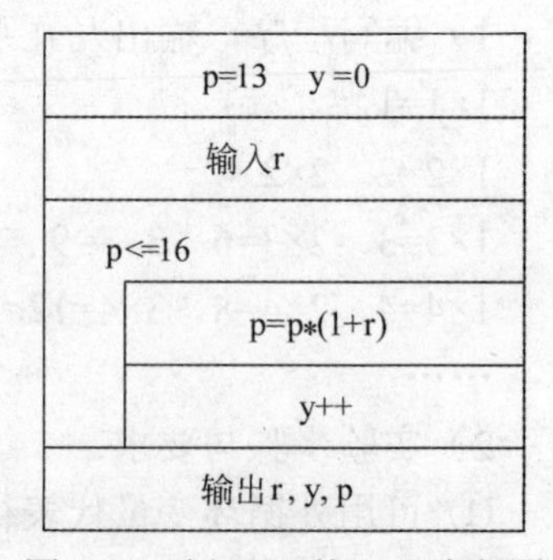

图 5-24　例 5-11 的 N-S 流程图

（3）程序编写

```
#include <stdio.h>
```

```
int main( )
{
 int   y; float   p,r ;
 p=13; y=0 ;
 scanf("%f", &r);
 while (p <= 16){
       p=p*(1+r);
       y++;
} //while 循环体结束
 printf( "r =%.2f, y=%d, p=%.2f\n ", r , y , p );
 return 0;
}
```

（4）测试运行

```
0.01
r =0.01, y=21, p=16.02
```

本例中的矩形框部分是一个循环结构，循环结构只有数据处理、重复连乘和计数。

其算法思想是递推。递推公式为 p=p*(1+r)。

考虑循环的三要素是什么。

类似的问题还有：

1）人口基数、人口平均增长率、时间、总人口之间的关系问题。

2）存款本金、银行利率、存期、本金合计问题。

3）产值基数、产值增长率、时间、总产值问题。

2．递推与求第 n 项值问题

【例 5-12】小猴吃桃。小猴第 1 天吃了所有桃子的一半多一个，第 2 天吃了剩余桃子的一半多一个。依此类推，直到第 10 天，只剩 1 个桃子了。问一开始有多少桃子。

（1）问题分析

输入：第 10 天的桃子数 sum。

处理：递推计算 sum。

输出：第 1 天的桃子数 sum。

（2）算法设计

算法对应的 N-S 流程图如图 5-25 所示。

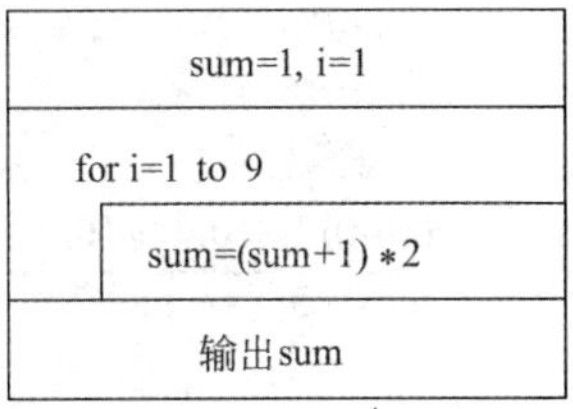

sum=1, i=1

for i=1 to 9

sum=(sum+1) * 2

输出sum

图 5-25　例 5-12 的 N-S 流程图

（3）程序编写

```
#include <stdio.h>
int main( )
{
 int i, sum;
 sum=1;
 for (i=1; i <= 9; i++) {
     sum=(sum+1)*2;
 }//for 循环体结束
 printf("桃子总数为：%d\n", sum);
 return 0;
```

```
}
```

（4）测试运行

```
桃子总数为：1534
```

本例中的矩形框部分是一个循环结构，循环结构只有数据处理部分。其算法思想是递推。递推公式为 sum=(sum+1) *2。含义是将当前的数 sum 加 1 再乘 2，保存在 sum 中，重复这个过程。

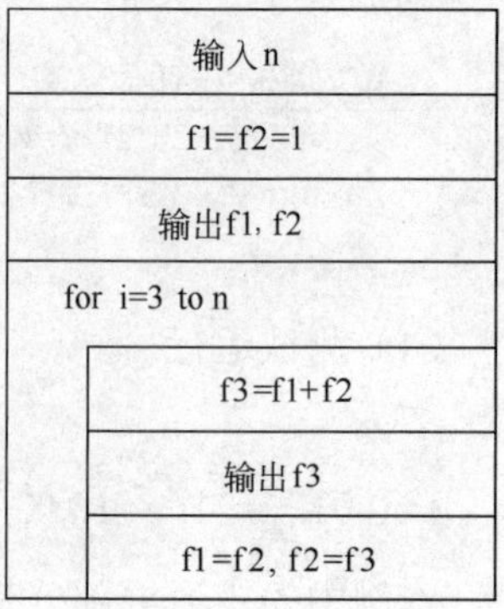

【例 5-13】费波那契数列（兔子繁殖）问题。有一对兔子，从出生后第 3 个月起每个月都生一对兔子，小兔子长到第 3 个月后每个月又生一对兔子，假如兔子都不死，问每个月的兔子总数为多少？兔子的规律为数列 1，1，2，3，5，8，13，21…。

（1）问题分析

输入：兔子初值 f1，f2。

处理：递推计算 f3。

输出：f3。

（2）算法设计

算法对应的 N-S 流程图如图 5-26 所示。

输入n
f1=f2=1
输出f1, f2
for i=3 to n
f3=f1+f2
输出f3
f1=f2, f2=f3

图 5-26　例 5-13 的 N-S 流程图

（3）程序编写

```
#include <stdio.h>
int main( )
{long f1, f2, f3;
 int n, i;
 printf("n=?");
 scanf("%d", &n);
 f1=f2=1;
 printf("%10ld %10ld ", f1, f2);
 for (i=3; i <= n; i++){
     f3=f1+f2;
     printf("%10ld%c",f3,i % 5  ? ' ' : '\n');
     f1=f2;
     f2=f3;
 } //for 循环体结束
 return 0;
}
```

（4）测试运行

```
n=?20
         1          1          2          3          5
         8         13         21         34         55
        89        144        233        377        610
```

```
      987        1597        2584        4181        6765
```

本例中的矩形框部分是一个循环结构，循环结构只有数据处理部分。其算法思想是递推。递推关系式为 f3=f1+f2。以前介绍的递推公式是根据前一项推下一项，而这个问题比较特殊，不同于以前介绍的递推公式，它需要根据前面两项推下一项。

5.9.2 穷举问题

在生活中经常会碰到这样的问题，要在众多的东西中挑出符合自己要求的，如在一些钥匙中找到能开门的所有钥匙、挑出一箱鸡蛋中已经损坏的鸡蛋、找素数等。穷举法就是按问题本身的性质，一一列举该问题所有可能的解，并在逐一列举的过程中，检验每个可能解是否是问题的真正解，若是，采纳这个解，否则抛弃它。在列举的过程中，既不能遗漏，也不应重复。穷举法也叫枚举法、列举法或暴力破解法。在穷举算法中往往把问题分解成二部分。

（1）一一列举

这是一个循环结构。要考虑的问题是如何设置循环变量、初值、终值和递增值，循环变量是否参与检验。

（2）检验

这是一个选择结构。要考虑的问题是检验的对象是谁、逻辑判断后的二个结果该如何处理。

分析出以上两个核心问题后，再合成。

【例 5-14】判断一个正整数 n 是不是素数。

（1）问题分析

输入：正整数 n。

处理：用一个数分别去除 2 到 n–1，如果能被整除，则表明此数不是素数，反之是素数。

输出：是否素数。

（2）算法设计

算法对应的 N-S 流程图如图 5-27 所示。

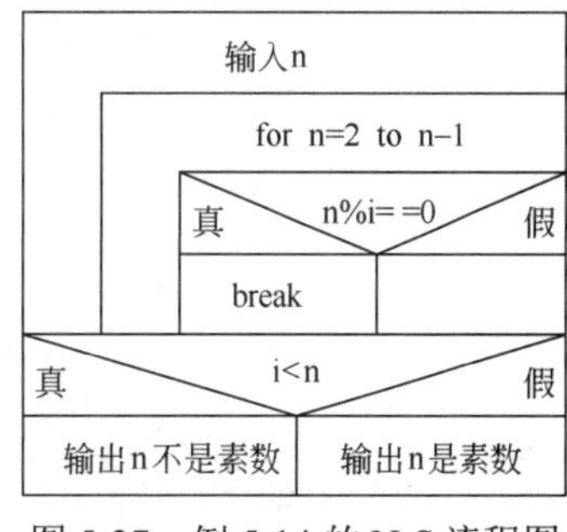

图 5-27 例 5-14 的 N-S 流程图

（3）程序编写

```
#include <stdio.h>
int main( )
{
int n, i;
printf("n=?");
scanf("%d", &n);
for (i=2; i <= n–1; i++){
    if (n % i = = 0)
      break;
}   //for 循环体结束
if (i < n)
    printf("%d is not\n", n);
else
    printf("%d is   prime number\n", n);
```

```
    return 0;
}
```

（4）测试运行

```
n=?13
13 is a prime number
```

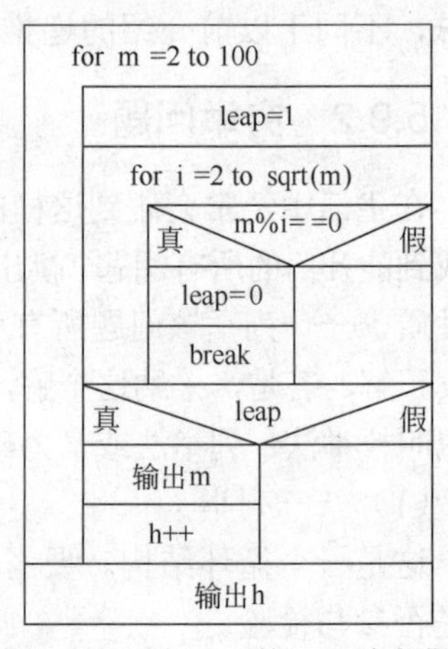

图 5-28　例 5-15 的 N-S 流程图

本例算法的基本思想是穷举。矩形框部分是一个循环结构，循环结构只有数据处理部分。穷举范围为 2~n–1，符合问题的解的条件是“n%i< >0”。

【例 5-15】判断 1 到 100 之间有多少个素数，并输出所有素数及素数的个数。

（1）问题分析

输入：无。

处理：在 1 到 100 之间判断每个数是否素数及素数的个数。

输出：m 是否素数及素数的个数。

（2）算法设计

算法对应的 N-S 流程图如图 5-28 所示。

（3）程序编写

```
#include <stdio.h>
#include "math.h"
int main( )
{
  int m, i, h=0, leap;
  for (m=2; m <= 100; m++){
     leap=1;
     for (i=2; i <= sqrt(m); i++){
         if (m % i = = 0){
            leap=0;
            break;
         }
     }                                  //内 for 循环体结束
     if (leap){                         /∗内循环结束后，leap 依然为 1，则 m 是素数*/
     printf("%d", m);
     h++;
     if (h % 10 = = 0)
         printf("\n");
     } /∗ if (leap) ∗/
  }      /∗ 外 for 循环体结束 ∗/
   printf("\nThe total is %d", h);
}
```

（4）测试运行

```
 2   3   5   7   11  13  17  19  23  29
31  37  41  43  47  53  59  61  67  71
73  79  83  89  97
The total is 25
```

本例算法的基本思想是穷举。和前一个例题比较，需要增加一个外循环。外循环的穷举范围为2～100，矩形框部分为外循环结构。找2到100之间的素数。1什么都不是，2是素数，3是，4不是，5是，……，如此继续，就能找出所有的素数。

【例5-16】百鸡百钱问题：公鸡5元一只，母鸡3元一只，小鸡1元3只，若想花100元钱买100只鸡，怎么买？

（1）问题分析

输入：无。

处理：设公鸡、母鸡、小鸡的个数分别为x，y，z，求以下不定方程的整数解：

$$5x+3y+z/3=100$$

$$x+y+z=100$$

输出：给出所有x，y，z的解，每组解占一行。

（2）算法设计

算法对应的N-S流程图如图5-29所示。

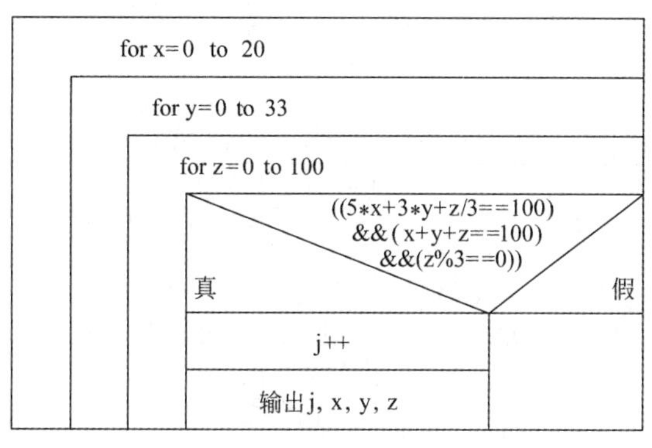

图5-29　例5-16的N-S流程图

（3）程序编写

解法一：

```
#include <stdio.h>
int main( )
{
int x, y, z, j=0;
  for (x=0; x <= 20; x++){
      for (y=0; y <= 33; y++){
          for (z=0; z <= 100; z++){
              if ((5*x+3*y+z/3 = = 100) && ( x+y+z = = 100) && (z % 3 = = 0))
                  printf("%2d:cock=%2d hen=%2d chicken=%2d\n", ++j, x, y, z);
          }                                    //内层循环体结束
```

```
    }                                   //中层循环体结束
  }                                     //外层循环体结束
  return 0;
}
```

（4）测试运行

```
1:cock= 0 hen=25 chicken=75
2:cock= 4 hen=18 chicken=78
3:cock= 8 hen=11 chicken=81
4:cock=12 hen= 4 chicken=84
```

本例算法的基本思想也是穷举。本例是三重循环结构。矩形框部分为外循环结构，设公鸡、母鸡、小鸡的个数分别为 x，y，z，穷举范围分别是公鸡 0～20、母鸡 0～33、小鸡 0～100，符合问题的解均为满足上述不定方程的整数解。

由程序设计实现不定方程的求解与手工计算不同。在分析确定方程中未知数变化范围的前提下，可通过对未知数可变范围的穷举，验证方程在什么情况下成立，从而得到相应的解。注意：有多少穷举对象，就必须有多少层循环。能否根据题意更合理地设置循环控制条件来减少这种穷举和组合的次数，从而提高程序的执行效率，请看解法二。

解法二：

```
#include <stdio.h>
int main( )
{
  int x, y, z, j=0;
  printf("Following are possible plans to buy 100 fowls with 100 Yuan.\n");
  for (x=0; x <= 20; x++)                //外层循环控制公鸡数
      for (y=0; y <= 33; y++){           //内层循环控制母鸡数 y 在 0～33 变化
          z=100-x-y;
          if (z % 3 == 0 && 5*x+3*y+z/3 == 100)
             printf("%2d:cock=%2d hen=%2d chicken=%2d\n", ++j, x, y, z);
      }                                  //内层循环结束
  }                                      //外层循环结束
}
```

第6章　数组变量

本章知识结构图

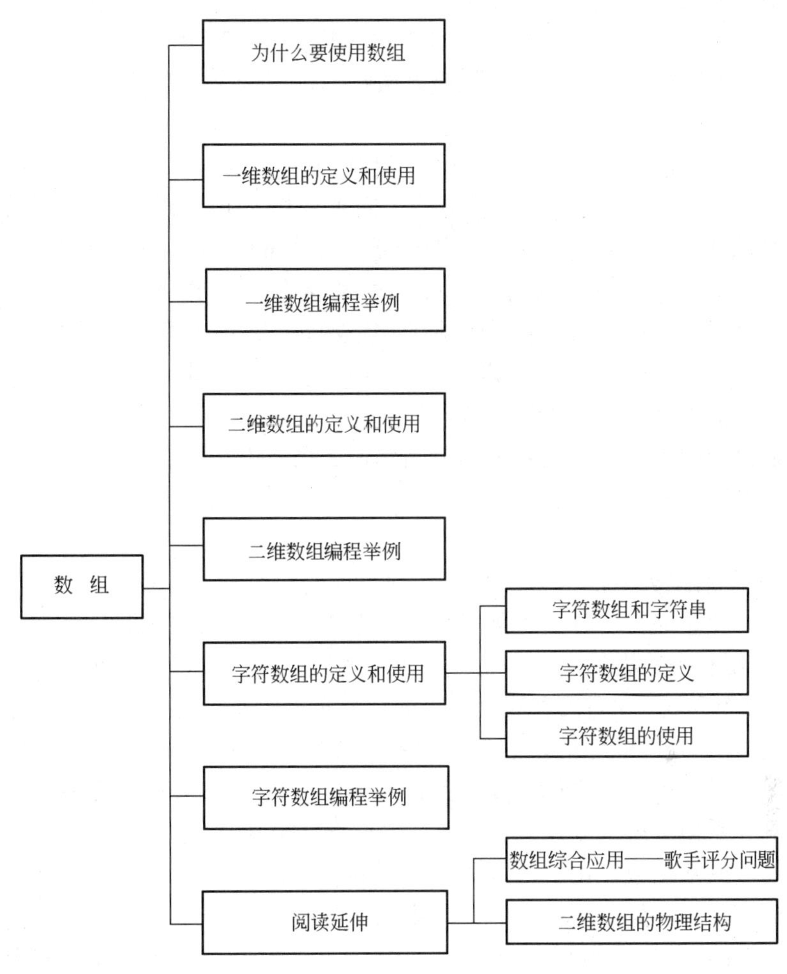

本章学习导读

数组的作用就是保存大量同类型的相关数据。在C语言中，数组属于构造数据类型。按数组元素的类型不同，数组又可分为数值数组、字符数组、指针数组、结构数组等各种类别。在许多场合，使用数组可以缩短和简化程序，可以利用下标值设计一个循环，高效处理多种情况。

6.1　为什么要使用数组

在前面几章中，使用的都是简单变量，简单变量的特点是只能表示少量的数据，但有时需要表示大量的数据，例如，处理一个班学生的学习成绩、存储一行文字、存储一个矩阵等。这些数据的共有特点是具有相同的数据类型，在使用过程中需要保留原始数据。C 语言为这些数据提供了一种构造数据类型——数组。

所谓数组，就是相同数据类型的元素按一定顺序排列的集合。数组可以是一维的，也可以是二维或多维的。数组的作用就是保存大量同类型的相关数据。

实际上，规模为 n 的数组是由 n 个普通的分量组成的。例如，一个班有学生 10 人，他们的学习成绩为整型数据，可用一个数组表示为：

a[0]，a[1]，a[2]，a[3]，a[4]，a[5]，a[6]，a[7]，a[8]，a[9]。

从这个例子可以看出，数组的使用不同于简单变量，它是通过名字加下标表示的。就是把有限个同类型变量 a[0]，a[1]，…，a[9]用一个名字 a 命名，然后用编号 0，1，…，9 区分不同的分量，这个名字称为数组名，编号称为下标。组成数组的各个分量 a[0]，a[1]，…，a[9]称为数组元素，有时也称为下标变量。如图 6-1 所示，格子中存放的是变量的值。

下标	内存单元	数组元素
	⋮	
0	82	a[0]
1	78	a[1]
2	65	a[2]
3	90	a[3]
4	83	a[4]
5	75	a[5]
6	60	a[6]
7	55	a[7]
8	80	a[8]
9	95	a[9]
	⋮	

图 6-1　数组示意

注意：在 C 语言中用方括号表示下标，因为在 C 语言中无法表示日常的下角标形式，即不可以表示为：S1，S2，S3，…，S30。

数组的特点：

1）数组是相同数据类型的元素的集合。数组内的每个元素实际是一个变量，其使用原则与同类型的简单变量完全一样。例如，可以像普通变量一样使用 a[0]，a[1]，…，a[9]。

2）数组元素用整个数组的名字和它在数组中的顺序位置来表示。例如，a[0]表示名字为 a 的数组中的第一个元素，a[1]代表数组 a 的第二个元素，依此类推。

3）数组元素是有先后顺序的，它们在内存中按照这个先后顺序连续存放在一起。通过数据元素可以很容易地看出元素的位置关系，例如 a[2]和 a[3]是两个相邻元素，a[2]在 a[3]之前。这种位置关系便于统一处理。比如，需要输入 100 个同类型数据，然后求其平均值，并找出超过平均值的那些数，由于可以通过下标的改变来访问数组的每一个元素，因此很容易用循环来完成此任务，如果不用数组，几乎无法实现。

按数组元素的类型，数组可分为数值数组、字符数组、指针数组、结构数组等各种类别。

6.2　一维数组的定义和使用

1．一维数组的定义

一维数组在编程中多用于描述线性的关系，如一组数、一组成绩、一组解答等。数组元素只有一个下标，表明该元素在数组中的位置。其数组元素也称为单下标变量。

在 C 语言中使用数组必须先进行定义。一维数组的定义方式为：

```
类型名 数组名 [长度];
```

例如：

```
int a[10];              //定义整型数组 a，有 10 个元素
float b[10], c[20];     //定义实型数组 b，有 10 个元素，实型数组 c，有 20 个元素
char ch[20];            //定义字符数组 ch，有 20 个元素
```

说明：

（1）类型名

数组的类型实际上是指数组元素的取值类型。对于同一个数组，其所有元素的数据类型都是相同的。

（2）数组名

数组名由用户给出，书写规则应符合标识符的书写规定。注意：数组名不能与其他变量名相同。例如：

```
int main( )
{
    int a;
    float a[10];
    ……
}
```

是错误的。

（3）长度

方括号中的长度为常量表达式，表明数组内能存储的元素个数。式中只能出现常量值（可以为具体常量，也可以为符号常量）如“3+4”，或“N+1”等，显然下标范围为[0，数组长度–1]。

例如，“int a[10];”表示数组 a 有 10 个元素，但是其下标从 0 开始计算，因此这 10 个元素分别为 a[0]，a[1]，…，a[9]。

（4）数组内元素的存储

系统为数组分配一块连续的内存单元，将其数组名作为首地址。它是一个常量值，一旦分配就不可再改变，所以对数组名的地址值不能进行赋值类的操作，如“int a[10]; ”，那么“a++”或“a=a+2”等都是错误的。

对于数组类型定义应注意不能在方括号中用变量来表示元素的个数，但是可以用符号常数或常量表达式。例如：

```
#define FD 5
int main( )
{
    int a[3+2], b[7+FD];
    ……
}
```

是合法的，但是只有 C99 支持变长数组，下述定义方式在 C89 版本中是错误的：

```
int main( )
{
    int n=5;
```

```
int a[n];
……
}
```

2．一维数组的初始化

定义数组的同时，可以对数组元素赋初值。

（1）完全初始化

定义时对全部元素都赋初值，此时可以省略数组定义中的长度项，但“[ ]”不可以省略。例如：

```
int b[ ]={0, 1, 2, 3, 4, 5, 6, 7, 8, 9};    或写成：
int    a[5]={1, 2, 3, 4, 5};
```

（2）不完全初始化

没有给出全部元素，此时不可以省略长度项，元素按先后顺序从序号 0 开始一一赋值，其余为 0。例如：

```
int a[10]={0, 1, 2, 3, 4};
```

表示只给 a[0]～a[4]这 5 个元素赋值，而后 5 个元素自动赋 0 值。

3．一维数组元素的使用

数组元素（下标变量）是组成数组的基本单元。数组元素也是一种变量，其标识方法为数组名后跟一个下标。下标表示了元素在数组中的顺序号。

在 C 语言中只能逐个地使用数组元素，而不能一次使用整个数组。

（1）一维数组元素的表示方法

数组元素的下标方式表示方法如下：

```
数组名[下标]
```

其中下标为数组中元素的序号，值从 0 开始，下标值的改变表示使用的元素改变。方括号又称为下标运算符，具有最高的优先级。

数组元素与同类型变量的使用方法相同。每一个数组元素都在内存中有相应的单元，相当于一个变量，所以可以作为赋值表达式的左值使用。其中的下标只能为整型常量或整型表达式。如为小数时，C 语言编译将自动取整。例如，a[5]、a[i+j] 、a[i++]都是合法的数组元素。另外，系统不检查下标界限，但要尽量避免越界使用。

使用数组内的元素，可以读取，也可以写入。但数组不能整体使用，既不能整体输入也不能整体输出。一次只能输入/输出一个元素，通过循环实现多个元素的操作。

（2）一维数组元素的输入

用下标方式输入数组中的元素：

```
for (i=0; i < N; i++)
scanf("%d", &a[i]);
```

（3）一维数组元素的运算

```
int   a[10]; sum=0;
for (i=0; i < 10; i++)
        sum += a[i];
```

（4）一维数组元素的输出

用下标方式输出数组中元素（正序/逆序）。例如，输出有 N 个元素的数组必须使用循环语句逐个输出各下标变量：

```
for (i=0; i < N; i ++)
printf("%d\n", a[i]);
```

或

```
for(i=N–1; i >= 0; i– –)
printf("%d",a[i]);
```

而不能用一个语句输出整个数组，下面的写法是错误的：

```
printf("%d", a);
```

6.3　一维数组编程举例

1．逆置问题

【例 6-1】一个整型数组 a 含有 N 个元素，将一个数组中的值按逆序重新存放。

（1）问题分析

输入：整型数组 a。

处理：设数组中有 N 个元素，将(a[0]，a[N–1])交换，(a[1]，a[N–2])交换，……，直到每对元素都交换一次。

输出：逆置后的整型数组 a。

（2）算法设计

算法对应的 N-S 流程图如图 6-2 所示。

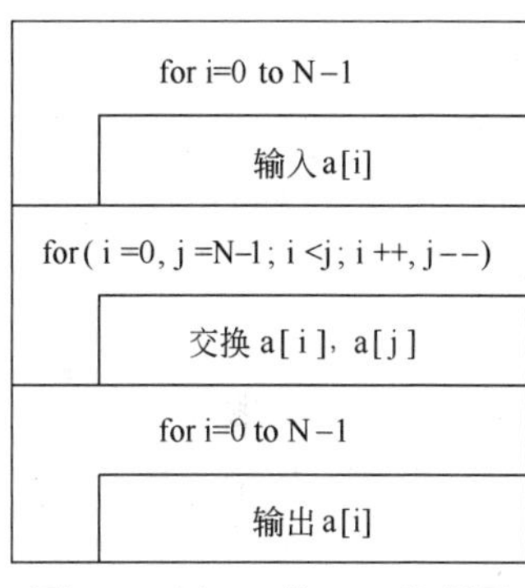

图 6-2　例 6-1 的 N-S 流程图

（3）编写程序

```
#include<stdio.h>
#define N 10
int main( )
{
 int a[N];
 int i, j, t;
 printf("input an array:\n");
 for (i=0; i < N; i ++)
     scanf("%d", &a[i]);                    //输入 a 数组
 for (i=0, j=N–1; i < j; i++, j––){         //i 和 j 由两端向中间归中
     t=a[i];
     a[i]=a[j];
```

```
        a[j]=t;
    }                                           //for 结束
    printf("the new array is:\n");
    for (i=0; i < N; i++)
        printf("%4d", a[i]);                    //输出交换后的 a 数组
    printf("\n");
    return 0;
    }
```

（4）测试运行

```
input an array:
11 22 34 8 7 88 76 65 99 10
the new array is:
10   99   65   76   88    7    8   34   22   11
```

以往的循环都是设一个循环变量，这个问题不同于以往的循环问题，这个问题设两个循环变量，分别从两端开始，称其为两端归中的思想。

本例用到了 3 个循环结构，分别处理数据输入、数据处理和数据输出。

2．排序问题

首先来看一看怎样对桌上一副乱序的牌进行排序。牌按点数排序（从 2 到 A）。选择排序的过程就是在桌上的牌中找出最小的一张牌，拿在手中。重复这种操作，直到把所有牌都拿在手中。选择排序（selection sort）就是这样一种简单直观的排序算法。

【例 6-2】一个整型数组 a 含有 N 个元素，将该数组中的元素进行升序排列。

（1）问题分析

输入：整型数组 a。

处理：将数组 a 中的 N 个元素按由大到小排序。

输出：降序排序后的 a。

（2）算法设计

算法对应的 N-S 流程图如图 6-3 所示。

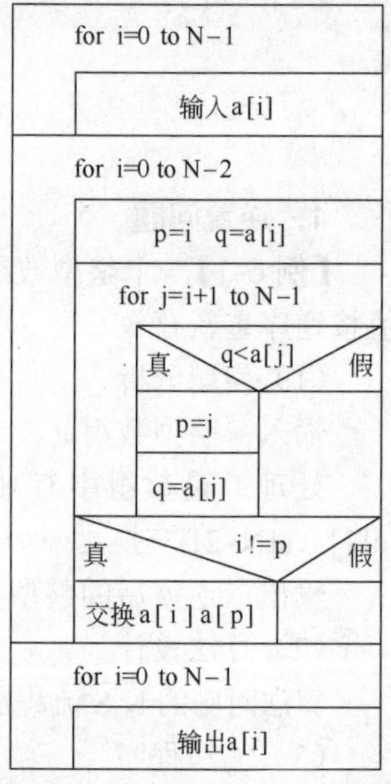

图 6-3　例 6-2 的 N-S 流程图

（3）编写程序

```
    #include <stdio.h>
    #define N 10
    int main( )
    {
      int i, j, p, q, s, a[N];
      printf("\n input 10 numbers:\n");
      for (i=0; i < N; i++)
          scanf("%d", &a[i]);                   //输入 a 数组
      for (i=0; i < N−1; i++){
          p=i; q=a[i];
```

```
        for (j=i+1; j < N; j++) {
            if (q < a[j]) {

                p=j;
                q=a[j];
            }                                   //比 a[i]大的 a[j],将其下标送 p，元素值送 q
        }                                       //内循环体结束
        if (i != p){
           s=a[i];
           a[i]=a[p];
           a[p]=s;
        }                                       //交换 a[i]与 a[p],a[i]中存储的是第 i 趟循环的最大值
    }                                           //外循环体结束
    printf("the sorted array is:\n");
    for ( i=0; i < N; i++)
       printf("%4d", a[i]);                     //输出排序后的 a 数组
    printf("\n");
    return 0;
}
```

（4）测试运行

```
input 10 numbers:
99 20 35 5 6 10 22 11 2 77
the sorted array is:
99   77   35   22   20   11   10    6    5    2
```

本例中用了三个循环结构。第一个循环结构用于输入 10 个元素的初值。第二个循环结构中又嵌套了一个循环结构用于排序。本程序的排序采用选择法排序。在第 i 次循环时，采用找最大值的方法，把第一个元素的下标 i 赋予 p，而把该下标变量值 a[i]赋予 q。然后进入小循环，从 a[i+1]起到最后一个元素止，逐个与 a[i]作比较，有比 a[i]大者则将其下标送 p，元素值送 q。一次循环结束后，p 即为最大元素的下标，q 则为该元素值。若此时 $i \neq p$，说明 p、q 值均已不是进入小循环之前所赋之值，则交换 a[i]和 a[p]之值。此时 a[i]为已排序完毕的元素。输出该值之后转入下一次循环。对 i+1 以后各个元素排序。

6.4　二维数组的定义和使用

1．什么是二维数组

在实际问题中有很多量是二维的或多维的。比如一个班有 30 个学生，每个学生有 4 门成绩，这个时候就要用二维数组来表示每个学生的每门成绩。要注意各项属性应该是同一种数据类型，比如四门课程的成绩都是整数。如果出现了姓名（字符串属性），就不能将他们组合到一个二维数组里去。所以不要企图将不同数据类型的属性整合到一个二维数组中去。

再比如，用 1 表示墙，用 0 表示通路，可以用二维数组来描述一个迷宫地图：用 1 表示有通路，用 0 表示没有通路。类似的，也可以用二维数组来描述几个城市之间的交通情况、

城市街道等。

2．定义一个二维数组

（1）二维数组类型定义的一般形式

类型名、数组名[行长度][列长度]

说明：

类型名、数组名和一维数组的说明类似。

（2）行长度和列长度

方括号中行长度和列长度均为常量表达式，其中行长度表示第一维元素的个数，列长度表示第二维元素的个数。显然，行下标的取值范围是[0，行长度−1]，列下标的取值范围是[0，列长度−1]。例如：

```
int a[3][4];
```

定义了一个三行四列的数组，数组名为 a，其下标变量的类型为整型。该数组的下标变量共有 3×4 个，即

```
a[0][0]，a[0][1]，a[0][2]，a[0][3]
a[1][0]，a[1][1]，a[1][2]，a[1][3]
a[2][0]，a[2][1]，a[2][2]，a[2][3]
```

3．二维数组的初始化

（1）二维数组的两种初始化方法

二维数组的两种初始化方法包括分行赋初值和顺序赋初值。

例如对数组 a[5][3]：

1）在定义的同时，分行赋初值，可写为：

```
int a[5][3]={{80, 75, 92},{61, 65, 71},{59, 63, 70},{85, 87, 90},{76, 77, 85}};
```

按行分段初始化二维数组使用了两层“{ }”，内层初始化第一维，每个内层之间用逗号分隔。

2）在定义的同时，顺序赋初值，可写为：

```
int a[5][3]={80, 75, 92, 61, 65, 71, 59, 63, 70, 85, 87, 90, 76, 77, 85};
```

这两种赋初值的结果是完全相同的。

（2）对于二维数组初始化赋值的说明

1）可以只对部分元素赋初值，未赋初值的元素自动取 0 值。例如：

```
int a[3][3]={{1}, {2}, {3}};
```

是对每一行的第一列元素赋值，未赋值的元素取 0 值。赋值后各元素的值为：

1　0　0

2　0　0

3　0　0

再比如：

```
int a[3][3]={{0, 1},{0, 0, 2},{3}};
```

赋值后的元素值为：

0　1　0

0　0　2

3　0　0

2）如对全部元素赋初值，则可以省略第一维长度（第二维长度绝对不可以省略），例如：

```
int a[3][3]={1, 2, 3, 4, 5, 6, 7, 8, 9};
```

可以写为：

```
int a[ ][3]={1, 2, 3, 4, 5, 6, 7, 8, 9};
```

4．二维数组元素的使用

（1）二维数组元素的表示方法

二维数组元素也称为双下标变量，其表示的形式为：

数组名[下标][下标]

其中下标应为整型常量或整型表达式。例如：

```
int a[3][4];
```

定义了一个三行四列的数组，数组名为 a，其下标变量的类型为整型。该数组的下标变量共有 3×4 个，即

```
a[0][0]，a[0][1]，a[0][2]，a[0][3]
a[1][0]，a[1][1]，a[1][2]，a[1][3]
a[2][0]，a[2][1]，a[2][2]，a[2][3]
```

下标变量和数组定义在形式中有些相似，但这两者具有完全不同的含义。数组定义的方括号中给出的是某一维的长度，即可取下标的最大值；而数组元素中的下标是该元素在数组中的位置标识。前者只能是常量，后者可以是常量、变量或表达式。

（2）二维数组元素的输入

可以把这个数组通过双层循环输入：

```
for (i=0; i < N; i++){
    for (j=0; j < N; j++)
        scanf("%5d", a[i][j]);
}
```

（3）二维数组元素的运算

例如：

```
int arr[30][4]; //注意，以分号结束
```

这就是前面提到的那个“30 行 4 列的学生成绩表”。现在考虑：

第一名学生第一门课是：arr[0][0]；

第二名学生第三门课是：arr[1][2]。

接下来，假定所有学生的第一门课的成绩全部加上 5 分的平时成绩，程序写成：

```
for (i=0; i < 30; i++) {
    arr[i][0] += 5;
}
```

如果给所有学生都加 5 分，程序写成：

```
for (i=0; i < 30; i++){
    for (j=0; j < 4; j++){
        arr[i][j] += 5;
    }
}
```

在二维数组中，要确定一个元素，必须使用两个下标。另外，这个例子也演示了如何遍历一个二维数组：使用双层循环结构。第一层循环让 i 从 0 到 29，用于遍历每一行；j 从 0 到 3，遍历一行中的每一列。

（4）二维数组元素的输出

可以把这个数组通过双层循环输出：

```
for (i=0; i < N; i++){
    for (j=0; j < N; j++)
        printf("%5d", a[i][j]);
    printf("\n");
}
```

6.5 二维数组编程举例

1．学生成绩统计计算问题

【例 6-3】一个学习小组有 5 个人，每个人有三门课的考试成绩（表 6-1）。求全组各门课的平均成绩和总平均成绩。

表 6-1 学生成绩表

科目 \ 姓名	刘得意	花美丽	高琼帅	刘琼斯	王地雷
Math	80	61	59	85	76
C 语言	75	65	63	87	77
dbase	92	71	70	90	85

（1）问题分析

输入：二维数组 a[3][5]。

处理：计算全组各门课的平均成绩存入一维数组 v[3]，全组总平均成绩存入 average。

输出：v[0]，v[1]，v[2]，average。

（2）算法设计

算法对应的 N-S 流程图如图 6-4 所示。

（3）编写程序

```
#include <stdio.h>
int main( )
{
int i, j, s, average, v[3], a[5][3];
printf("input score\n");
for (i=0; i < 3; i++){
    s=0;
    for (j=0; j < 5; j++){
        scanf("%d", &a[j][i]);
        s=s+a[j][i];
    }                                   //内循环体结束位置
     v[i]=s/5;
  }                                     //外循环体结束位置
  average =(v[0]+v[1]+v[2])/3;
  printf("math:%d\nc languag:%d\ndbase:%d\n", v[0], v[1], v[2]);
  printf("total:%d\n", average);
}
```

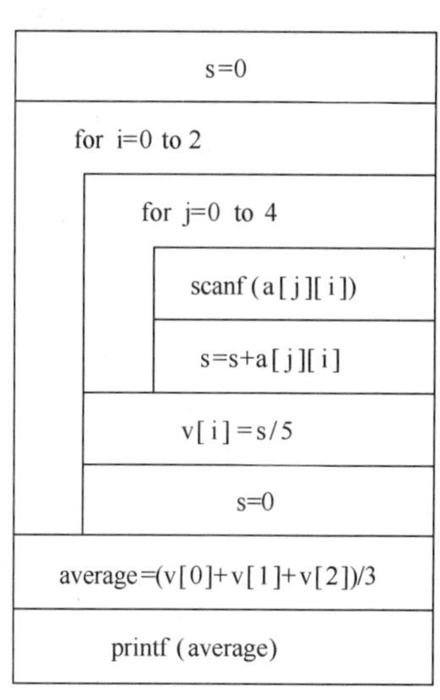

图 6-4　例 6-3 的 N-S 流程图

（4）测试运行

```
input score
80 61 59 85 76
75 65 63 87 77
92 71 70 90 85
math:72
c languag:73
dbase:81
total:75
```

本例中用了一个双重循环结构。在内循环中依次读入某一门课程的各个学生的成绩，并把这些成绩累加起来，退出内循环后再把该累加成绩除以 5 送入 v[i]之中，这就是该门课程的平均成绩。外循环共循环三次，分别求出三门课各自的平均成绩并存放在 v 数组之中。退出外循环之后，把 v[0]、v[1]和 v[2]相加除以 3 即得到总平均成绩。

2．转置问题

【例 6-4】对于 n∗n(方阵)的二维数组，可以在同一个数组进行矩阵转置操作：

$$a=\begin{pmatrix}1 & 2 & 3\\4 & 5 & 6\\7 & 8 & 9\end{pmatrix} \xrightarrow{\text{转置}} a=\begin{pmatrix}1 & 4 & 7\\2 & 5 & 8\\3 & 6 & 9\end{pmatrix}$$

（1）问题分析

输入：二维数组 a[3][3]。

处理：将 a[i][j]与 a[j][i]沿主对角线交换。每对元素都交换一次。

输出：转置后的二维数组 a[3][3]。

（2）算法设计

算法对应的 N-S 流程图如图 6-5 所示。

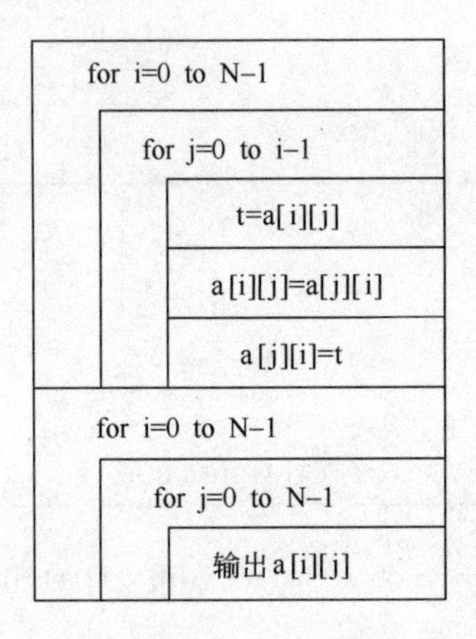

图 6-5　例 6-4 的 N-S 流程图

（3）编写程序

```
#include <stdio.h>
#define   N   3
int main( )
{
int a[N][N]={{1, 2, 3},{4, 5, 6}, {7, 8, 9}};
int    i, j, t;
printf("原矩阵 : \n");
for (i=0; i < N; i++){
    for (j=0; j < N; j++)
        printf("%5d", a[i][j]);
    printf("\n");
}                                            //打印原矩阵
for (i=0; i < N; i++)  {
    for (j=0; j < i; j++){
        t=a[i][j];
        a[i][j]=a[j][i];
        a[j][i]=t;
    }                                        //内循环体结束
```

```
    }                                              //外循环体结束
    printf(" 转置后的矩阵 :\n");
    for (i=0; i < N; i++){
        for (j=0; j < N; j++)
            printf("%5d", a[i][j]);
        printf("\n");
    }                                              //打印转置后的矩阵
    return 0;
    }
```

（4）测试运行

```
原矩阵：
1    2    3
4    5    6
7    8    9
转置后的矩阵：
1    4    7
2    5    8
3    6    9
```

本例中用了三个循环结构，第一个循环结构用于输入N行N列个元素的初值。第二个二重循环结构用于矩阵转置。算法的基本思想是主对角线的左下半三角元素和右上半三角元素两两交换。注意：主对角线的左下半三角条件为 j<i。第三个循环结构用于输出 N 行 N 列个元素的值。

6.6　字符数组的定义和使用

6.6.1　字符数组和字符串

1．字符数组

用来存放字符型量的数组称为字符数组。

2．字符串

字符串常量的例子非常常见，如每次使用 printf( )显示信息时，就将该信息定义成字符串常量。字符串常量是放在一对双引号中的一串字符或符号，例如，"Happy"，一对双引号之间的任何内容都会被编译器视为字符串，包括特殊字符和嵌入的空格。

3．字符数组和字符串

C 语言没有提供字符串数据类型，这与其他编程语言不同。在 C 语言中没有专门的字符串变量，通常用一个字符数组来存放一个字符串。例如，"Happy"存储的时候包含 6 个字符'H'、'a'、'p'、'p'、'y'、'\0'。字符串总是以“\0”作为串的结束符。因此当把一个字符串存入一个数组时，也把结束符“\0”存入数组，并以此作为该字符串是否结束的标志。有了'\0'标志后，就不必再用字符数组的长度来判断字符串的长度了。

“\0”代表 ASCII 码为 0 的字符。从 ASCII 码表可以查到，ASCII 码为 0 的字符不是一个可以显示的字符，而是一个“空操作符”，即它什么也不做。用它作为字符串结束标志不会产生附加的操作或增加有效字符，只起一个供辨别的标志。

字符串的存储和运算可以用一维字符数组实现。

6.6.2 字符数组的定义

1. 定义格式

字符数组类型定义格式与前面介绍的数值数组相同，例如：

```
char c[10];
```

由于字符型和整型通用，也可以定义为 int c[10]，但这时每个数组元素占 4 个字节的内存单元。

字符数组也可以是二维或多维数组，例如：

```
char c[5][10];
```

即二维字符数组。

2. 字符数组的初始化

（1）以单字符的形式赋值

1）完全初始化：

```
char c[5]={'H', 'a', 'p', 'p', 'y'};
```

此种方法可以给出数组长度个字符，当占满时尾部无“\0”。

2）未完全初始化：

若未全给出时其余都为“\0”，与串形式定义相似。

例如：

```
char c[10]={ 'H', 'a', 'p', 'p', 'y'};
```

赋值后各元素的值为：

c[0]的值为'H'，c[1]的值为'a'，c[2]的值为'p'，c[3]的值为'p'，c[4]的值为'y'，c[5]~c[9]未赋值，由系统自动赋予 0 值。c 数组的内存状态如图 6-6 所示。

H	a	p	p	y	\0	\0	\0	\0	\0

图 6-6 c 数组的内存状态

当对全体元素赋初值时也可以省去长度说明，例如：

```
char c[ ]={'H', 'a', 'p', 'p', 'y'};
```

这时 C 数组的长度自动定为 6。

（2）以串常量的形式赋初值

注意串所占的字节数应为串长加 1，即加上尾部的“\0”，若长度项多于串长时，尾部所有元素都为“\0”。当省略长度项时，则长度值为串长加 1。

char c[6]="Happy"，此时串内最多只能有 5 个字符，因为系统自动加“\0”。

当对全体元素赋初值时也可以省去长度说明。

```
char c[ ]={'H', 'a', 'p', 'p', 'y'}; 可写为:
char c[ ]={"Happy"}; 或去掉{ }写为:
char c[ ]="Happy";
char t[5]="Happy"; 是错误的!
```

再看一个二维字符数组初始化的例子：

```
char str[3][5]={"a", "ab", "abc"};          //根据定义的大小初始化
char str[ ][5]={"a", "A", "The"};           //根据右边字符串的个数，定义数组大小
```

该数组的逻辑结构示意如图 6-7 所示。

a	\0			
A	\0			
T	h	e	\0	

图 6-7　a 数组的内存状态

6.6.3　字符数组的使用

第 3 章提到，用于输入/输出的字符串函数，在使用前应包含头文件“stdio.h”。在 scanf( ) 函数中用于整个字符串一次输入用格式串“%s”。在 printf( )函数中，整个字符串一次输入用格式串“%s”。例如：

```
char str[10];
scanf("%s", str3);
printf("%s", str);
```

除此之外，还有一些字符串函数用于字符串处理。C 语言提供了丰富的字符串处理函数，大致可分为字符串的输入、输出、合并、修改、比较、转换、复制、搜索几类。使用这些函数可大大减轻编程的负担。使用这些字符串函数应包含头文件“string.h”。下面介绍几个最常用的字符串函数。

1．字符串输出函数 puts( )

格式：

puts(字符数组名)

功能：把字符数组中的字符串输出到显示器，即在屏幕上显示该字符串。

【例 6-5】输出一个字符串应用。

```
#include "stdio.h"
#include "string.h"
int main( )
{
```

```
char c[]="SQL server\nOracle";
puts(c);
return 0;
}
```

从程序中可以看出在 puts( )函数中可以使用转义字符，因此输出结果成为两行。puts( )函数完全可以由 printf( )函数取代。当需要按一定格式输出时，通常使用 printf( )函数。

2．字符串输入函数 gets ( )

格式：

gets (字符数组名)

功能：从标准输入设备键盘输入一个字符串。本函数得到一个函数值，即该字符数组的首地址。

【例 6-6】输入一个字符串应用。

```
#include "stdio.h"
#include "string.h"
int main( )
{
char st[15];
printf("input string:\n");
gets(st);
puts(st);
return 0;
}
```

可以看出当输入的字符串中含有空格时，输出仍为全部字符串。说明 gets( )函数并不以空格作为字符串输入结束的标志，而只以回车作为输入结束的标志。这与 scanf( )函数不同。

3．字符串连接函数 strcat( )

格式：

```
strcat (字符数组名 1，字符数组名 2)
```

功能：把字符数组 2 中的字符串连接到字符数组 1 中字符串的后面，并删去字符串 1 后的串标志“\0”。本函数返回值是字符数组 1 的首地址。

【例 6-7】两个字符串连接应用。

```
#include "stdio.h"
#include "string.h"
int main( )
{
char st1[30]="My name is ";
int st2[10];
printf("input your name:\n");
gets(st2);
strcat(st1, st2);
puts(st1);
return 0;
}
```

本程序把初始化赋值的字符数组与动态赋值的字符串连接起来。要注意的是，字符数组1应定义足够的长度，否则不能全部装入被连接的字符串。

4．字符串拷贝函数 strcpy( )

格式：

```
strcpy (字符数组名 1，字符数组名 2)
```

功能：把字符数组 2 中的字符串复制到字符数组 1 中。串结束标志“\0”也一同复制。字符数组 2 也可以是一个字符串常量。这时相当于把一个字符串赋予一个字符数组。

【例 6-8】复制一个字符串应用。

```
#include"stdio.h"
#include"string.h"
int main( )
{
  char st1[15], st2[]="C Language";
  strcpy(st1, st2);
  puts(st1);printf("\n");
  return 0;
}
```

本函数要求字符数组 1 应有足够的长度，否则不能装入所复制的全部字符串。

5．字符串比较函数 strcmp( )

格式：

```
strcmp(字符数组名 1，字符数组名 2)
```

功能：按照 ASCII 码顺序比较两个数组中的字符串，并由函数返回值返回比较结果。

字符串 1==字符串 2，返回值=0。

字符串 2>字符串 2，返回值>0。

字符串 1<字符串 2，返回值<0。

本函数也可用于比较两个字符串常量，或比较数组和字符串常量。

【例 6-9】两个字符串比较应用。

```
#include "stdio.h"
#include "string.h"
int main( )
{
  int k;
  static char st1[15], st2[]="C Language";
  printf("input a string:\n");
  gets(st1);
  k=strcmp(st1, st2);
  if (k == 0) printf("st1=st2\n");
  if (k > 0) printf("st1>st2\n");
  if (k < 0) printf("st1<st2\n");
  return 0;
}
```

本程序中把输入的字符串和数组 st2 中的串比较，比较结果返回到 k 中，根据 k 值再输出结果提示串。当输入为dbase时，由ASCII 码可知，"dBASE"大于"C Language"，故k>0，输出结果“st1>st2”。

6．测字符串长度函数 strlen( )

格式：

```
strlen(字符数组名)
```

功能：测字符串的实际长度(不含字符串结束标志“\0”) 并将之作为函数返回值。

【例 6-10】计算一个字符串的串长应用。

```
#include "stdio.h"
#include "string.h"
int main( )
{
  int k;
  static char st[]="C language";
  k=strlen(st);
  printf("The lenth of the string is %d\n",k);
  return 0;
}
```

6.7　字符数组编程举例

【例 6-11】一个班级有 N 个人，其姓名存放在二维字符数组 a 中。从键盘输入一个姓名，查找在班级中是否存在该人。

（1）问题分析

输入：人名字符串 n。

处理：在二维数组 a 中查找。

输出：查找结果。

（2）算法设计

算法对应的 N-S 流程图如图 6-8 所示。

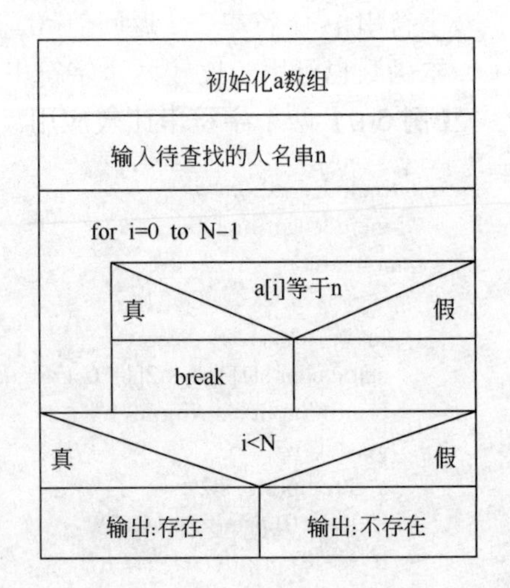

图 6-8　例 6-11 的 N-S 流程图

（3）编写程序

```
#include <stdio.h>
#include <string.h>
#define N 5
int main( )
{
char n[20], a[N][20] ={"刘得意","花美丽","高琼帅","
刘琼斯","王地雷"};
  int i;
  printf("输入要查找的姓名:");
```

```
    gets(n);
    for (i=0; i < N; i++)
        if(strcmp(a[i], n) == 0)
            break;
    if (i < N)
        printf("\n 在第%d 个位置找到了%s", i+1, n);
    else
        printf("\n 没有找到您需要的人");
    return 0;
}
```

（4）测试运行

```
输入要查找的姓名：花美丽
在第 2 个位置找到了花美丽
```

本例使用了循环结构，基本思想是顺序查找。C 语言允许把一个二维数组按多个一维数组处理，a[N][20]为二维字符数组，可分为 N 个一维数组 a[0]，a[1]，a[2]，…，a[N]。把输入串 n 与 a[i]的字符串作比较，若有相等者则跳出循环。至此已确定了该人在数组 a 的第 i+1 号元素的位置，然后输出该人的位置及姓名字符串。

6.8 习　题

1）编写一个程序，从键盘接收 10 个整数，将它们保存到一个数组里。在输入完成后输出用户刚刚输入的 10 个整数。从键盘上再接收一个整数，将它保存到 int 变量 number 里。从刚才第一次接收的 10 个整数中，查找是否有整数 number，如果有，则输出它在数组中的位置，否则输出“没有找到”（“没有找到”是指数组中没有一个元素的值与 number 值相等）。

2）定义一个数组 days，将其初始化为今年每月的天数，编写一段程序，将每月的天数打印出来。打印形式如下：

```
Month 1 has 31days.
```

3）定义一个由整数组成的数组，求出其中奇数的个数和偶数的个数，并打印。

4）定义一个 int 型的一维数组，包含 10 个元素，分别赋值为 1～10，然后将数组中的元素都向前移一个位置，即 a[0]=a[1]，a[1]=a[2]，…，最后一个元素的值是原来第一个元素的值，然后输出这个数组。

5）找出 a[n]中最大的数，放在第一个位置，找出最小的数放在最后的位置。

6）在数组中找出满足一定规律或要求的数存入另一个数组，或统计个数，求平均数等。[（如找出数组中 100～n（n 不大于 1000）之间百位数字加十位数字等于个位数字的所有整数。）]

7）求数组中的最小数和次最小数，并把最小数和 a[0]中的数对调，次最小数和 a[1]中的数对调。

8）用数组求斐波那契数列问题。

9）将二维数组 a 转置存到二维数组 b 中。

10）求二维数组中最大元素及其下标。

11）求数组 x[5][6]中四边元素之和。

12）找出二维数组中的主对角线元素的最大值及其下标。

13）求二维数组主、次对角线元素的和。

14）对矩阵主对角线元素进行排序。

15）求二维数组中每行的最大或最小值。

16）两个矩阵相加或相乘。

17）根据参数 m 的值(2≤m≤10)，在 m 行 m 列的二维数组中存放如下所示的数据，由 main( )函数输出。例如，输入 4，则输出：

```
1   2   3   4
2   4   6   8
3   6   9  12
4   8  12  16
```

18）对已经存在的二维数组，使数组右上半三角元素中的值乘以 m。

19）将所有大于 1 小于整数 m 的非素数存入 xx 数组中，求出非素数的个数。

20）有 8 个评委，5 个歌手，评委为每个歌手打分。去掉最高分和最低分，求每个歌手的得分，而且要知道某个裁判给几号选手打了的分数。

21）编写程序实现：$B=A+A^T$，即把 N 阶二维数组 A 加上 A 的转置存放在二维数组 B 中。

22）将 M 行 N 列的二维数组中的数据，按行的顺序依次存放到一维数组中，一维数组中数据的个数存放在形参 n 中返回。

23）对给定一维数组内 n 个实数求出其平均值，并统计平均值以上的实数的个数，并将其存入另一个数组。

24）对给定一维数组输入任意 4 个整数，并按规律输出。如输入 1，2，3，4，程序运行后输出矩阵为：

```
4  1  2  3
3  4  1  2
2  3  4  1
1  2  3  4
```

25）将给定串中的大写字母(小写字母)改为对应的小写字母(大写字母)，其他字符不变。

26）将串中所有下标为奇数（偶数）位置的字母转换为大写（若该位置上不是字母，则不转换）。

27）逐个比较 a，b 两个串中对应位置的字符，把 ASCII 值小或相等的字符依次存入 c 数组中，形成一个新串。

28）将 s 所指字符串中的字母转换为按字母序列的后续字母（但 z→a，Z→A）。

29）将字符串中除了下标为偶数，同时 ASCII 值也为偶数的字符外，其余的全部删除，串中剩余字符所形成新串放于原串中（或存于其他串中）。（本题可以为不同组合，如奇偶组合，或将满足条件字符存入另一个字符串等。）

30）将字符串中每个单词的最后一个字母改写成大写字母。（这里的“单词”是指有空格隔开的字符串，如 I am a student→I aM A studenT。）

31）统计字符串 s 中含有字符串 t 的数目。

32）求字符串 s 中指定字符 c（存储该字符）的个数（或统计 26 个字符各自出现的个数）。

33）先将串 s 中的字符按逆序存放到 t 串中，然后把 s 中的字符按正序连接到 t 串的后面。

34）将 m（1≤m≤10）个字符串连接起来形成一个新串存入 pt 中。

35）只删除字符串前端和尾部的“*”号，串中字母之间的“*”号都不删除（其中给出字符串长度 l，前端“*”号的个数 h，尾部的“*”号的个数 e）。

36）首先将 b 串中的字符按逆序存放，然后将 a 所指字符串中的字符和 b 所指的字符串中的字符，按排列的顺序交叉合并到 c 串中，过长的剩余字符接在 c 串的尾部。例如，a:abcdefg，b:1234，则 c:a4b3c2d1efg。

37）统计字符串中元音字母的个数，字母不分大小写。

38）实现两个字符串的连接（注意不同的连接方式）。

39）将字符串中的所有字符复制到另一字符串中，要求每复制三个字符之后插入一个空格（或其他标志字符）。

40）删除一维数组中所有值为 x 的数。

41）删除数组内所有相同的数，即每个数都是唯一的，设原数组内数据从小到大有序排列，求出数组内剩余元素的个数。

42）对字符串内的字符进行简单选择排序、起泡排序。

43）删除串中所有空白字符（包括 Tab、回车符及换行符），串以“#”结束。

44）编程序，将字符串 s1 中所有出现在字符串 s2 中的字符删去。

45）从键盘上接收一个字符串，保存到一个字符数组中，然后从后面往前倒序输出这个字符串。

46）编写一个程序，首先要求用户输入姓，然后输入名，然后使用一个逗号和空格将姓和名组合在一起，并存储和显示组合好的结果和结果的长度。

47）从键盘接收一个字符串，并统计其中字符的个数。

48）从键盘接收一个字符串，保存到 address 中。再从键盘上接收一个字符保存到字符变量 findChar 中。要求从 address 中查找是否有字符 findChar，输出找到的次数。例如：字符串为“ABCDEDS”，如果要查找字符“D”，则应该输出 2；如果要查找字符“X”，则需要输出“没有找到”。

49）从键盘输入一行字符串，再输入一个字符，判断后输入的字符在前面字符串中出现的次数，若没有则输出“此字符不存在”。

50）输入一行字符，统计其中单词的个数，输入的单词之间用空格隔开。

51）编写一个程序，将字符数组中 s2 的全部字符复制到字符数组 s1 中。

52）将 N 行 N 列的二维数组中的字符数据，按列的顺序依次存放到一个字符串中。

53）请编写一个程序，其功能是统计一个子字符串在另一个字符串中出现的次数。例如，假设输入的字符串是“This is a string”，子字符串为“is”，则输出结果是 2。

6.9 实验6 数组与字符串实验（6学时）

1. 实验目的

1）使用一维数组和二维数组进行程序设计。

2）分别使用字符数组和标准C语言函数库练习处理字符串的方法。

3）学习使用VC 6.0的debug调试功能，学习使用“Memory”窗口，查看相应地址中存放的内容。

4）掌握对数组元素排序的方法。

5）掌握对数组元素查找的方法。

2. 实验内容

（1）实验6.1

1）编写程序，对n个数从小到大排序。

2）实验步骤与要求：

① 任选一种排序方法进行编程，利用一维数组与for结构分别打印出排序前和排序后的结果。用scanf( )函数实现输入。

② 建立一个控制台应用程序项目“lab6_1”，向其中添加一个C语言源文件“lab6_1.c”，输入程序，检查一下，确认没有输入错误，观察输出是否与预期答案一致。

③ 通过设置固定断点或临时断点来跟踪程序的运行。在程序调试中，在变量窗口(Variables)和监控窗口（Watch）中观察变量值的变化。

（2）实验6.2

1）跟踪调试程序，了解Memory和Watch这两个工具，用它们观察内存中的内容，以加深理解程序的运行。

```
#include"stdio.h"
#include"string.h"
int main( )
{int s;
char c[]="SQL server\nOracle";
s=strlen(c);
printf("%d", s);
return 0;
}
```

2）实验步骤与要求：

① 建立一个控制台应用程序项目“lab6_2”，向其中添加一个C语言源文件“lab6_2.c”，输入程序，检查一下，确认没有输入错误，观察输出是否与预期答案一致。

② 通过“Memory”窗口查看相应地址中存放的内容，如图6-9所示。最左边一列为地址，右边四列的内容为内存中的内容，以16进制表示，最后一列为内存内容的文本显示。按F10键进入调试状态：一直按F10键执行到“s=strlen(c);”在Watch窗口的“Name”下输入“&c”，然后拖到“Memory”窗口，或者直接在“Memory”窗口输入“&c”。如

图 6-9 可知字符数组的首地址为 0012ff30，共有 17 个元素，c[0]在内存中为 53（注意这里是 16 进制表示的，转换为 10 进制为 83），相应的 ASCII 码为 S。依此类推，此外会发现 c[17]在内存中为 00，其 ASCII 码为空字符，即“\0”，所以此时应该能理解字符串在字符数组中是以“\0”结尾的。

③ 看一下数组名与数组首地址的关系。在“Watch”窗口“Name”列中输入 c、&c 和&c[0]，如图 6-9 所示，通过这个可知 c= =&c= =&c[0]，也就是数组名就是数组的首地址，它是一个地址常量，即指针常量指向"hello world"这个字符串，所谓指针常量即指针的值不能改变，但可以改变它所指向的内容，而常量指针是指指针的值可以改变，但不能改变它所指向的内容。

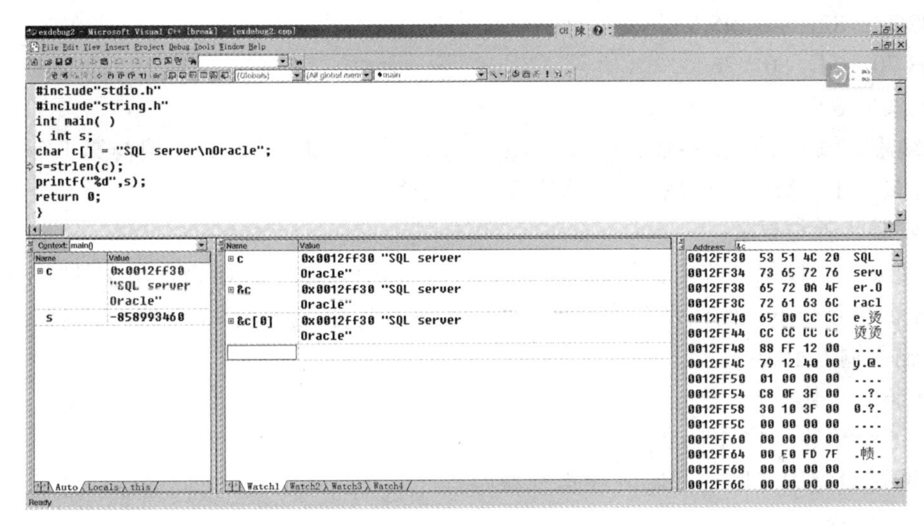

图 6-9 “Memory”窗口

（3）实验 6.3

1）找出一个二维数组中的鞍点，即该位置上的元素在所在行为最大，在所在列为最小。如果没有这样的元素，请打印出相应的信息。

2）实验步骤与要求：

① 建立一个控制台应用程序项目“lab6_3”，向其中添加一个 C 语言源文件“lab6_3.c”，输入程序，检查一下，确认没有输入错误，观察输出是否与预期答案一致。

② 通过设置固定断点或临时断点来跟踪程序的运行，通过“Memory”窗口查看相应地址中存放的内容。

③ 输入的数据和输出的结果要详细记录。

（4）实验 6.4

1）统计一个班的学生成绩。要求程序具有如下功能：

① 每个学生的学号和四门功课的成绩从键盘输入。

② 计算每个学生的总分和平均分。

③ 按平均成绩进行排序，输出排序后的成绩单（包括学号、四门功课的成绩和平均分），给出名次。如果分数相同，则名次并列，其他学生名次不变。

2）实验步骤与要求：

① 每个功能为一个独立的函数。

② 建立一个控制台应用程序项目“lab6_4”，向其中添加一个 C 语言源文件“lab6_4.c”，输入程序，检查一下，确认没有输入错误，观察输出是否与预期答案一致。

③ 通过设置固定断点或临时断点来跟踪程序的运行，通过“Memory”窗口查看相应地址中存放的内容。

④ 调试程序时，可先输入少量学生的成绩作为实验数据。如可输入 3 名学生 4 门课成绩：

学号　成绩

1301 67，72，65，80

1302 75，82，94，95

1303 70，74，80，76

（5）实验 6.5

1）编程，输入 1 个正整数 n（1<n≤10），再输入 n 个整数，将最小值与第 1 个数交换，最大值与最后 1 个数交换，然后输出交换后的 n 个数。

2）实验步骤与要求：

① 建立一个控制台应用程序项目“lab6_5”，向其中添加一个 C 语言源文件“lab6_5.c”，输入程序，检查一下，确认没有输入错误，观察输出是否与预期答案一致。

② 输入输出示例：

输入整数个数：5

输入 5 个整数：5 2 1 10 9

③ 通过设置固定断点或临时断点来跟踪程序的运行，通过“Memory”窗口查看相应地址中存放的内容。

④ 如果输入的是实数，要求将绝对值最小的数与第 1 个数交换，绝对值最大的数与最后 1 个数交换，然后输出交换后的 n 个数，如何编程？

（6）实验 6.6

1）编程，输入一个 n 行 m 列（n≤4，m≤4）的数组，先以 n 行 m 列的格式输出该数组，然后找出该数组中值最小的元素，输出该元素及其行下标和列下标。

2）实验步骤与要求：

① 建立一个控制台应用程序项目“lab6_6”，向其中添加一个 C 语言源文件“lab6_6.c”，输入程序，检查一下，确认没有输入错误，观察输出是否与预期答案一致。

② 输入输出示例：

输入数组行和列数 n、m：2　3

输入 2 行 3 列的数组元素：

12　−7　15

−18　9　11

a[1][0]=−18.00

如果不从键盘输入数组元素，而是用初始化的方式给数组赋值，运行结果一样吗？

③ 如何修改程序，求绝对值最大的元素？

④ 将数组 a 的每一行均除以该行的主对角元素，然后找最大值，试编制程序。

（7）实验 6.7

1）按照下列要求编写一个查询程序。

某汽车维修厂仓库存有多种型号的汽车零件（见表 6-2），请为该仓库管理员编写一查询程序，用于查询库中每种零件的库存量。

表 6-2　设置的零件型号与对应的库存量

零件号	1501	1502	1503	1504	1505
库存量	1000	500	230	700	885

2）实验步骤与要求：

① 具有交互式输入（提示操作者从键盘输入要查询的零件编号）。

② 具有重复查询功能。

③ 具有数据检测功能。

④ 当程序运行时，首先在屏幕上显示“请输入要查询的零件编号：”，例如，操作者输入了 1503 后，则在屏幕上立即显示出该零件编号及该编号所对应的库存量。

⑤ 如果操作者输入的零件编号超出了该库中所规定的范围，则应在屏幕上显示出“您输入的是错误的零件编号，请选择：重新输入(Y)，退出查询(N)”。

⑥ 当操作者正确地查询到自己所要查询的库存数据后，则在屏幕上应显示出“您还继续查询吗（Y/N）？”，如果继续查，则可输入 Y，否则输入 N，即结束此次查询。

⑦ 利用二维数组，采用 if 结构和嵌套式循环结构。

⑧ 建立一个控制台应用程序项目“lab6_7”，向其中添加一个 C 语言源文件“lab6_7.c”，输入程序，检查一下，确认没有输入错误，观察输出是否与预期答案一致。

（8）实验 6.8

编程实现两字符串的连接。要求使用字符数组保存字符串，不要使用系统函数。

1）编程实现两字符串的连接。定义字符数组保存字符串，在程序中提示用户输入两个字符串，实现两个字符串的连接，最后用 printf 语句显示输出。用 scanf 语句实现输入。注意，字符串的结束标志是 ASCII 码 0，使用循环语句进行字符串间的字符拷贝。

2）建立一个控制台应用程序项目“lab6_8”，向其中添加一个 C 语言源文件“lab6_8.c”，输入程序，检查一下，确认没有输入错误，观察输出是否与预期答案一致。

3）通过设置固定断点或临时断点来跟踪程序的运行。在程序调试中，在变量窗口(Variables)和监控窗口（Watch）中观察变量值的变化。

（9）实验 6.9

1）输入一个以回车结束的字符串（少于 80 个字符），把字符串中的所有数字字符('0'～'9')转换为整数，去掉其他字符。例如，字符串“3A56BC”转换为整数后是 356。

2）实验步骤与要求：

① 建立一个控制台应用程序项目“lab6_9”，向其中添加一个 C 语言源文件“lab6_9.c”，输入程序，检查一下，确认没有输入错误，观察输出是否与预期答案一致。

② 通过设置固定断点或临时断点来跟踪程序的运行，通过“Memory”窗口查看相应地址中存放的内容。

6.10 阅读延伸

6.10.1 数组综合应用——歌手评分问题

【例 6-12】完成以下程序，并进行调试。

有 N 个歌手参加比赛，M 个评委为每个歌手打分。要求：

1）打印出所有歌手的每个评委的打分。

2）去掉一个最高分和一个最低分，求每个歌手的平均得分。

3）按平均分成绩由高到低排出名次。

4）打印出名次表，表格内包括歌手编号、各评委分数、总分和平均分。

5）任意输入一个编号，能够查找出该歌手的排名及其得分。

程序如下：

```
#include <stdio.h>
#define   N 5
#define   M 8
int main( )
{
  int score[N][M]={{7,8,9,6,5,10,8,8},{8,8,8,8,9,5,5,5},{8,8,8,8,7,7,7,7},
  {6,6,6,5,5,5,9,9},{9,9,9,7,7,6,6,6}};
  float sum,aver[N]={0.0},temp;
  int num[N]={1,2,3,4,5},i,j,m,t,max,min,singer_num;
  //打印出所有歌手每个评委的打分
  printf("歌手得分(按歌手编号从小到大顺序排列)\n");
  for (i=0; i < N; i++){
      for (j=0; j < M; j++){
          printf("%d    ",score[i][j]);
      }
      printf("\n");
  }
  //去掉一个最高分和一个最低分，求每个歌手的平均得分
  for (i=0; i < N; i++){
      max=score[i][0];
      min=score[i][0];
      sum=score[i][0];
      for (j=1;j < M; j++){
          if (max < score[i][j])
              max=score[i][j];
              if (min > score[i][j])
                  min=score[i][j];
                  sum += score[i][j];
      }
      aver[i]=(sum – max – min)/(M–2);
  }
  printf("按歌手编号从小到大顺序排列的歌手得分为\n");
  for (i=0; i < N; i++){
```

```
        printf("%3.1f    ",aver[i]);
    }
    printf("\n");
    //平均得分降序排序
    for (i=0; i < N-1; i++){
        for (j=0; j < N-1-i; j++){
            if(aver[j] < aver[j+1]){
                //交换歌手得分
                temp=aver[j];
                aver[j]=aver[j+1];
                aver[j+1]=temp;
                //交换编号
                t=num[j];
                num[j]=num[j+1];
                num[j+1]=t;
            }
        }
    }
    //输出歌手得分降序排序结果
    printf("歌手得分降序排列为:");
    for (i=0; i < N ; i++){
        printf("%3.1f     ",aver[i]);
    }
    printf("\n");
    //打印名次表,包括歌手编号和平均分
    printf("名次表\n");
    for (i=0; i < N; i++){
        printf("平均得分排名:%d ", i+1);
        printf("编号 %-5d", num[i]);
        printf("平均得分%3.1f", aver[i]);
        printf("\n");
    }
    //顺序查找歌手信息
    printf("请输入要查找的歌手的编号:");
    scanf("%d", &singer_num);
    printf("您查找的编号为:%d\n", singer_num);
    for (i=0; i < N; i++){

        if (singer_num == num[i])
            break;
    }
    if (singer_num == num[i])
        printf("编号:%d    歌手得分排名:%d    得分为:%3.1f\n", num[i], i+1, aver[i]);
    else
        printf("您输入的编号不存在!\n");
}
```

测试运行：

```
歌手得分(按歌手编号从小到大顺序排列)：
7  8  9  6  5  10  8  8
8  8  8  8  9  5  5  5
8  8  8  8  7  7  7  7
6  6  6  5  5  5  9  9
9  9  9  7  7  6  6  6
按歌手编号从小到大顺序排列的歌手得分为：
7.7  7.0  7.5  6.2  7.3
歌手得分降序排列为：7.7    7.5    7.3    7.0    6.2
名次表：
平均得分排名：1 编号 1      平均得分 7.7
平均得分排名：2 编号 3      平均得分 7.5
平均得分排名：3 编号 5      平均得分 7.3
平均得分排名：4 编号 2      平均得分 7.0
平均得分排名：5 编号 4      平均得分 6.2
请输入要查找的歌手的编号：2
您查找的编号为：2
编号：2  歌手得分排名：4  得分为：7.0
```

6.10.2 二维数组的物理结构

1）二维数组可被看作一种特殊的一维数组，它的元素又是一个一维数组。

例如，把 a 看作一个一维数组，它有 3 个元素 a[0]、a[1]、a[2]，每个元素又是一个包含 4 个元素的一维数组，二维数组组成元素如图 6-10 所示。

a[0]	=	a[0][0]	a[0][1]	a[0][2]	a[0][3]
a[1]	=	a[1][0]	a[1][1]	a[1][2]	a[1][3]
a[2]	=	a[2][0]	a[2][1]	a[2][2]	a[2][3]

图 6-10 二维数组元素组成关系示意

例如 a[0]数组，含有 a[0][0]，a[0][1]，a[0][2]，a[0][3]四个元素。

2）二维数组元素的物理存储。

二维数组在概念上是二维的，即其下标在两个方向上变化，下标变量在数组中的位置也处于一个平面之中，而不是像一维数组只是一个向量。但是，实际的硬件存储器却是连续编址的，也就是说存储器单元是按一维线性排列的。

在一维存储器中存放二维数组，可有两种方式：一种是按行排列，即放完一行之后顺次放入第二行；另一种是按列排列，即放完一列之后再顺次放入第二列。在 C 语言中，二维数组是按行排列的。按行顺次存放，先存放 a[0]行，再存放 a[1]行，最后存放 a[2]行。每行中的四个元素也是依次存放。

假定有 3 个小组，每个小组有 4 名学生，可以定义为 a[3][4]。

这12名学生的逻辑关系当然是分属于3个小组，每个小组有4名学生。他们实际上可以排列成3行4列的位置关系。如果让他们走到独木桥上，由于空间限制，只能排成一列。这种现象类似二维数组元素的内存排列，由于内存是线性的，所以在内存中的排列只能是线性结构，如图6-11所示。

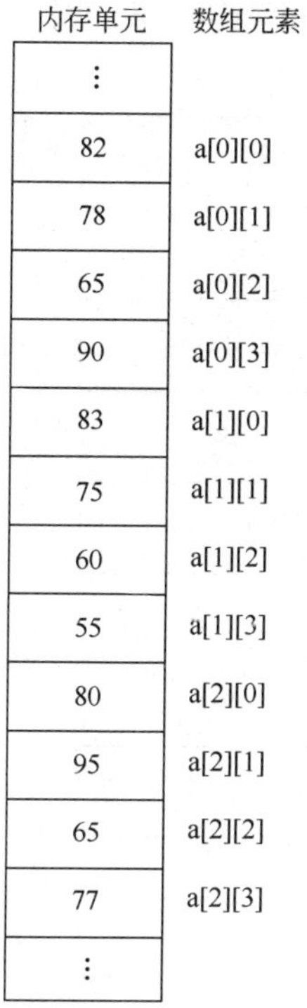

内存单元	数组元素
⋮	
82	a[0][0]
78	a[0][1]
65	a[0][2]
90	a[0][3]
83	a[1][0]
75	a[1][1]
60	a[1][2]
55	a[1][3]
80	a[2][0]
95	a[2][1]
65	a[2][2]
77	a[2][3]
⋮	

图6-11　二维数组的内存排列

第7章　函　　数

本章知识结构图

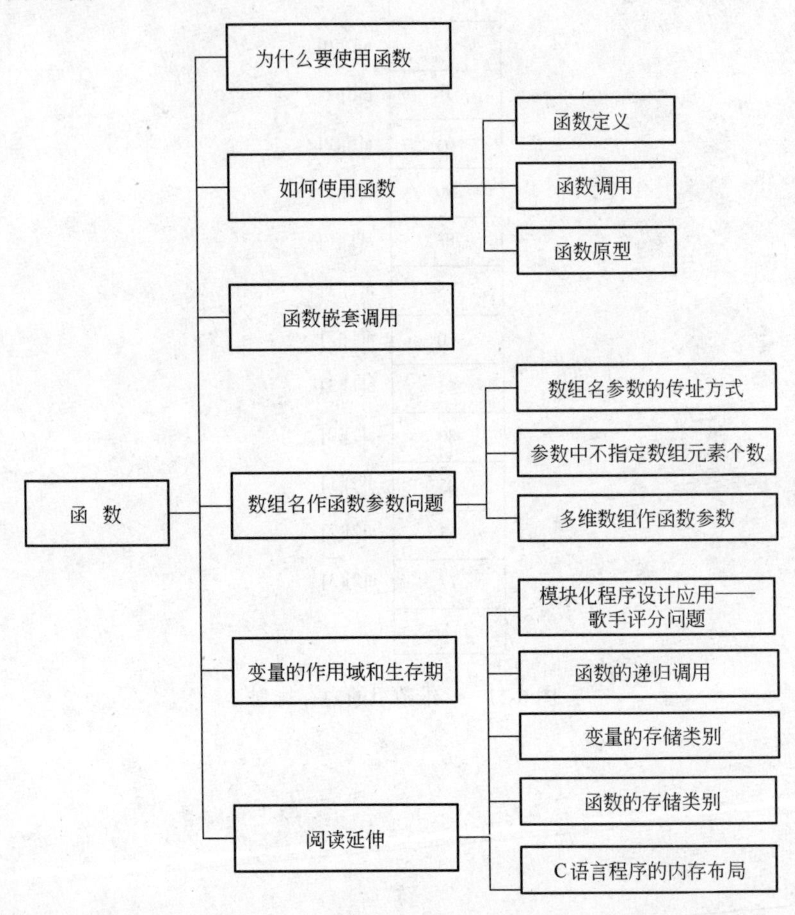

本章学习导读

C 语言程序鼓励和提倡人们把一个大问题划分成一个个子问题，对应于解决一个子问题编写一个函数，因此，C 语言程序一般是由大量的小函数而不是由少量的大函数构成的。这些充分独立的小模块可以作为一种固定规格的小“构件”，用来构成新的大程序。

本章介绍函数定义的一般形式、函数的参数和函数的值、函数的调用、函数的嵌套调用、函数的递归调用、数组作为函数参数、变量的作用域和生存期等。

7.1　为什么要使用函数

在第 1 章中已经介绍过，C 语言源程序是由函数组成的。虽然在前面各章的程序中都只有一个主函数 main( )，但有时会遇到下列问题。

【问题 7-1】有时程序中要多次实现某一功能，就需要多次重复编写实现此功能的程序代码，这使程序冗长，不精练。

【问题 7-2】如果一个大程序的功能比较多，含有上千行语句，把所有语句都写在 main( )函数中，就会使主函数变得庞杂、头绪不清，阅读和维护变得困难。

解决这两个问题的方法就是使用结构化程序设计（见图 7-1）。结构化编程的思想是自顶向下，逐步求精，其核心是程序模块化，即将一个大任务分成若干较小的任务，使复杂问题简单化。每个小任务完成一定的功能，称为功能模块。各个功能模块组合在一起就解决了一个复杂的大问题。

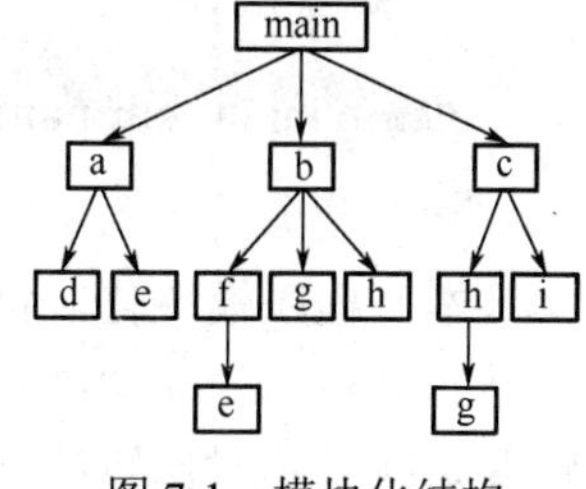

图 7-1　模块化结构

较大的 C 语言应用程序往往是由多个函数组成的，每个函数分别对应各自的功能模块。函数构成了 C 语言程序的基本单位，是完成某一具体功能的子程序。由于采用了函数模块式的结构，降低了程序设计的难度及复杂度，对系统实行分工合作，各尽其职，便于进行分级管理，易于实现结构化程序设计，另外也能使程序的层次结构清晰，便于程序的编写、阅读、调试。

【例 7-1】输入任意四个数，找四个数的最小值。

1）问题分析。

输入：四个整数 a、b、c、d。

处理：一个函数 min( )计算两个数的最小值，主函数调用“m=min(a,b)；m=min(m,c)；m=min(m,d)；”，找出四个数的最小值存入 m。

输出：最小值 m。

2）算法设计（略）。

3）编写程序。

```
#include <stdio.h>
int main( )
{
  int a, b, c, d， m;
  int   min(int x, int y);                          //函数声明
  printf("Please input four nums:");
  scanf("%d %d %d %d", &a, &b, &c, &d);
  m=min(a, b);                                      //函数调用
  m=min(m, c);                                      //函数调用
  m=min(m, d);                                      //函数调用
  printf("min num   is   %d\n", m);
  return 0;
}                                                   //main( )函数结束
int   min(int x, int y)                             //函数定义
{
  int t;
  if (x < y)
      t=x;
```

```
    else
        t=y;
    return(t);
}                                                    //min( )函数结束
```

4）测试运行。

```
Please input four nums:22 9 11 67
min num   is    9
```

本例程序模块化，将实现比较功能的代码提取出来形成单独的min(int x, int y) 函数，原因是min(int x, int y)函数功能比较独立且需要多次执行，也就是说，如果其中的某些步骤比较复杂或者相对比较独立，就需要将其提取出来，形成单独的函数，再加上一些库函数，比如实现输入/输出功能的scanf( )函数和printf( )函数，这些都是可以在main( )函数中使用的模块。而 main( )函数，就是合理地组织这些函数，以完成对数据的处理或者对某个过程的控制。这就是编写C语言程序的整个过程（见图7-2）。

图 7-2　调用函数与被调用函数的关系示意

在例7-1中可以看到，该程序的函数分为库函数和用户定义函数两种。

（1）库函数

由C语言系统提供，用户无须定义，也不必在程序中作类型说明，只需在程序前包含有该函数原型的头文件，即可在程序中直接调用。在前面各章用到的printf( )、scanf( )等函数均属此类。

（2）用户定义函数

由用户按需要写的函数。对于用户自定义函数，不仅要在程序中定义函数本身，而且在主调函数模块中还必须对该被调用函数进行类型说明，然后才能使用，例如例7-1中的min( )函数。

7.2　如何使用函数

7.2.1　函数定义

C语言要求，在程序中用到的所有函数必须“先定义，后使用”。函数定义就是确定一个函数完成的功能以及函数运行所需参数等相关信息。

1．函数定义的形式

函数定义的一般形式如下：

```
函数存储类别 函数值类型 函数名(数据类型 形式参数1, 数据类型 形式参数2…)
{
函数体;
```

```
    return 表达式;
}
```

2．说明

（1）函数存储类别

其表明函数是外部函数，还是内部函数。用 extern 标识外部函数，用 static 标识内部函数，当是外部函数时可省略标识 extern。具体说明见 7.8.3 节。

（2）函数类型

函数类型指明函数调用执行后将返回的值的数据类型，如调用例 7-1 的 int min(int x, int y)函数的 int 即 min( )函数的函数值类型。

函数值只能通过 return 语句返回主调函数。return 语句的一般形式为：

```
return 表达式;
```

或者为：

```
return (表达式);
```

该语句的功能是计算表达式的值，并返回给主调函数。在函数中允许有多个 return 语句，但每次调用只能有一个 return 语句被执行，因此只能返回一个函数值。

函数类型和 return 语句的表达式类型应保持一致。如果两者不一致，则以函数类型为准，自动进行类型转换。如果函数值为整型，在函数定义时可以省去类型说明。

例如：

```
int min(int x, int y)
```

可以写成：

```
min(int x, int y)
```

不返回函数值的函数，可以明确定义为“空类型”，类型说明符为“void”。

（3）函数名

使用函数名调用函数，即按名调用，如 min 为函数名。计算机在执行程序时，从主函数 main( )开始执行，遇到调用 min( )函数，主函数被暂停执行，转而执行 min( )函数，该函数执行完后，将返回主函数，然后再从原先暂停的位置继续执行。

（4）函数的形式参数

函数的形式参数是函数定义时候的参数，简称形参，是函数内部与其他函数联系的一个桥梁和纽带。注意，函数的形式参数必须定义为变量。例如，函数定义中头部的一行“int min(int x, int y)”中的 x 和 y 即形式参数。

（5）函数体

函数体由函数体说明部分及函数体功能实现部分组成。其中说明部分定义说明一些在实现函数功能时需要的变量、函数等。函数功能实现部分则为各种库函数和语句以及其他用户自定义函数调用语句的组合。

7.2.2 函数调用

1. 函数调用的一般形式

C语言中，函数调用的一般形式为：

```
函数名 (实际参数表)
```

对无参函数调用时则无实际参数表。实际参数表中的参数可以是常数、变量或其他构造类型数据及表达式。各实参之间用逗号分隔。

2. 函数调用的方式

在C语言中，可以用以下几种方式调用函数。

（1）函数表达式

函数的返回值参与表达式的运算。例如，“m=min(a, b)”是一个赋值表达式，把 min 的返回值赋予变量 m。

（2）函数语句

函数调用的一般形式加上分号即构成函数语句。例如，“m=min(a, b)；”是以函数语句的方式调用函数。

（3）函数实参

函数作为另一个函数调用的实际参数出现。这种情况是把该函数的返回值作为实参进行传送。例如，“m=min（d，min（c，min(a, b)））；”把 min(a, b)调用的返回值又作为 min( ) 函数的实参来使用。

3. 函数的参数传递

函数的参数分为形参和实参两种。函数定义时候的参数称为形式参数（形参），函数调用时候的参数称为实际参数（实参）。

形参出现在函数定义中，在整个函数体内都可以使用，离开该函数则不能使用。

实参出现在主调函数中，进入被调函数后，实参变量也不能使用。形参和实参的功能是传送数据。发生函数调用时，主调函数把实参的值传送给被调函数的形参从而实现主调函数向被调函数的数据传送。

函数的形参和实参具有以下特点：

1）形参变量只有在被调用时才被分配内存单元，在调用结束时，即刻释放所分配的内存单元。因此，形参只有在函数内部有效。函数调用结束返回主调函数后则不能再使用该形参变量。

2）实参可以是常量、变量、表达式、函数等，无论实参是何种类型的量，在进行函数调用时，它们都必须具有确定的值，以便把这些值传送给形参。因此应预先用赋值、输入等办法使实参获得确定值。

3）实参和形参在数量上、类型上、顺序上应严格一致，否则会发生“类型不匹配”的错误。

4）函数调用中发生的数据传送是单向的，即只能把实参的值传送给形参，而不能把形参的值反向地传送给实参。因此在函数调用过程中，形参的值发生改变，而实参中的值不会变化。

【例 7-2】计算 3!+8!+11!。

1）问题分析。

输入：无。

处理：设计一个函数 p 计算一个数的阶乘，调用该函数计算 3+ 8+ 11！，存入 s。

输出：和 s。

2）算法设计（略）。

3）编写程序。

```
#include <stdio.h>
int main( )
{
 int p(int n) ;                              //函数声明
 int s;
 s=p（3）+ p（8）+ p(11);                    //函数调用求和
 printf("s=%d\n", s);
 return 0;
 }                                           /* main( )函数结束 */
 int p(int n)                                //函数定义
 {
 int i，result;
 for (i=n; i >= 1; i– –)
     result=result*i;                        //计算阶乘
 return   result;                            //返回结果
}                                            /* p( )函数结束 */
```

4）测试运行。

```
s=890959160
```

本例将程序模块化，将实现阶乘功能的代码提取出来形成单独的 p 函数，该函数功能比较独立且需要多次执行，main( )函数调用 3 次 p 函数。

7.2.3 函数原型

函数可以放在程序中的任意位置，如果自定义函数在主调函数的后面，就需要在函数调用前加上函数原型语句。函数原型就是在使用一个函数前，对一个函数预先作的一个声明，说明下面要用到这样一个函数。函数原型一般由函数名、参数表、函数值类型组成。

函数原型语句的一般形式为：

```
类型符 被调函数名(类型 1 形参 1，类型 2 形参 2…);
```

或为：

```
类型符 被调函数名(类型 1，类型 2…);
```

例 7-1main( )函数中的函数原型为：

```
int min(int x, int y)；或 int min(int, int);
```

原型说明可以放在文件的开头，这时所有函数都可以使用此函数。

函数原型能告诉编译程序一个函数将接受什么样的参数，将返回什么样的值，这样编译程序就能检查对函数的调用是否正确，是否存在错误的类型转换。例 7-1 main( )函数中的函数原型为：

```
int min(int,int);
```

这样编译程序就会检查所有对该函数的调用是否使用了两个参数并且返回一个 int 类型的值。如果编译程序发现函数的调用或定义与函数原型不匹配，编译程序就会报告出错或发出警告消息。例如，对上述函数原型来说，当编译程序检查以下语句时，就会报告出错或发出警告消息：

```
m=min(1);                        /* 参数个数不够 */
m=min("Hello", "World");         /* 参数类型出错 */
m=min(a, b, c);                  /* 参数个数太多 */
```

总之，在源文件中说明函数原型提供了一种检查函数是否被正确引用的机制。目前许多流行的编译程序都会检查被引用的函数原型是否已在源文件中说明过，如果没有，就会发出警告消息。

7.3 函数嵌套调用

C语言中不允许作嵌套的函数定义。因此各函数之间是平行的，不存在上一级函数和下一级函数的问题。但是C语言允许在一个函数的定义中出现对另一个函数的调用。这样就出现了函数的嵌套调用，即在被调函数中又调用其他函数。图 7-3 表示了两层嵌套的情形。执行 main( )函数中调用 a( )函数的语句时，即转去执行 a( )函数，在 a( )函数中调用 b( ) 函数时，又转去执行 b( )函数，b( )函数执行完毕返回 a( )函数的断点继续执行，a( )函数执行完毕返回 main( )函数的断点继续执行。

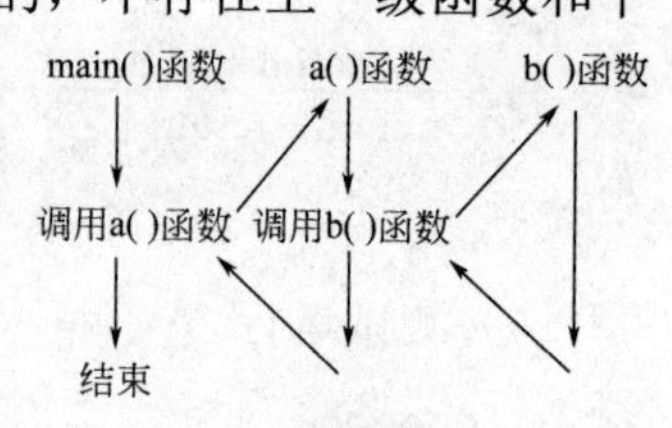

图 7-3　函数的嵌套调用

【例 7-3】计算 $s=2^2!+3^2!$。

1）问题分析。

输入：无。

处理：设计两个函数，一个是用来计算平方值的函数 f1( )，另一个是用来计算阶乘值的函数 f2( )。主函数先调用 f1( )计算出平方值，再在 f1( )中以平方值为实参，调用 f2( )计算其阶乘值，然后返回 f1( )，再返回主函数，在循环程序中计算累加和存入 s。

输出：和 s。

2）算法设计（略）。

3）编写程序。

```
#include <stdio.h>
long f1(int p)                   //函数 f1( )定义计算平方值
{
  int k;
  long r;
  long f2(int);                  //函数 f2( )声明
```

```
    k=p*p;
    r=f2(k);
    return r;
    }
long f2(int q)                          //函数 f2( )定义计算阶乘值
{
    long c=1;
    int i;
    for (i=1; i <= q; i++)
        c=c*i;
    return c;
    }                                   /* f2( )函数结束 */
int main( )                             //main( )函数定义
{
    int i;
    long s=0;
    for (i=2; i <= 3; i++)
        s=s+f1(i);                      //调用 f1( )函数将 i²!累加到 s 中
    printf("\ns=%ld\n", s);
}                                       /* main( )函数结束 */
```

4）测试运行。

```
s=362904
```

本例将程序模块化，将计算平方值功能的代码提取出来形成单独的 f1( )函数，将实现阶乘功能的代码提取出来形成单独的 f2( )函数。这两个函数都被多次调用。在主程序中，执行循环程序依次把 i 值作为实参调用函数 f1( )求 i^2 值。在 f1( )中又发生对函数 f2( )的调用，这时是把 i^2 的值作为实参去调用 f2( )，在 f2( )中完成求 i^2!的计算。f2( )执行完毕把 c 值(即 i^2!)返回给 f1( )，再由 f1( )返回主函数实现累加。至此，由函数的嵌套调用实现了题目的要求。

7.4 数组名作函数参数问题

7.4.1 数组名参数的传址方式

对于普通变量，函数参数传递方式是“传值”。在这种情况下传的是一个复制品，虽然值完全一样，但并不是实参本身。

数组名作为函数的参数，传的是“地址”。而当数组名作为函数的参数时，数组名本身就是内存地址，因而传给函数的是实参的内存地址，而不是数组的复制品。为什么要这样处理？主要是出于效率的考虑。如果这个数组有 1000 个元素。复制数组需要较长的时间。

【例 7-4】从键盘输入 10 个数，按照从小到大的顺序排序输出。

（1）问题分析

输入：一个数组 a。

处理：对数据 a 进行排序。

输出：排序后的数组 a。

（2）算法设计

排序算法对应的 N-S 流程图如图 7-4 所示。

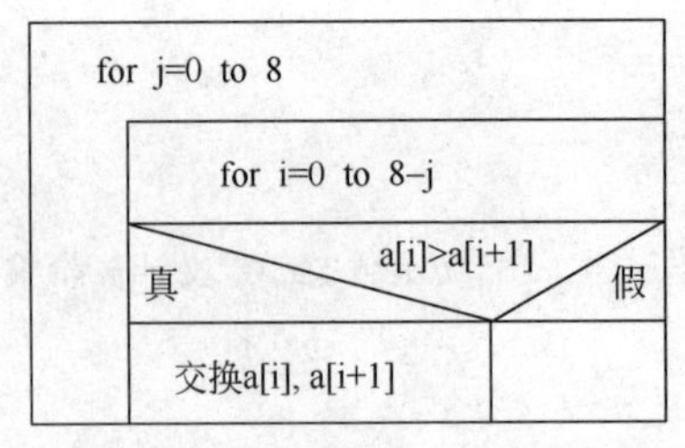

图 7-4　例 7-4 的 N-S 流程图

（3）编写程序

```
#include <stdio.h>
int main( )
{
  void sort(int array[ ]);
  void input(int array[ ]);
  void output(int array[ ]);
  int a[10], i;
  printf("Enter array:\n");
  input(a);
  sort(a);
  printf("The sorted array:\n");
  output(a);
  return 0;
}   /* main( )函数结束  */
void input(int array[ ])                    //input( )函数定义
{
  int i;
  for (i=0; i < 10; i++)
      scanf("%d", &array[i]);
}
void sort(int array[10])
{
  int i, j, k, t;
  for (j=0; j < 9; j++)
      for (i=0; i < 9–j; i++)
          if (array[i]>array[i+1]){
              t=array[i];
              array[i]=array[i+1];
              array[i+1]=t;
          }
}/* sort( )函数结束  */
  void output(int array[ ])//output( )函数定义
{
  int i;
  for (i=0; i < 10; i++)
      printf("%d ", array[i]);
  printf("\n");
}
```

（4）测试运行

```
enter array:
12 32 45 34 78 25 6 8 89 11
The sorted array:
6 8 11 12 25 32 34 45 78 89
```

本例程序模块化，将数据输入、数据处理和数据输出功能独立出来，形成3个函数。函数内部分别使用循环结构完成数据输入、排序和数据输出。排序用了冒泡排序，其算法的主要思想如下：

1）先拿两张牌放到手中。如果左边的牌排在右边的牌的后面，就交换这两张牌的位置。

2）然后拿下一张牌，并比较最右边的两张牌，如果有必要就交换这两张牌的位置。

3）重复第2）步，直到把所有的牌都拿到手中。

4）如果不再需要交换手中任何两张牌的位置，就说明牌已经排好序了；否则，把手中的牌放到桌上，重复1）～4）步，直到手中的牌排好序。

从输出可以看出数组a传给sort之后，的确被sort( )函数在内部修改了（见图7-5），并且改的是a本身，而不是a的复制品。

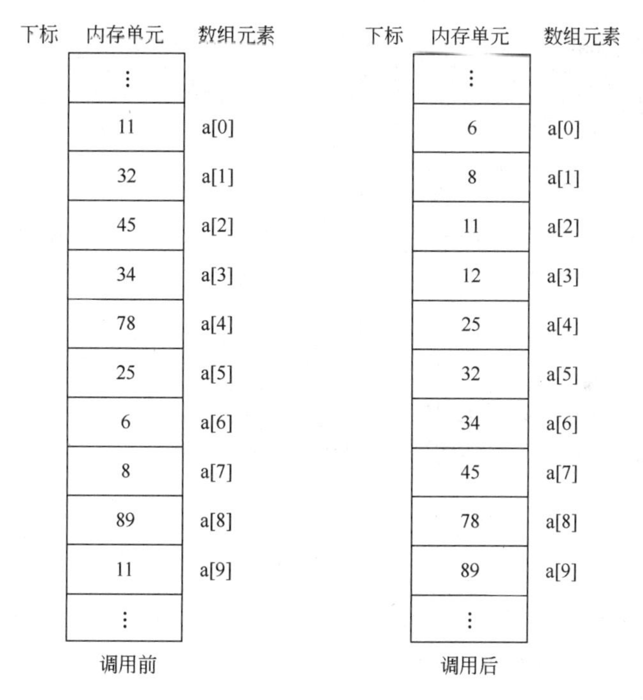

图7-5　例7-4调用前后的数组a

7.4.2　参数中不指定数组元素个数

当定义一个数组变量时，需要告诉编译器该数组的大小（直接或间接地指定），但在声明一个函数的数组参数时，可以不指定大小。

在声明一个函数时：

```
void func(int arr[ ]);
```

及在定义它时：

```
void func(int arr[ ])
{
  ……
}
```

上面程序中的参数 int arr[ ]，没有指定数组 arr 的大小。这样做的好处是该函数原来只能处理元素个数固定的数组，现在则可以处理任意大小的整型数组。当然，对于一个未知大小的数组，不小心就会越界。一般的做法是再加一个参数，用于在运行时指定该数组的实际大小：

```
void func(int arr[ ], int size)
{
  for (int i=0; i < size; i++)
      arr[i]=i;
}
```

现在这个函数可以处理任意大小的数组，很方便。

```
int a[5], b[10], c[100];
……
func(a, 5);
func(b, 10);
func(c, 100);
```

还可以根据需要，指定一个比数组实际大小要小的 size 值。比如只想让 func( )函数处理 c 数组中的前 50 个元素：

```
func(c, 50);
```

【例 7-5】有两个班级，分别有 10 名和 12 名学生，调用 input( )和 average( )函数，分别求这两个班学生的平均成绩。

（1）问题分析

输入：一个数组 a。

处理：input( )函数输入一个班学生的成绩，average( )函数计算一个班学生的平均成绩。

输出：平均成绩。

（2）算法设计

算法主调用部分对应的 N-S 流程图如图 7-6 所示。

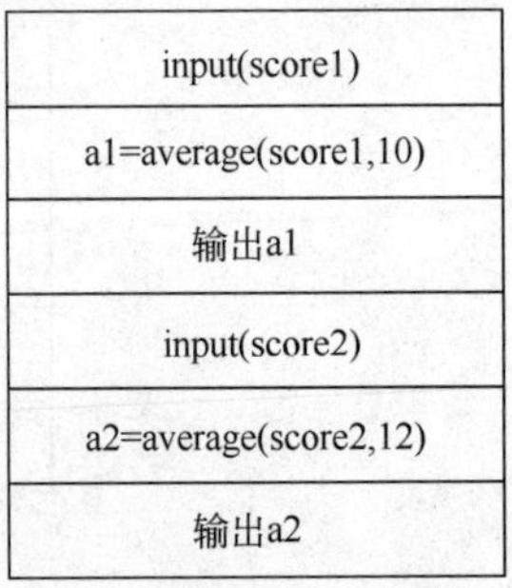

input(score1)
a1=average(score1,10)
输出a1
input(score2)
a2=average(score2,12)
输出a2

图 7-6　例 7-5 主调用部分的 N-S 流程图

（3）编写程序

```
#include <stdio.h>
int main( )
{
float average(float array[ ], int n);
void input(float array[ ], int n);
```

```
    float score1[10], score2[12], a1, a2;
    printf("输入一班成绩\n");
    input(score1,10);
    a1=average(score1, 10);                        //函数调用
    printf("average=%6.2f\n", a1);
    printf("输入二班成绩\n");
    input(score2,12);
    a2=average(score2, 12);                        //函数调用
     printf("average=%6.2f\n", a2);
     return 0;
    }                                              /* main( )函数结束 */
    void input(float array[ ], int n)              //input( )函数定义
    {
     int i;
      for (i=0; i < n; i++)
          scanf("%f", &array[i]);
    }
     float average(float array[ ], int n)          //average( )函数定义
    {
     int i;
     float aver,sum=array[0];
       for (i=1; i < n; i++)
           sum=sum+array[i];
       aver=sum/n;
       return(aver);
       }                                           /* average( )函数结束 */
```

（4）测试运行

```
输入一班成绩
67 78 66 90 87 77 75 60 93 80
average=77.30
输入二班成绩
78 77 80 90 67 60 95 82 73 70 69 91
average=77.67
```

本例程序模块化，将数据输入功能独立，形成 input( )函数。数据处理部分中将求数组元素平均值的功能独立出来，形成 average( )函数。怎样用同一个函数求两个不同长度的数组的平均值的问题？定义average( )函数时不指定数组的长度，在形参表中增加一个整型变量i，从主函数把数组的实际长度从实参传递给形参 i，这个 i 用来在 average( )函数中控制循环的次数。

7.4.3 多维数组作函数参数

函数参数也可以是二维及更高维数组，但必须指定除最高维以后的各维大小。这一点和初始化时，可以省略不写最高维大小的规则一致。

```
//定义一个使用二维数组作为参数
void func(int arr[ ][5])                           //第二维的大小可以不指定
{
  ……
}
```

【例 7-6】有一个 3×4 的矩阵，求所有元素的最大值。

（1）问题分析

输入：一个二维数组 a。

处理：在 a 中找出最大值存入 max。

输出：最大值 max。

（2）算法设计

最大值算法对应的 N-S 流程图如图 7-7 所示。

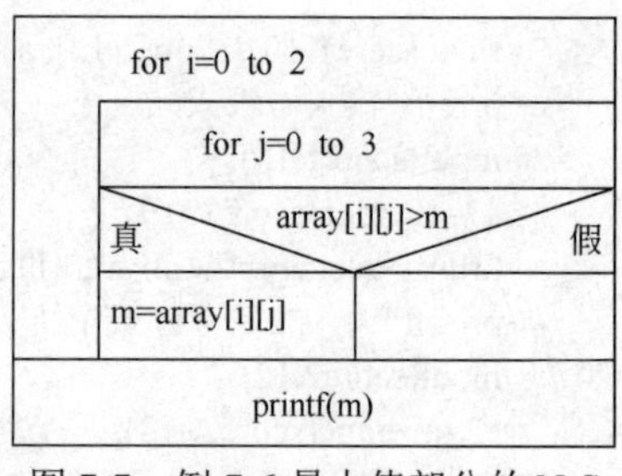

图 7-7　例 7-6 最大值部分的 N-S 流程图

（3）编写程序

```
#include <stdio.h>
int main( )
{int max_value(int array[][4]);                    //max_value( )函数声明
  void input(int array[][4]);
  int a[3][4], i, j, m;
  printf("输入 3×4 的矩阵\n");
  input(a)
  m=max_value(a);                                  //max_value( )函数调用
  printf("Max value is %d\n", m);
   return 0;
}                                                  /* main( )函数结束 */
void input(int array[][4])                         //input( )函数定义
{
  int i,j;
  for (i=0; i < 3; i++)
       for (j=0; j < 4; j++)
            scanf("%d", &a[i][j]);
}
int max_value(int array[][4])                      //max_value( )函数定义
{
  int i, j, m;
  m=array[0][0];
  for (i=0; i < 3; i++)
       for (j=0; j < 4; j++)
            if (array[i][j]>m)
                 m=array[i][j];
  return (m);
}                                                  /* max_value( )函数结束 */
```

（4）测试运行

```
输入 3×4 的矩阵
11 22 33 44
21 23 34 45
67 30 32 15
Max value is 67
```

本例程序模块化，将数据处理部分中求数组元素最大值的功能独立出来，形成 max_value( )函数。函数内部是一个二重循环结构，用于找最大值。其基本思想是擂台思想，假设一个元素是擂主，依次与台下其他元素比较，胜者上台，依次比较即可。

7.5 变量的作用域和生存期

1．变量的作用域

如果一个变量在某个源程序文件或函数范围内是有效的，就称该范围为该变量的作用域。

（1）作用域在函数和复合语句内

在一个函数或一个复合语句内定义的变量，只在本函数或复合语句的范围内有效（从定义点开始到函数或复合语句结束），它们称为内部变量或局部变量。局部变量是在函数内作定义说明的，其作用域仅限于函数内，离开该函数后再使用这种变量是非法的。主函数中定义的变量也只能在主函数中使用，不能在其他函数中使用。同时，在主函数中也不能使用在其他函数中定义的变量。

形参变量是属于被调用函数的局部变量，实参变量是属于主调函数的局部变量。

允许在不同的函数中使用相同的变量名，它们代表不同的对象，分配不同的单元，互不干扰，也不会发生混淆。例如：

```
int f1(int a)                    //函数 f1( )
{
  int b, c;
  ……
}                                //f1( )函数结束
                                 //a,b,c 有效
int f2(int x)                    //函数 f2( )
{
int y, z;
  ……
}                                //f2( )函数结束
                                 //x, y, z 有效
int main( )
{
  int m, n;
  ……
  }                              //main( )函数结束
                                 //m, n 有效
```

以上程序在函数 f1( )内定义了三个变量，a 为形参，b、c 为普通变量。在 f1( )范围内 a、b、c 有效，或者说 a、b、c 变量的作用域限于 f1( )内。同理，x、y、z 的作用域限于 f2( )内。m、n 的作用域限于 main( )函数内。

（2）作用域为文件

在函数之外定义的变量是外部变量，也称为全局变量（或全程变量）。它不属于哪一个函数，它属于一个源程序文件。全局变量可以为本文件中其他函数所共用。全局变量的作用域为从定义变量的位置开始到本源文件结束。例如：

```
int a, b;                        //外部变量
void f1( )                       //函数 f1( )
{
```

```
  ……
}
float x, y;                                         //外部变量
int f2( )                                           //函数 f2( )
{
  ……
}                                                   /* f2( )函数结束 */
int main( )                                         //主函数
{
  ……
}                                                   //main( )函数结束
```

从上例可以看出，a、b、x、y 都是在函数外部定义的外部变量，都是全局变量。但 x、y 定义在函数 f1( )之后，而在 f1( )内又无对 x、y 的说明，所以它们在 f1( )内无效。a、b 定义在源程序最前面，因此在 f1( )，f2( )及 main( )内不加说明也可使用。

如果在一个函数中全局变量和局部变量同名，则在局部变量的作用范围内，外部变量被"屏蔽"，即它不起作用，此时局部变量是有效的。全局变量的作用是增加函数间数据联系的渠道。虽然全局变量有以上优点，但建议不必要时不要使用全局变量，因为全局变量在程序的全部执行过程中都占用存储单元，而不是仅在需要时才开辟单元。

2．变量的生存期

如果一个变量值在某一时刻是存在的，则认为这一时刻属于该变量的生存期。变量值的生存期不同是由于变量在内存中存储于不同的内存区。C 语言程序的存储空间可以分为三个部分：程序区、静态存储区、动态存储区，如图 7-8 所示。

程序区
静态存储区
动态存储区

图 7-8　C 语言程序的存储空间

（1）生存期为程序运行期间

存储于静态存储区的变量，在程序进行编译的时候，就获得了一个唯一而且不变的存储空间，C 语言中，所有的全局变量和静态的局部变量采用的都是静态分配。

（2）生存期为函数调用时

存储于动态存储区的变量，在函数调用开始时分配，在函数结束时释放。在程序执行过程中，这种分配和释放是动态的，在程序运行期间，根据需要进行动态地分配存储空间。

作用域是基于空间的观点，而生存期是基于时间的观点。

7.6　习　　题

1）要求从键盘接收两个数字，利用函数比较其值的大小，并输出最小值。

2）编写一个递归函数，当从键盘接收一个数字后，实现其阶乘的运算。

3）定义一个含有 10 个元素的数组，编写一个函数，使其实现输出数组中最大值的运算。

4）编写一个带有两个 double 参数的函数，计算这两个参数的平均值。

5）编写并测试一个函数 Fibonacci( )，在该函数中使用循环代替递归完成斐波那契数列的计算。

6）编写并测试一个函数。函数的三个参数是一个字符和两个数字。字符参数是要输出

的字符，第一个整数说明了该行中输出字符的个数，第二个整数说明了需要输出的行数。

7）写一个函数，输入一个四位的数字，要求输出这四个数字字符，但每两个数字之间空一空格。

8）写一个函数，使给定的二维函数进行行列转换，例如 3×4 转换成 4×3，并输出结果。

9）编写函数，实现整型数组元素的逆置。

10）编写函数，找出二维数组中的最大或最小值。

11）编写函数，求二维数组主、次对角线元素的和。

12）使用随机函数生成 10 个运动员 5 项项目的成绩，分别用函数求：

① 每个运动员的总分，找出最高总分对应的运动员；

② 每个项目的最高分。

13）编写函数，使输入整数转换为字符串输出，如输入 793，输出“793”。

14）编写函数，将一个 3×3 矩阵转置。

15）编写函数，选择方法排序(升序或降序)。

16）编写函数，计算 1+2+…+n，n 为参数。

17）编写函数，计算 1−1/3+1/5+…+1/n，n 为参数。

18）编写函数，计算两个数 m、n 之间所有数的和，m、n 为参数。

19）在求 3 个学生的 4 门课程的成绩中，每个学生的平均成绩的程序，要求由成绩输入 input( )、求平均值 average( )和输出成绩单 output( )三个子模块实现。

20）请编写一个 fun( )函数，用于计算给定整数 num 各位数字之积。例如，若输入 252，则输出结果应是 20；输入 202，输出结果是 0。

21）设某学校在校生的年龄在 17 岁到 23 岁之间，请编写一个 fun( )函数，用于统计该校 5000 人中各年龄的人数。

22）矩阵运算：

请输入一个 3 行 3 列矩阵的所有元素，然后输出两条对角线元素之和。

要求：该程序应由一个主函数和 3 个子函数构成，子函数分别完成矩阵元素输入、两条对角线元素求和、输出结果。

23）矩阵运算：

① 计算矩阵的对角线元素之和（此时矩阵为方阵，M=N，对角线可以是一条或两条，通常为一条，即主对角线）。

② 计算矩阵的周边元素之和，即四周的元素和。

③ 矩阵的上三角或下三角元素之和。

④ 两矩阵之和矩阵，即将两个矩阵的各个元素对应求和。

⑤ 矩阵及其转置矩阵之和。

⑥ 两矩阵的乘积矩阵。

7.7 实验 7 模块化程序设计实验（6 学时）

1．实验目的

（1）掌握函数的定义和调用方法。

（2）掌握数组作为函数参数的用法。

（3）掌握递归函数的使用。

（4）学习使用 VC 6.0 的 debug 调试功能，使用“Step Into”追踪到函数内部。

（5）学习使用 VC 6.0 的 debug 调试功能，观察程序运行中变量的作用域、生存期和可见性。

2．实验内容

（1）实验 7.1

1）编写一个函数，把华氏温度转换为摄氏温度，转换公式为 C=(F−32)*5/9。

2）实验步骤与要求：

① 编写函数 float convert(float)，参数和返回值都为 float 类型，实现算法 C=(F−32) *5/9，在 main( )函数中实现输入、输出。

② 建立一个控制台应用程序项目“lab7_1”，向其中添加一个 C 语言源文件“lab7_1.c”，输入程序，检查一下，确认没有输入错误，观察输出是否与预期答案一致。

③ 使用 debug 调试中的“Step Into”追踪到函数内部，观察函数的调用过程。

（2）实验 7.2

1）编写一个函数，判断一个数是不是素数。在主函数中输入一个整数，输出其是否是素数的信息。

2）实验步骤与要求：

① 编写一个函数 prime(n)，返回给定整数 n 是否为素数。

② 编写一个主函数，输入一个整数，调用①中的函数，判断此整数是否为素数，并输出结果。

③ 建立一个控制台应用程序项目“lab7_2”，向其中添加一个 C 语言源文件“lab7_2.c”，输入程序，检查一下，确认没有输入错误，观察输出是否与预期答案一致。

④ 使用 debug 调试中的“Step Into”追踪到函数内部，观察函数的调用过程。

（3）实验 7.3

1）用递归的方法编写函数，求斐波那契数列，观察递归调用的过程。参考程序如下：

```
#include <stdio.h>
long fib(int x)
{
if((x == 1) || (x == 2))
   return(1);
else
   return(fib(x-1)+fib(x-2));
}
int main( )
{
int n, p;
printf("n=?");
scanf("%d", &n);
p=fib(n);
printf("%d\n", p);
}
```

2）实验步骤与要求：

① 编写递归函数 int fib (int n)，在主程序中输入 n 的值，调用 fib( )函数计算斐波那契数列。公式为 fib(n)=fib(n−1)+fib(n−2)，n>2；fib(1)=fib(2)=1。使用 if 语句判断函数的出口，在程序中用 printf 语句输出提示信息。

② 建立一个控制台应用程序项目“lab7_3”，向其中添加一个 C 语言源文件“lab7_3.c”，输入程序，检查一下，确认没有输入错误，观察输出是否与预期答案一致。

③ 使用 debug 调试中的“Step Into”追踪到函数内部，观察函数的调用过程。调试操作步骤如下：

a．选择菜单命令“Build | Start Debug | Step In”，或按下快捷键 F11，系统进入单步执行状态，程序开始运行，并出现一个 DOS 窗口，此时 Visual Studio 中光标停在 main( )函数的入口处；

b．把光标移到语句“p=fib(n);”前，在“Debug”菜单或“Debug”工具栏中单击“Run to Cursor”，在程序运行的 DOS 窗口中按提示输入数字 10，这时回到 Visual Studio 中，光标停在第 15 行，观察一下 n 的值。

c．从“Debug”菜单或“Debug”工具栏中单击“Step Into”，程序进入 fib( )函数，观察一下 n 的值，把光标移到语句“return(fib(x−2)+fib(x−1))”前，在“Debug”菜单或“Debug”工具栏中单击“Run to Cursor”，再单击“Step Into”，程序递归调用 fib( )函数，又进入 fib( )函数，观察一下 x 的值；继续执行程序，参照上述方法，观察程序的执行顺序，加深对函数调用和递归调用的理解。

（4）实验 7.4

1）调试，用递归函数计算 x^n 的值。

```
#include<stdio.h>
int main( )
{
double x, root;
int n;
printf("Input x,n: ");
scanf("%lf%d", &x, &n);
root=fun(n, x);
printf("Root=%.2f\n", root);                    //调试时设置断点
double fun(int n, double x)
{
If (n == 1)
   return 1;
else
     return x*fun(n−1, x);
}
```

2）实验步骤与要求：

① 建立一个控制台应用程序项目“lab7_4”，向其中添加一个 C 语言源文件“lab7_4.c”，输入程序，检查一下，确认没有输入错误，观察输出是否与预期答案一致。

② 使用 debug 调试中的“Step Into”追踪到函数内部，观察函数的调用过程。

（5）实验 7.5

1）编程，设 u、v 取值为区间[−20，20]上的整数，找出使 f(u,v)取最大值的 u 和 v。f(u,v)=(3.8*u*u+6.2*v−2*u)/ −1.2*6+3*v)。

输入输出示例：

Max_u=−20.00

Min_v=3.00

Max=877.00

2）实验步骤与要求：

① 定义和调用函数计算 f(u,v)的值。

② 编写一个主函数，通过 for 二重循环控制 u，v，调用①中的函数，找出使 f(u,v)取最大值的 u 和 v。

③ 建立一个控制台应用程序项目“lab7_5”，向其中添加一个 C 语言源文件“lab7_5.c”，输入程序，检查一下，确认没有输入错误，观察输出是否与预期答案一致。

④ 使用 debug 调试中的“Step Into”追踪到函数内部，观察函数的调用过程。

（6）实验 7.6

1）编程，输入 3 个整数 x、y、z，计算并输出 s=x!+y!+z!。输入输出示例：

Input x,y,z: 5　6　7

Sum=5580

2）实验步骤与要求：

① 定义两个函数，一个是求阶乘的递归函数，另一个求累加和（使用 static 变量）的函数。

② 建立一个控制台应用程序项目“lab7_6”，向其中添加一个 C 语言源文件“lab7_6.c”，输入程序，检查一下，确认没有输入错误，观察输出是否与预期答案一致。

③ 使用 debug 调试中的“Step Into”追踪到函数内部，观察函数的调用过程。

（7）实验 7.7

1）运行下面的程序，观察变量 x、y 的值。

```
#include <stdio.h>
int x=1, y=2;
int main( )
{
void fn1( );
printf("Begin...\n");
printf("x=%d\n", x);
printf("y=%d\n", y);
printf("Evaluate x and y in main( )...\n");
int x=10, y=20;
printf("x=%d\n", x);
printf("y=%d\n", y);
printf("Step into fn1( )...\n");
fn1( );
printf("Back in main\n");
```

```
    printf("x=%d\n", x);
    printf("y=%d\n", y);
    return 0;
    }
    void fn1( )
    {
    int y=200;
    printf("x=%d\n", x);
    printf("y=%d\n", y);
    }
```

2）实验步骤与要求：

① 建立一个控制台应用程序项目“lab7_7”，向其中添加一个 C 语言源文件“lab7_7.c”，输入程序，检查一下，确认没有输入错误，观察输出是否与预期答案一致。

② 使用 debug 调试中的“Step Into”追踪到函数内部，学习使用 VC 6.0 的 debug 调试功能，观察程序运行中变量的作用域，观察程序的输出。

全局变量的作用域为文件作用域，在整个程序运行期间有效，但如果在局部模块中定义了同名的变量，则在局部模块中可见的是局部变量，此时，全局变量不可见；而局部变量的生存期只限于相应的程序模块中，离开相应的程序模块，局部变量 x、y 就不再存在，此时同名的全局变量重新可见。

7.8 阅读延伸

7.8.1 模块化程序设计应用——歌手评分问题

【例 7-7】完成以下程序，并进行调试：有 N 个歌手参加比赛，M 个评委为每个歌手打分。要求：

1）用 input( )函数从键盘输入 N 个歌手的数据。

2）用 output( )函数输出所有歌手每个评委的打分。

3）去掉一个最高分和一个最低分，用 average( )函数求每个歌手的平均得分。

4）用 sort( )函数，按歌手的平均得分由高到低排出歌手的名次。

5）用 print( )函数，打印出名次表，表格内包括歌手编号、各评委分数和平均得分。

6）任意输入一个编号，用 search( )函数查找出该歌手的排名及其得分。

7）在主函数中完成各个函数的调用。

部分程序代码如下，请读者补充完成函数内的部分。

```
    #include <stdio.h>
    #include<stdlib.h>
    #define   N 5
    #define   M 8
    void input(int sco[][M])
    {
    //请读者补充完成此处
```

```
}
void output(int sco[][M])
{
//请读者补充完成此处
}
void average(int sco[N][M], float av[ ])
{
//请读者补充完成此处
}
void sort(float av[N], int num[N])
{
//请读者补充完成此处
}
void print(int num[], float av[ ])
{
//请读者补充完成此处
}
void search(int num[ ], float av[ ])
{
//请读者补充完成此处
}
int main( )
{
int score[N][M];
float aver[N]={0.0};
int num[N]={1,2,3,4,5};
char select;
while(1){
    system("cls");
    printf("\t****************************************\n");
    printf("\t\t 欢迎使用歌手评分系统                  \n");
    printf("\t****************************************\n");
    printf("\n");
    printf("1.录入评委给歌手的打分                              \n\n");
    printf("2.打印评委给歌手的打分                              \n\n");
    printf("3.计算每个歌手平均得分                              \n\n");
    printf("4.按歌手的平均得分排序                              \n\n");
    printf("5.按歌手得分打印名次表                              \n\n");
    printf("6.查找歌手的排名及得分                              \n\n");
    printf("7.退                  出                            \n\n");
    printf("输入相应的功能序号:");
    select=getchar();
    switch(select)
    {
    case '1': system("cls");   input(score);break;
    case '2': system("cls");   output(score);break;
    case '3': system("cls");   average(score,aver);break;
    case '4': system("cls");   sort(aver,num); break;
    case '5':system("cls");   print(num,aver);break;
    case '6':system("cls");   search(num,aver);break;
    case '7': system("cls");   exit(0); break;
    }
```

```
    }
}
```

7.8.2 函数的递归调用

1. 递归的思想

递归，是一种分析和解决问题的方法和思想。简单来说，递归的思想就是：把问题分解成规模更小的、与原问题有着相同解法的问题。如果这个问题仍然不能解决，则再次将之分解，直到问题能被直接处理为止。比如说一个和尚要搬 50 块石头，他想，只要先搬走 49 块，那剩下的一块就能搬完了，然后考虑那 49 块，只要先搬走 48 块，那剩下的一块就能搬完了……，依此类推，直到剩下一块为止。

C 语言中允许使用函数的递归调用，所谓函数的递归调用是指在调用一个函数的过程中直接或间接地调用该函数自身。例如，在调用 f1( )函数的过程中，又调用 f1( )函数，这称为直接调用；而在调用 fl( )函数过程中调用 f2( )函数，又在调用 f2( )函数的过程中调用 f1( )函数，这称为间接调用。

2. 递归需要满足的两个条件

虽然递归的思想是把问题分解成规模更小且与原问题有着相同解法的问题，但并不是所有这类问题都能用递归来解决。一般来讲，能用递归来解决的问题必须满足两个条件：

1）可以通过递归调用来缩小问题规模，且小问题与大问题有着相同的形式。它们满足固定的递推关系式。

2）存在递归出口，可以使递归退出。

如果一个问题不满足以上两个条件，那么它就不能用递归来解决。看下面的两个问题。

【问题 7-3】求 5!。

由于 5!可以化为 5*4!，而 4!又可化为 4*3!，3!可化为 3*2!，2！可化为 2*1!，最后，1!可化为 1*0!，而 0!是已知的，即为 1，于是，可知 5!等于 5*4*3*2*1 即 120。这是一个简单的、典型的递归调用的例子。

【问题 7-4】求 1+1/2+1/3+…+1/n 的和。如果按照正常的思维，就会使用一个循环，把所有表示式的值加起来，这是最直接的办法。如果使用递归的思维，过程就是这样的：要求 1+1/2+1/3+…+1/n 的值，可以先求 s1=1+1/2+1/3+…+1/(n−1)的值，再用 s1 加上 1/n 就是所求的值，而求 s1 的过程又可以使用上面的分解策略继续分解，最终分解到求 1+1/2 的值，而这个问题简单到可以直接解决。至此问题得到解决。

【例 7-8】从键盘输入正整数 n（0≤n≤20），输出 n!。

1）问题分析。

输入：n。

处理：描述递归关系式，当 n>=1 时，n!=n* (n−1)!。

确定递归边界（或递归出口），递归边界为 n=0，即 0!=1。

输出：和 s。

2）算法设计（略）。

3）编写程序。

```
#include <stdio.h>
long fac(int n)                                  //函数定义
{
if (n == 0)
   return (1);                                   //函数递归出口
else
   return (n*fac(n−1));                          //函数递归调用
}                                                /* fac( )函数结束 */
int main( )
{
 int n, p;
 printf("n=? ");
 scanf("%d", &n);
 p=fac(n);                                       //函数调用
 printf(" %d\n", p);
 return 0;
}                                                //main( )函数结束
```

4）测试运行。

```
n=? 5
120
```

说明：该程序由主函数 main( )和函数 fac( )组成，函数 fac( )中采用了递归调用的形式，即在函数 fac(n)中调用 fac(n – 1)，该递归结束条件时，n 等于 0，p 值为 1，每递归一次 n 减 1，经过若干次递归后，n 会为 0。

一般来说，递归需要有边界条件、递归前进段和递归返回段。当边界条件不满足时，递归前进；当边界条件满足时，递归返回。

下面以求 5!为例写出递归调用的过程（见图 7-9）。递归调用的过程分为两步：递和归。

第一步“递”，即“递推”阶段：将原问题不断化为新问题，逐渐从未知的向已知的方向推测，最终达到已知的条件，即递归结束条件。

第二步“归”，即“回归”阶段：该阶段是从已知条件出发。按“递推”的逆过程，逐一求值回归，最后到递推的开始之处，完成递归调用。可见，“回归”的过程是“递推”的逆过程。

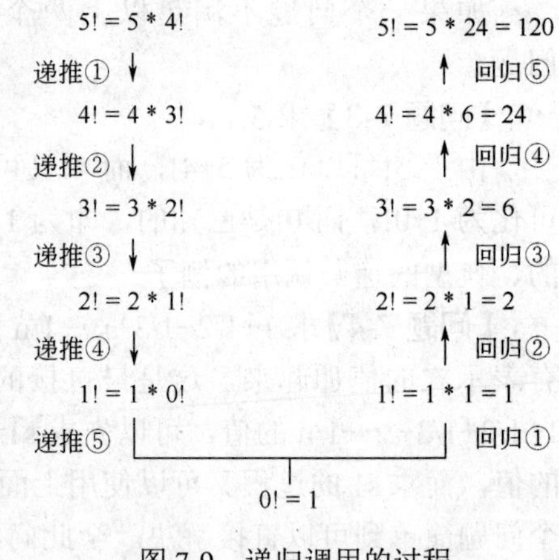

图 7-9　递归调用的过程

从上述列举的递推过程可以看出，有实际意义的递归应该是有限的，即递推若干次后将出现已知条件，并且每递推一次都是向已知条件接近一步。这里的已知条件就是递推结束条件。上例中，0!=1 是已知条件，即递推结束条件。在回归的过程中，是按照递推的逆过程进行的，最后得到原问题的解。

3．递归算法的经典问题

以下讨论两个十分经典的递归问题，以加深对递归方法的理解。

【例 7-9】斐波那契数列（兔子繁殖）问题。斐波那契数列这样定义：f(0)=0，f(1)= 1，对 n>1，f(n)=f(n–1)+f(n–2)。计算费波那契数列的第 n 项。

1）问题分析。

输入：n。

处理：描述递归关系式，当 n>=1 时，n>1，f(n)=f(n–1)+f(n–2)。

确定递归边界（或递归出口），递归边界为 n=0 和 1 时，f(0)=0，f(1)=1。

输出：和 p。

2）算法设计（略）。

3）编写程序。

```
#include <stdio.h>
long fib(int x)
{
  if((x == 1) || (x == 2))
      return (1);                                    //函数递归出口
  else
      return (fib(x-1)+fib(x-2));                    //函数递归调用
}                                                    //fib( )函数结束
int main( )
{
  int n, p;
  printf("n=?");
  scanf("%d", &n);
  p=fib(n);                                          //函数调用
  printf("%d\n", p);
  return 0;
}                                                    //main( )函数结束
```

4）测试运行。

```
n=?20
6765
```

在编写递归调用函数的时候，一定要把对简单情境的判断写在最前面，以保证函数调用在检查到简单情境的时候能够及时地中止递归，否则，函数可能会永不停息地在那里递归调用了。

【例 7-10】汉诺(Hanoi)塔问题。在一张桌子上有 a、b、c 三个柱，在 a 柱上面有 n 个盘子，每个盘子大小不等，大的在下，小的在上。要求将 a 柱的 n 个盘子移到 c 柱，可以借助 b 柱，每次移动只允许动一个盘子，在移动过程中， a、b、c 三个柱都应保持大盘在下，小盘在上。编程打印出移动的过程。

1）问题分析。

输入：n。

处理：描述递归关系式，将 n 个盘子从 a 柱移到 c 柱可以描述如下：

① 将 n–1 个盘子从 a 柱借助 c 柱移到 b 柱。

② 将剩下的一个盘子从 a 柱移到 c 柱。

③ 将 n−1 个盘子从 b 柱借助 a 柱移到 c 柱。

确定递归边界（或递归出口），递归边界为 n=1 时，即只有一个盘子时，可以移动。

输出：和 p。

2）算法设计（略）。

3）编写程序。

```
#include <stdio.h>
int main( )
{
void hanoi(int n, char a, char b, char c);                    //函数声明
int m;
printf("请输入盘子的个数:");
scanf("%d", &m);
printf("%d 个盘子移动的步骤如下:\n", m);
hanoi(m, 'a', 'b', 'c');                                      //函数调用
return 0;
}                                                             //main( )函数结束
void hanoi(int n, char a, char b, char c)                     //函数定义
{
if (n == 1)
    printf("from %c to %c\n", a, c);                          //函数递归出口
else {
    hanoi(n−1, a, c, b);                                      //函数递归调用
    printf("from %c to %c\n", a, c);
    hanoi(n-1, b, a, c);                                      //函数递归调用
}
}                                                             //hanoi( )函数结束
```

4）测试运行。

```
请输入盘子的个数：3
3 个盘子移动的步骤如下：
from a to c
from a to b
from c to b
from a to c
from b to a
from b to c
from a to c
```

汉诺（Hanoi）塔问题是一个典型的递归调用问题。“hanoi(n−1, a, c, b);”是把 a 柱上面的 n-1 个盘子移到 b 柱，c 柱为辅助支柱。“hanoi(n-1, b, a, c);”是把剩余 n−1 个盘子从 b 柱移到 c 柱，a 柱为辅助支柱。

7.8.3 变量的存储类别

第三章中提到，程序中的数据用变量表示，变量的物理含义是指计算机内存。变量有变

量名、变量值、变量所对应内存单位的地址、变量的数据类型和变量的存储类别五个属性。本节说明什么是变量的存储类别。

在C语言中，对变量的存储类别说明有以下四种：auto(自动变量)、static(静态变量)、register（寄存器变量）、extern（外部变量）。根据变量的存储类别，可以知道变量的作用域和生存期。下面分别介绍变量的四种存储类别。

1. auto自动变量存储类别

函数内凡未加存储类型说明的变量均视为自动变量，即自动变量可省去说明符auto。函数中的局部变量，如不专门声明为static存储类别，都是动态地分配存储空间的，数据存储在动态存储区中。函数中的形参和在函数中定义的变量(包括在复合语句中定义的变量)，都属于自动变量，自动变量用关键字auto作存储类别的声明。例如：

```
int f(int a)                                    //定义f( )函数，a为参数
{
   auto int b, c=3;                             //定义b，c为自动变量
     ……
}
```

a是形参，b、c是自动变量，对c赋初值3。执行完f( )函数后，自动释放a、b、c所占的存储单元。

关键字auto可以省略，auto不写则隐含定为“自动存储类别”，属于动态存储方式。

（1）auto自动变量的作用域

auto自动变量的作用域仅限于定义该变量的个体内。在函数中定义的自动变量，只在该函数内有效。在复合语句中定义的自动变量只在该复合语句中有效。一旦退出了该函数体或复合语句，即是不可见。

（2）auto自动变量的生存期

这类变量的寿命是短的，它被存放在内存的动态存储区内。每次进入定义它的分程序或函数体内被动态分配存储区域，一旦退出该分程序或函数体后，所占用的内存区域将被释放掉，即不存在了。在调用该函数时系统会给它们分配存储空间，在函数调用结束时就自动释放这些存储空间。这类局部变量称为自动变量。

auto自动变量存储于动态存储区，只有在使用它，即定义该变量的函数被调用时才给它分配存储单元，开始它的生存期。函数调用结束，释放存储单元，结束生存期。因此函数调用结束之后，自动变量的值不能保留。在复合语句中定义的自动变量，在退出复合语句后也不能再使用，否则将引起错误。

总之，自动变量的特点是作用域小、寿命短，可见性和存在性是一致的，即可见时即存在，一旦不可见了，也就不存在了。

2. 用static声明静态变量

存放于静态存储区中的变量用关键字static定义后才能成为静态变量。外部变量由static定义后才能成为静态外部变量，或称静态全局变量。局部变量由static定义后成为静态局部变量。

（1）静态局部变量

在局部变量的说明前再加上关键字 static 就构成静态局部变量。有时希望函数中的局部

变量的值在函数调用结束后不消失而保留原值，这时就应该指定局部变量为“静态局部变量”，用关键字 static 进行声明。

1）静态局部变量的作用域：静态局部变量的作用域与自动变量相同，即只能在定义该变量的函数内使用它。退出该函数后，尽管该变量还继续存在，但不能使用它。

2）静态局部变量的生存期：静态局部变量在函数内定义，但不像自动变量那样，当调用时就存在，退出函数时就消失。静态局部变量存储于静态存储区，在程序的整个运行期间始终存在着，不释放。也就是说，这类变量的寿命是长的，它的生存期为整个源程序。静态局部变量在编译时赋初值，即只赋初值一次。在定义静态局部变量时不赋初值的话，编译时自动赋初值 0（对数值型变量）或空字符（对字符变量）。而对自动变量来说，如果不赋初值则它的值是一个不确定的值。

【例 7-11】 打印 1 到 5 的阶乘值。

```
#include <stdio.h>
int fac(int n)                                   //fac( )函数定义
{
static int f=1;
f=f*n;
return(f);
}                                                //fac( )函数结束
int main( )
{
  int i;
  for (i=1; i <= 5; i++)
       printf("%d!=%d\n", i, fac(i));            //fac( )函数调用
  return 0;
  }                                              //main( )函数结束
```

可以看出它是一种生存期为整个源程序的量。虽然离开定义它的函数后不能使用，但如再次调用定义它的函数时，它又可继续使用，而且保存了前次被调用后留下的值。因此，当多次调用一个函数且要求在调用之间保留某些变量的值时，可考虑采用静态局部变量。

（2）静态全局变量

全局变量（外部变量）的说明之前再冠以 static 就构成了静态全局变量。全局变量存储于静态存储区，静态全局变量当然也存储于静态存储区。

1）静态全局变量的作用域：静态全局变量的作用域局限于一个源文件内，只能为该源文件内的函数公用，因此可以避免在其他源文件中引起错误。而非静态全局变量的作用域是整个源程序，当一个源程序由多个源文件组成时，非静态的全局变量在各个源文件中都是有效的。

外部静态类变量的作用域是定义它的文件，并且从定义时开始。可见，这类变量的作用域介乎于外部类和自动类之间。

2）静态全局变量的生存期：它的生存期同内部静态类，是长的。

综观静态类变量可以看出，它的作用域和寿命，即可见性和存在性是不一致的，这便是

静态类变量的特点。这就是说，这类变量的作用域并不是很大，但是它的寿命却是长的。虽然这类变量在它的非作用域内是不可见的，但它们却是存在的。比如，内部静态类变量退出定义它的函数体或分程序后，便是不可见的，但它却是存在的，它所占用的内存空间不被释放，它所保存的数据也不被改变，直到程序结束才被释放。内部静态类和外部静态类的区别仅在于作用域上，前者小些，后者大些。

3．register 变量

为了提高效率，C 语言允许将局部变量的值放在CPU中的寄存器中，这种变量叫“寄存器类变量”，用关键字 register 作声明。

【例 7-12】使用寄存器变量。

```
#include <stdio.h>
int fac(int n)                                    //fac( )函数定义
 {
 register int i, f=1;
 for (i=1; i <= n; i++)
     f=f*i
 return(f);
 }                                                //fac( )函数定义结束
 int main( )
 {
 int i;
 for (i=0; i <= 5; i++)
     printf("%d!=%d\n", i, fac(i));               //fac( )函数调用
 return 0;
}
```

（1）寄存器类变量的作用域

寄存器类变量的作用域和寿命与自动类变量相同，即作用域是在定义它的函数体或复合语句内。这类变量与自动类变量的区别在于寄存器类变量有可能被存放在 CPU 的通用寄存器中。如果这类变量数据被存放到通用寄存器中，则将大大提高数据的存取速度。所定义的寄存器类变量能否被存放到通用寄存器中，取决于当时 CPU 是否有空闲的通用寄存器。如果寄存器类变量没有被存放到通用寄存器中，则按自动类变量处理。

（2）寄存器类变量的生存期

寄存器类变量的生存期与自动类变量相同，即生存期是在定义它的函数体或复合语句内，寿命是短的。

（3）注意

在一个程序中，定义寄存器类变量时，应注意如下几点：

（1）定义的寄存器类变量的个数不能太多，因为空闲的通用寄存器数目是很有限的。

（2）由于受通用寄存器的数据长度的限制，一般寄存器类变量的数据类型为 char 型或 int 型。数据长度太大的数据通用寄存器放不下。

（3）通常选择那些使用频度较高的变量定义为寄存器类，这样将有利于提高效率。例如，在多重循环的程序中，选择最内重循环的循环变量定义为寄存器类变量，因为它的使用频度高。

4．用 extern 声明外部变量

外部变量的定义和外部变量的说明并不是一回事。外部变量的定义必须在所有的函数之

外，且只能定义一次。

外部变量定义的一般形式为：

```
类型名 变量名，变量名……
```

而外部变量说明出现在要使用该外部变量的各个函数内，在整个程序内，可能出现任意次，外部变量说明的一般形式为：

```
extern 类型说明符 变量名，变量名，……;
```

外部变量在定义时就已分配了内存单元，外部变量定义可作初始赋值，外部变量说明不能再赋初始值，只是表明在函数内要使用某外部变量。外部变量（即全局变量）是在函数的外部定义的。

（1）外部变量的作用域

外部变量的作用域为从变量定义处开始，到本程序文件的末尾。如果外部变量不在文件的开头定义，其有效的作用范围只限于定义处到文件终了。

如果在定义点之前的函数想引用该外部变量，则应该在引用之前用关键字 extern 对该变量作“外部变量声明”，表示该变量是一个已经定义的外部变量。有了此声明，就可以从“声明”处起合法地使用该外部变量。

【例 7-13】用 extern 声明外部变量，扩展程序文件中的作用域。

```
#include <stdio.h>
int max(int x, int y)                          //max( )函数定义
{
int z;
z=x>y ? x : y;
return(z);
}                                              //max( )函数结束
int main( )
{
extern A, B;
printf("%d\n", max(A, B));                     //max( )函数调用
return 0;
}
int A=13, B=-8;
```

说明：在本程序文件的最后 1 行定义了外部变量 A，B，但由于外部变量定义的位置在 main( )函数之后，因此本来在 main( )函数中不能引用外部变量 A，B。现在在 main( )函数中用 extern 对 A 和 B 进行“外部变量声明”，就可以从“声明”处起合法地使用外部变量 A 和 B。

当一个源程序由若干源文件组成时，在一个源文件中定义的外部变量在其他的源文件中也有效。外部变量的作用域是整个程序，包括组成该程序的所有文件。在一个由多文件组成的程序中，在某个文件内定义了外部变量，它在任何一个文件中都是可见的。因此，外部变量的作用域最大。

如果一个程序中有两个文件，在两个文件中都要用到同一个外部变量 Num，不能分别

在两个文件中各自定义一个外部变量 Num，否则，在进行程序的连接时会出现“重复定义”的错误。正确的做法：在一个文件中定义外部变量 Num，而在另一个文件中用 extern 对 Num 作外部变量声明，即“extern Num”。

（2）外部变量的生存期

外部变量的寿命是长的，因为外部变量被存放在内存的静态存储区。某个程序的外部变量直到该程序结束才被释放。因此，可以说外部变量的可见性与存在性是一致的。也就是说，外部变量作用域大，寿命也长，这是外部变量的特点。

外部变量可以作为函数之间传递信息的一种方式。这种传递方式很方便，只要在程序中定义一个外部变量，它无论在该程序中的哪个函数内被修改，则被修改的值要一直保持到其他函数中，将改变值传给另一函数。但是，函数之间使用外部变量传递信息不够安全，一旦产生误修改，则会造成不良后果。因此，在实际编程中要尽量少用外部变量。回顾讲过的知识，函数之间传递信息的方式有如下三种：

1）返回值方式，安全可靠，但只能返回一个值。

2）传址调用方式，既安全又可传递多个值。

3）外部变量方式，虽可传递多个值，但是不安全。

【例 7-14】多文件程序中变量的作用域。分析下列程序的输出结果。

```
//文件 1(main.c)
#include <stdio.h>
int i;
void fun1( ), fun2( ), fun3( );
int main( )
{
i=33;
fun1 ( );
printf("main():i=%d\n", i);
fun2( );
printf("main():i=%d\n", i);
fun3( );
printf("main():i=%d\n", i);
return 0;
}
//文件 2(fun1.c)
static int i;
void fun1 ( )
{
i=100;
printf(" fun1 ( ):i(static)=%d\n", i);
}
//文件 3(fun2.c)
void fun2( )
{
int i=5;
printf("fun2( ):i(auto)=%d\n", i);
if(i) {
    extern int i;
```

```
        printf("fun2( ):i(extern)=%d\n", i);
    }
    }
    extern int i;
    void fun3( )
    {
    i=20;
    printf ("fun3( ):i(extern)=%d\n", i);
    if(i) {
        int i=10;
        printf("fun3( ):i(auto)=%d\n", i);
    }
    }
```

执行该程序输出如下结果：

```
fun1 ( ):i(static)=100
main( ):i=33
fun2( ):i(auto)=5
fun2( ):i(extern)=33
main( ):i=33
fun3( ):i(extern)=20
fun3( ):i(auto)=10
main( ):i=20
```

1）该程序是由三个文件、四个函数组成的。文件 1 中包含了主函数 main( )，并定义了一个外部变量 i，在该主函数中，分别调用函数 fun1( )、fun2( )和 fun3( )。文件 2 中包含了函数 fun1( )，在该文件开头定义了一个外部静态类变量 i。文件 3 中包含了两个函数 fun2( )和 fun3( )。在函数 fun2( )中，重新定义了变量 i 为自动类变量，在一个分程序中又说明了 i 是外部类变量；在函数 fun3( )定义前说明了 i 是外部变量，这里的说明可以省略，因为该文件前面已说明过 i 是外部变量，并没有再重新定义。

2）该程序中主要是应搞清楚变量 i 在不同地方其存储类是哪一种。

在 main( )中，i 是外部变量。

在 fun1( )中，i 是外部静态类变量。

在 fun2( )中，i 先是自动类变量，后是外部变量。

在 fun3( )中，i 先是外部变量，后是自动类变量。

7.8.4 函数的存储类别

函数的存储类分两种，一种是外部类，另一种是静态类。

1. 外部函数

外部类的函数称为外部函数，它的定义格式如下：

```
[extern]<数据类型说明><函数名>（<参数表>）
（参数说明）
```

```
{
 <函数体>
}
```

一般情况下，说明符 extern 可以省略。因此，凡是定义函数时不加存储类说明符的都是外部函数。外部函数是在程序中某个文件中定义的函数，而在该程序的其他文件中都可以调用。具体参看例 7-14 中的函数。

2．内部函数

静态类的函数称为内部函数，它的定义格式如下：

```
Static（数据类型说明）（函数名）（（参数表））
（参数说明）
{
 <函数体>
}
```

其中，static 是内部函数的说明符。该说明符不可省略。

内部函数只能在定义它的文件内调用，不能在一个文件内调用同一程序中的另一个文件中的内部函数。内部函数的作用域是文件级的，而外部函数的作用域是程序级的。

【例 7-15】内部函数的定义和调用。分析下列程序的输出结果。

```
#include <stdio.h>
int i=1;
static int reset( ), next(int), last(int), other(int);
int main( )
{
int i, j;
i=reset( );
for (j=1; j <= 3; j++){
    printf (" %d,%d， ", i, j);
    printf ("%d", next(i));
    printf(" %d,", last(i));
    printf ("%d\n", other(i+j));
}
return 0;
}                                              //main( )函数定义结束
static int reset( )
{
  return (i);
}                                              //reset( )函数定义结束
static int next(int j)
{
j=i++;
return(j);
}                                              //next( )函数定义结束
static int last(int j)
{
static int i=10;
j=i--;
return(j) ;
```

```
    }                                                   //last( )函数定义结束/
    static int other(int i)
    {
     int j=10;
     return(i=j += i);
    }                                                   //other( )函数定义结束
```

该程序的输出结果如下：

```
1,1，1 10,12
1,2，2 9,13
1,3，3 8,14
```

该程序由 5 个函数组成，一个是主函数 main( )，另外 4 个是由主函数调用的函数：reset( )、next( ) 、last( )和 other( )。这 4 个函数被定义为内部函数，只能在该文件中被调用。

7.8.5 C 语言程序的内存布局

C 语言程序的内存布局结构，包括连接过程中目标程序各个段的组成和运行过程中各个段加载的情况。

C 语言程序分为映像和运行时两种状态。在编译和连接后形成的映像中（C 语言编写的程序经过编译和连接后，形成可执行程序（二进制文件）），将只包含代码段（text）、只读数据段（RO Data）和读写数据段（RW Data）。在程序运行之前，将动态生成未初始化数据段（BSS），在程序运行时还将动态形成堆（heap）区域和栈（stack）区域。

看下面的程序：

```
#include< stdio.h>
#include< string.h>
#include< stdlib.h>
int a=0;                                            //全局初始化区
int *p1;                                            //全局未初始化区
const char *pco="constant data";                    //字符串放在只读取数据段
const int MAXN=10;
int main( )
{
int b;//栈
char s[]="abc";                                     //栈
int *p2;                                            //栈
char *p3="123456";                                  //123456\0 在常量区，p3 在栈上
static int c =0;                                    //全局（静态）初始化区
static int uc, uc1, uc2;                            //全局（静态）未初始化区
p1=(int *)malloc(MAXN*sizeof(int));
p2=(int *)malloc(MAXN*sizeof(int));
strcpy(p1, "123456");
printf("栈&p3 \t\t\t0x%08x\n", &p3);
printf("栈&p2 \t\t\t0x%08x\n", &p2);
printf("栈 s \t\t\t0x%08x\n", s);
```

```
    printf("栈&s[1] \t\t0x%08x\n", &s[1]);
    printf("栈&b \t\t\t0x%08x\n", &b);
    printf("堆 p1 \t\t\t0x%08x\n", p1);
    printf("堆 p2 \t\t\t0x%08x\n", p2);
    printf("main 地址\t\t0x%08x\n", main);
    printf("只读数据区\t\t0x%08x\n", &MAXN);
    printf("只读数据区\t\t0x%08x\n", pco);
    printf("只读数据区\t\t0x%08x\n",   p3);
    printf("全局初始化区\t\t0x%08x\n",   &a);
    printf("（静态）初始化区\t0x%08x\n",   &c);
    printf("全局未初始化区\t\t0x%08x\n",   &p1);
    printf("（静态）未初始化区\t0x%08x\n",   &uc);
    printf("（静态）未初始化区\t0x%08x\n",   &uc1);
    printf("（静态）未初始化区\t0x%08x\n",   &uc2);
    free(p1);
    free(p2);
    }
```

程序运行结果如下：

```
栈&p3                     0x0012ff38
栈&p2                     0x0012ff3c
栈 s                      0x0012ff40
栈&s[1]                   0x0012ff41
栈&b                      0x0012ff44
堆 p1                     0x00210f08
堆 p2                     0x00210f60
main 地址                 0x00401005
只读数据区                0x0042201c
只读数据区                0x00422020
只读数据区                0x00422030
全局初始化区              0x00427c48
（静态）初始化区          0x00427c4c
全局未初始化区            0x00427c50
（静态）未初始化区        0x00427c40
（静态）未初始化区        0x00427c44
（静态）未初始化区        0x00427c3c
```

对于一个进程的内存空间而言，其可以在逻辑上分成 3 个部分：代码区、静态数据区和动态数据区。C 语言进程的内存布局如图 7-10 所示。动态数据区一般就是“堆栈”。“栈(stack)”和“堆(heap)”是两种不同的动态数据区，栈是一种线性结构；堆是一种链式结构。根据上述程序的运行结果以及跟踪调试，可以看出 C 语言进程的内存空间如下。

（1）代码段（code 或 text）

代码段由程序中执行的机器代码组成。在 C 语言中， 程序语句进行编译后，形成机器

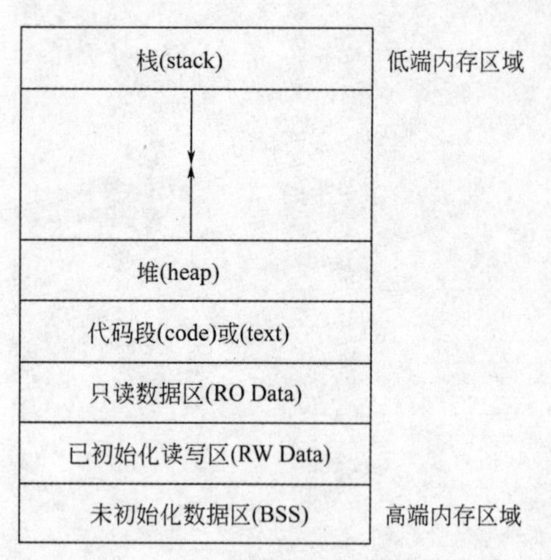

图 7-10　C 语言进程的内存布局

代码。在执行程序的过程中，CPU 的程序计数器指向代码段的每一条机器代码，并由处理器依次运行。从图 7-10 中可以看出，程序主函数地址为 0x00401005。

（2）只读数据区（RO Data）

只读数据区是程序使用的一些不会被更改的数据，使用这些数据的方式类似查表式的操作，因为这些变量不需要更改。

在 C 语言中，用 const 定义的常量其实是值不能修改的变量，是只读变量。这些变量将放于程序的只读数据区。C 语言中的只读全局变量、只读局部变量和程序中使用的常量等会在编译时被放入只读数据区。程序中的 MAXN、"constant data"和"123456"都在该区。

（3）已初始化读写数据区（RW Data）

已初始化数据是在程序中声明，并且具有初值的变量，这些变量需要占用存储器的空间，在程序执行时它们需要位于可读写的内存区域，并具有初值，以供程序运行时读写。

通常，已初始化的全局变量和局部静态变量被放在读写数据段，如果全局变量（函数外部定义的变量）加入 static 修饰，这表示其只能在文件内使用，而不能被其他文件使用。a 和 c 都放在了读写数据段。

（4）未初始化数据区（BSS）

未初始化数据是在程序中声明，但是没有初始化的变量，这些变量在程序运行之前不需要占用存储器的空间。该段将会在运行时产生。未初始化数据段只在运行的初始化阶段才会产生，因此它的大小不会影响目标文件的大小。p1、uc、uc1 和 uc2 都放在未初始化数据区。

（5）堆（heap）

用 malloc、calloc、realloc 等分配内存的函数所分配的内存空间在堆上，程序必须保证使用 free 语句释放，否则会发生内存泄漏。堆内存只在程序运行时出现，一般由程序员分配和释放。在具有操作系统的情况下，如果程序没有释放，操作系统可能在程序（如一个进程）结束后回收内存。

（6）栈（stack）

栈内存只在程序运行时出现，在函数内部使用的变量、函数的参数以及返回值将使用栈空间，栈空间由编译器自动分配和释放。p1、p2、i、f、pstr1、pstr2 和 pstr3 都是程序运行时在栈区动态产生的。

第 8 章　指 针 变 量

本章知识结构图

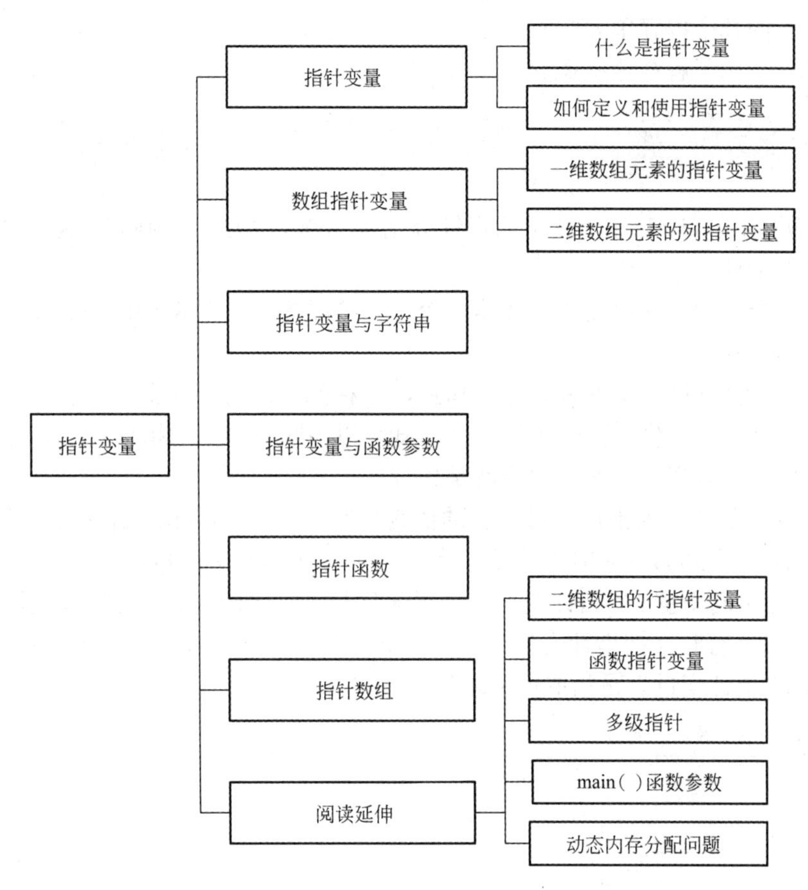

本章学习导读

指针是C语言中被广泛使用的一种数据类型。运用指针编程是C语言最主要的风格之一。利用指针变量可以表示各种数据结构，能很方便地使用数组和字符串，并能像汇编语言一样处理内存地址，从而编写出精练而高效的程序。指针极大地丰富了C语言的功能。

本章主要介绍指针与地址的概念、变量的指针和指向变量的指针变量、数组指针变量、指针变量与字符串、指针变量与函数参数、函数指针变量、指针函数、指针数组和多级指针等。

8.1　指 针 变 量

8.1.1　什么是指针变量

在计算机中，所有的数据都是存放在内存储器中的。一般把内存区中的一个字节称为一个内存单元。内存区的每一个单元都有一个编号，这就是内存单元的“地址”，它相当于旅馆中的房间号。通常也把内存单元的地址称为内存单元的指针，简称指针。可以看出，指针即地址。

不同的数据类型所占用的内存单元数不等，编译系统根据程序中定义的变量类型，分配一定长度的空间。例如，VC 6.0 为整型变量分配 4 字节，为单精度浮点型变量分配 4 字节，为字符型变量分配 1 字节等。每个变量按其类型不同占有几个连续的内存单元。一个变量指针是指它所占有的几个内存单元的首地址。

下面通过一个例子解释这些概念。

```
int i=3, j=6, k;
printf("%d", i);
```

如图 8-1 所示，i、j、k 三个变量的指针分别为 3000、3004 和 3008，这些内存单元的指针也称为变量的指针。

内存单元的指针和内存单元的内容是两个不同的概念。在图 8-1 中，i、j、k 三个变量的内容分别为 3、6、9。

在 C 语言中，允许用一个变量来存放指针，这种变量称为指针变量。前面提到，一个指针是一个地址，是一个常量。而一个指针变量却可以被赋予不同的指针值，是变量。指针变量的值就是地址，或者说指针变量的值就是指针。

在图 8-1 中，变量 p 为指针变量。它的值为指针 3004，即为变量 j 的指针。整型变量 j 的内容为 6，j 占用了 3004～3007 号单元。指针变量 p 的内容为 3004，这种情况称为 p 指向变量 j，或说 p 是指向变量 j 的指针变量。为了简化起见，将图 8-1 中的指针变量指向变量的关系简化为图 8-2。有时常把指针变量简称为指针。为了避免混淆，本书约定：“指针”是指地址，是常量；“指针变量”是指取值为地址的变量。

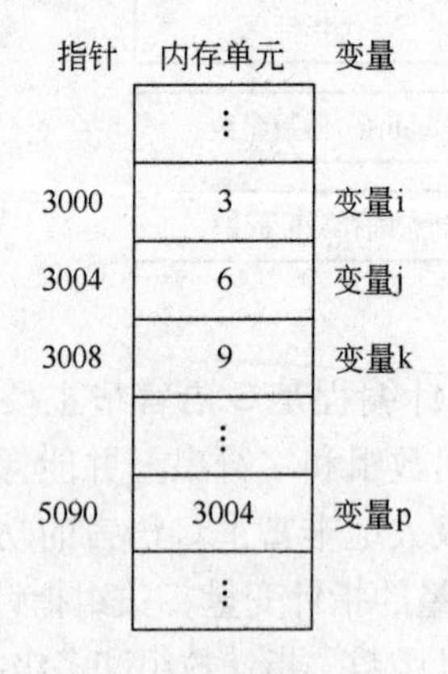

图 8-1　变量的指针

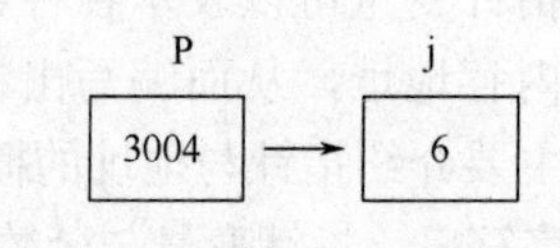

图 8-2　指针变量

8.1.2　如何定义和使用指针变量

1．定义指针变量

指针变量在使用前必须要先定义。其一般形式为：

```
类型名  *指针变量名;
```

其中，“*”表示这是一个指针变量；变量名即定义的指针变量名；类型名表示本指针变量所指向的变量的数据类型。

对指针变量的定义包括三个内容：

1）“*”为指针类型说明，即定义变量为一个指针变量；

2）指针变量名；

3）类型名：变量值（指针）所指向的变量的数据类型。

例如：

```
Int *p1;
```

表示 p1 是一个指针变量，它的值是某个整型变量的地址，或者说 p1 指向一个整型变量，至于 p1 究竟指向哪一个整型变量，应由向 p1 赋予的地址来决定。例如：

```
int *p2;                            //p2 是指向整型变量的指针变量
float *p3;                          //p3 是指向浮点变量的指针变量
char *p4;                           //p4 是指向字符变量的指针变量
```

应该注意的是，一个指针变量只能指向同类型的变量，如 p3 只能指向浮点变量，不能时而指向一个浮点变量，时而指向一个字符变量。

2．使用指针变量

（1）指针变量的赋值运算

指针变量同普通变量一样，使用之前不仅要定义说明，而且必须赋予其具体的地址值，让其指向指定的内存单元。没有赋地址值的指针变量不能使用，否则将造成系统混乱，甚至死机。指针变量的赋值只能赋予地址，绝不能赋予任何其他数据，否则将引起错误。

我们知道，内存单元的指针是一个整数，那么能否将这个整数地址直接赋给这个指针变量呢？例如：

```
int *p;
p=2000;
```

这种方法是不行的，因为不知道具体的内存单元的地址。在 C 语言中，变量的地址是由编译系统分配的，对用户完全透明，用户不知道变量的具体地址。那么，怎样得到内存单元的地址呢？我们定义的变量包括简单变量和数组，虽然不知道它们的地址，但它们是确定的。C 语言中提供了地址运算符“&”来表示变量的地址。其一般形式为：

```
& 简单变量名
```

如“&i”表示变量 i 的地址，“&j”表示变量 j 的地址，“&k”表示变量 k 的地址。变量本身必须预先说明。

指针变量的赋值运算如下：

```
指针变量名=& 简单变量名
```

该赋值运算的功能是将赋值号右边的简单变量的地址赋值给左边的指针变量，通常简称其为指针变量指向所指的变量。

当定义下列语句时：

```
int i, j, k, *p, *q, *r;
i=3;
j=6;
k=9;
p=&i;
q=&j;
r=&k;
```

这三条赋值语句的功能为，p 指向变量 i，q 指向变量 j，r 指向变量 k，如图 8-3 所示。

指针	内存单元	变量
	⋮	
&i = 3200	3	变量 i
&j = 3204	6	变量 j
&k = 3208	9	变量 k
	⋮	
6180	3200	变量 p
6184	3204	变量 q
6188	3208	变量 r
	⋮	

图 8-3　指针变量及其所指变量

设有指向整型变量的指针变量 p，如要把整型变量 i 的地址赋予 p，可以有以下两种方式：

1）指针变量初始化的方法：

```
int i;
int *p=&i;
```

2）赋值语句的方法：

```
int i;
int *p;
p=&i;                    //把变量的地址赋给指针，简称为 p1 指向 i
q=p;                     //把一个指针的值，赋给另外一个指针，简称为 q 指向 p 所指单元
```

（2）指针运算符“*”

“*”为指针运算符或称“间接访问”运算符。

指针运算符的含义是取出指针变量所指内存单元的内容。

在定义了指针变量后，再对该指针变量赋值，然后就可以读取指针变量所指向的内存单元的内容了，即“先定义，再赋值，后读取”的三部曲。例如：

```
int  i=3, j=6, k=9, *p, *q, *r;
p=&i;
q=&j;
r=&k;
printf("%d %d %d", *p, *q, *r);          //等价于 printf("%d %d %d", i, j, k);
```

显然，p 中存放的是变量 i 的地址，因此*p 访问的是地址为 3200 的存储区域（因为是整数，实际上是从 3200 开始的 4 字节），它就是 i 所占用的存储区域，如图 8-3 所示。

指针变量可以出现在表达式中。设有：

```
int  i=3, j=6, k=9, *p, *q, *r;
p=&i;
```

指针变量 p 指向整数 i，则*p 可出现在 i 能出现的任何地方。例如：

```
y=*p+5;                  /*表示把 x 的内容加 5 并赋给 y*/
y=++ *p;                 /*px 的内容加上 1 之后赋给 y，++*p 相当于++(*p)*/
y=*p++;                  /*相当于 y=*p; p++*/
```

【例 8-1】输入 a 和 b 两个整数，通过间接运算计算 a+b 和 a*b。

1）问题分析。

输入：a 和 b。

处理：通过指针所指向的变量*pa 和*pb，完成 a+b 和 a*b 的计算。

输出：s 和 t。

2）算法设计（略）。

3）编写程序。

```
# include <stdio.h>
int main( )
{
  int a=10, b=20, s, t, *pa, *pb;                //说明 pa,pb 为整型指针变量
  pa=&a;                                         //给指针变量 pa 赋值，pa 指向变量 a
  pb=&b;                                         //给指针变量 pb 赋值，pb 指向变量 b
  s=*pa+*pb;                                     //求 a+b 之和,( *pa 就是 a, *pb 就是 b)
  t=*pa**pb;                                     //求 a*b 之积
  printf("a=%d b=%d a+b=%d a*b=%d\n", a, b, a+b, a*b);
  printf("a=%d b=%d s=%d t=%d\n", a, b, s, t);
  return 0;
  }
```

4）测试运行。

```
a=10 b=20 a+b=30 a*b=200
a=10 b=20 s=30 t=200
```

在开头处虽然定义了两个指针变量 pa 和 pb，但它们并未指向任何一个整型变量，只是提供两个指针变量，规定它们可以指向整型变量。

请再考虑下面的关于“&”和“*”的问题：

1）如果已经执行了“p=&a;”语句，则“&*p”的含义是什么？

2）“*&a”的含义是什么？

3）(p)++和 p++的区别是什么？

【例 8-2】输入 a 和 b 两个整数，按先大后小的顺序输出 a 和 b。

1）问题分析。

输入：a 和 b。

处理：比较交换两个指针变量 p 和 q，*p 和*q 即交换后的变量值（见图 8-4）。

输出：*p 和*q。

2）算法设计（略）。

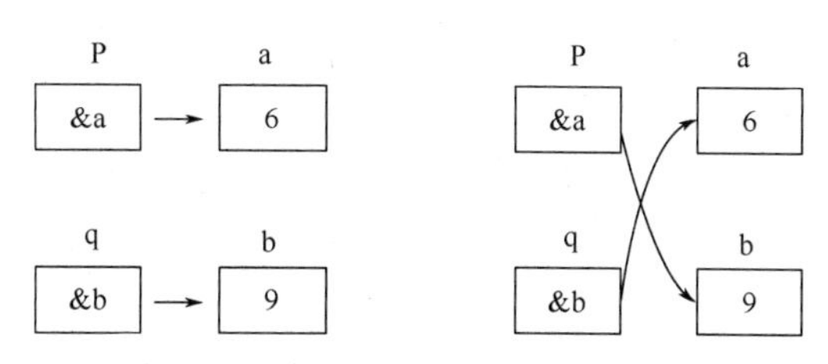

图 8-4　比较交换两个指针变量 p 和 q

3）编写程序。

```
# include <stdio.h>
int main( )
{
int *p, *q, *r, a, b;
scanf("%d,%d", &a, &b);
p=&a;
q=&b;
if (a < b){
    r=p;
    p=q;
    q=r;
}
  printf("\na=%d,b=%d\n", a, b);
  printf("max=%d,min=%d\n", *p, *q);
  return 0;
  }
```

4）测试运行。

```
5,8
a=5,b=8
max=8,min=5
```

通过指针变量访问它所指向的一个变量是以间接访问的形式进行的，所以比直接访问一个变量要费时间，而且不直观，因为通过指针变量访问哪一个变量，取决于指针变量的值（即指向），不仅速度慢而且目的不明。但由于指针是变量，因此可以通过改变它们的指向间接访问不同的变量，这给程序员带来了灵活性，也可使程序代码编写得更为简洁和有效。

8.2　数组指针变量

8.2.1　一维数组元素的指针变量

1. 一维数组元素的指针

一个变量有地址，一个数组包含若干元素，每个数组元素都有相应的地址。

一个数组是由连续的一块内存单元组成的。例如，定义一个数组为

```
int a[10];
```

则 C 编译系统为该数组分配长为 10 个元素的内存空间。一个数组也是由各个数组元素（下标变量）组成的。每个数组元素按其类型占有几个连续的内存单元。一个数组元素的指针也是指它所占有的几个内存单元的首地址。每个数组元素的指针如图 8-5 所示。

另外，数组名代表数组的首地址，也就是第 0 号元素的地址，因此&a[0]和 a 都是第 0 个元素的指印。

2．定义一维数组元素的指针变量

定义一个指向数组元素的指针变量的方法，与以前介绍的定义指向普通变量的指针变量的方法相同。例如：

```
int a[10];          /*定义 a 为包含 10 个整型数据的数组*/
int *p;             /*定义 p 为指向整型变量的指针*/
```

应当注意，因为数组为 int 型，所以指针变量也应为指向 int 型的指针变量。

定义一维数组元素的指针变量的一般形式为：

```
类型名 *指针变量名;
```

其中，类型说明符表示所指数组的类型。

从一般形式可以看出，指向数组的指针变量和指向简单变量的指针变量的说明是相同的。

指针	内存单元	数组元素
	⋮	
&a[0]=2100	82	a[0]
&a[1]=2104	78	a[1]
&a[2]=2108	65	a[2]
&a[3]=2112	90	a[3]
&a[4]=2116	83	a[4]
&a[5]=2120	75	a[5]
&a[6]=2124	60	a[6]
&a[7]=2128	55	a[7]
&a[8]=2132	80	a[8]
&a[9]=2136	95	a[9]
	⋮	

图 8-5　数组元素的指针

3．数组元素的指针变量的运算

（1）数组元素指针变量的赋值运算

下面是对指针变量赋值：

```
p=&a[0];
```

即把 a[0]元素的地址赋给指针变量 p。也就是说，p 指向 a 数组的第 0 号元素。C 语言规定，数组名代表数组的首地址，也就是第 0 号元素的地址。因此，下面两个语句等价：

```
p=&a[0];
p=a;
```

在定义指针变量时可以赋给初值：

```
int *p=&a[0];
```

它等效于：

```
int *p;
p=&a[0];
```

当然，定义时也可以写成：

```
int *p=a;
```

从图 8-5 中可以看出以下关系：

P、a、&a[0]均指向同一单元，它们是数组 a 的首地址，也是 0 号元素 a[0]的首地址。应该说明的是，p 是变量，而 a、&a[0]都是常量。在编程时对此应予以注意。

（2）数组元素指针变量加减正整数的运算

C 语言规定：如果指针变量 p 已指向数组中的一个元素，则 p+1 指向同一数组中的下一个元素。

对于指向数组的指针变量，可以加上或减去一个整数 n。设 p 是指向数组 a 的指针变量，则 p+n，p−n，p++，++p，p−−，−−p 运算都是合法的。指针变量加或减一个整数 n 的意义是把指针指向的当前位置(指向某数组元素)向前或向后移动 n 个位置。应该注意，数组指针变量向前或向后移动一个位置和地址加 1 或减 1 在概念上是不同的。因为数组可以有不同的类型，各种类型的数组元素所占的字节长度是不同的。例如，指针变量加 1，即向后移动 1 个位置，表示指针变量指向下一个数据元素的首地址，而不是在原地址基础上加 1。例如：

```
int a[10], *p;
p=a;                                /*p 指向数组 a，也是指向 a[0]*/
p=p+2;                              /*p 指向 a[2]，即 p 的值为&a[2]*/
```

指针变量的加减运算只能对数组指针变量进行，对指向其他类型变量的指针变量作加减运算是毫无意义的。

如果 p 的初值为&a[0]，则 p+i 和 a+i 就是 a[i]的地址，或者说它们指向 a 数组的第 i 个元素；* (p+i)或* (a+i)就是 p+i 或 a+i 所指向的数组元素，即 a[i]，例如* (p+5)或* (a+5)就是 a[5]。

指向数组的指针变量也可以带下标，如 p[i]与* (p+i)等价。

根据以上叙述，引用一个数组元素可以用以下三种方法。

1）下标变量法：

即用 a[i]形式访问数组元素。在前面介绍数组时都是采用这种方法。

【例 8-3】通过下标变量法输出数组中的全部元素。

```
# include <stdio.h>
int main( )
{
  int a[10],i;
  for (i=0; i < 10; i++)
      scanf("%d", &a[i]);
  for (i=0; i < 5; i++)
      printf("a[%d]=%d\n", i, a[i]);
return 0;
}
```

2）数组地址法：

通过数组名计算元素的地址，找出元素的值，即采用* (a+i)或* (p+i)的形式，用间接访问的方法来访问数组元素，其中 a 是数组名，p 是指向数组的指针变量，其初始值 p=a。

【例 8-4】通过数组地址法输出数组中的全部元素。

```
# include <stdio.h>
int main( )
{
   int a[10], i;
   for (i=0; i < 10; i++)
       scanf("%d", a+i);
   for (i=0; i < 10; i++)
       printf("a[%d]=%d\n", i, * (a+i));
```

```
    return 0;
  }
```

3）指针变量法：

用指针变量指向数组元素，其中 a 是数组名，p 是指向数组的指针变量，其初始值 p=a。

【例 8-5】 用指针变量法输出数组中的全部元素。

```
# include <stdio.h>
int main( )
  {
  int a[10], i, *p;
  for (p=a; p < a+10; p++)
       scanf("%d", p);
  for (p=a; p < a+10; p++)
       printf("a[%d]=%d\n", i, *p);
  return 0;
  }
```

（3）两个指针变量之间的运算

只有指向同一数组的两个指针变量之间才能进行运算，否则运算毫无意义。

1）两指针变量相减：

两指针变量相减所得之差是两个指针所指数组元素之间相差的元素个数，实际上是两个指针值（地址）相减之差再除以该数组元素的长度（字节数）。

例如，p 和 q 是指向同一整型数组的两个指针变量，设 p 的值为 2108，q 的值为 2120，而整型数组每个元素占 4 字节，所以 q−p 的结果为(2120−2108)/4=3，表示 q 和 p 之间相差 3 个元素，如图 8-6 所示。两个指针变量不能进行加法运算。例如，q+p 是什么意思呢?毫无实际意义。

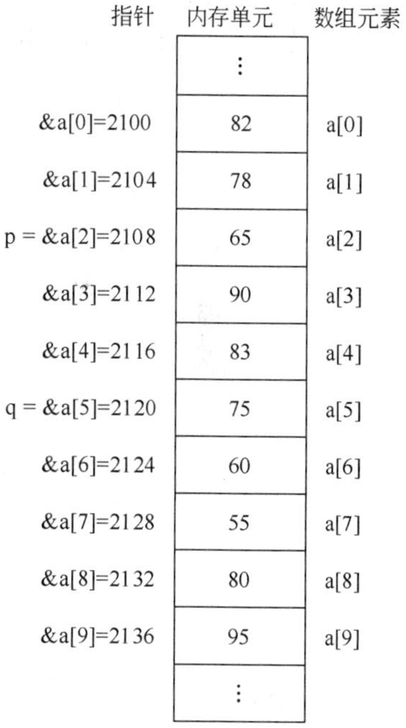

指针	内存单元	数组元素
	⋮	
&a[0]=2100	82	a[0]
&a[1]=2104	78	a[1]
p = &a[2]=2108	65	a[2]
&a[3]=2112	90	a[3]
&a[4]=2116	83	a[4]
q = &a[5]=2120	75	a[5]
&a[6]=2124	60	a[6]
&a[7]=2128	55	a[7]
&a[8]=2132	80	a[8]
&a[9]=2136	95	a[9]
	⋮	

图 8-6　两指针变量相减

2）两指针变量进行关系运算：

指向同一数组的两指针变量进行关系运算可表示它们所指数组元素之间的关系。例如：

p == q 表示 p 和 q 是否指向同一数组元素。

p>q 表示 p 和 q 的相对位置关系，则此式为假。

指针变量还可以与 0 比较。例如，设 p 为指针变量，如果 p==0 为真，表明 p 是空指针，它不指向任何变量；如果 p!=0 为真，表示 p 不是空指针。

空指针是由对指针变量赋予 0 值而得到的。例如：

```
# define NULL 0
int *p=NULL;
```

对指针变量赋 0 值和不赋值是不同的。指针变量未赋值时，可以是任意值，是不能使用的，否则将造成意外错误；而指针变量赋 0 值后，则可以使用，只是它不指向具体的变量而已。

8.2.2 二维数组元素的列指针变量

本小节介绍二维数组元素的列指针变量。

1．二维数组的列指针

设有整型二维数组 a[3][4]如下：

0 1 2 3

4 5 6 7

8 9 10 11

它的定义为：

```
int a[3][4]={{0, 1, 2, 3},{4, 5, 6, 7},{8, 9, 10, 11}}
```

二维数组 a[3][4]含有 12 个元素，每个元素为 a[i][j]。每个元素的地址为&a[i][j]。设数组 a 的首地址为 2100，各下标变量的首地址及其值如图 8-7 所示。

二维数组的每一行可以被看作一个一维数组，每个一维数组含有四个元素（列元素）。例如 a[0]这个一维数组含有 a[0][0]、a[0][1] 、a[0][2] 、a[0][3]四个元素（图 8-8）。

指针	内存单元	数组元素
	⋮	
&a[0][0]=2100	82	a[0][0]
&a[0][1]=2104	78	a[0][1]
&a[0][2]=2108	65	a[0][2]
&a[0][3]=2112	90	a[0][3]
&a[1][0]=2116	83	a[1][0]
&a[1][1]=2120	75	a[1][1]
&a[1][2]=2124	60	a[1][2]
&a[1][3]=2128	55	a[1][3]
&a[2][0]=2132	80	a[2][0]
&a[2][1]=2136	95	a[2][1]
&a[2][2]=2140	66	a[2][2]
&a[2][3]=2144	77	a[2][3]
	⋮	

图 8-7 下标变量地址与值

a[0]	a[0]+1	a[0]+2	a[0]+3
a[0][0]	a[0][1]	a[0][2]	a[0][3]
a[1][0]	a[1][1]	a[1][2]	a[1][3]
a[2][0]	a[2][1]	a[2][2]	a[2][3]

图 8-8 数组的行元素组成

如图 8-8 所示，a[0]是第 0 行的一维数组的数组名和首地址，因此也为 2100。它表示一维数组 a[0][0]号元素的首地址，也为 2100。&a[0][0]是二维数组 a 的第 0 行第 0 列元素的首地址，同样是 2100。因此，a[0]和&a[0][0]都表示第 0 行第 0 列的地址。

同理，a[1]是第 1 行的一维数组的数组名和首地址，因此也为 2116。&a[1][0]是二维数组 a 的第 1 行第 0 列元素的地址，也是 2116。因此，a[1]和&a[1][0]都表示第 1 行第 0 列的地址。

所以，第 i 行第 0 列的地址表示为 a[i]或&a[i][0]。

a[0]也可以被看成 a[0]+0，是一维数组 a[0]的 0 号元素的首地址，而 a[0]+1 则是 a[0]的 1 号元素地址，由此可得出 a[i]+j 是一维数组 a[i]的 j 号元素的地址，它等于&a[i][j]，即第 i 行第 j 列的地址表示为 a[i]+j 或&a[i][j]。

2．列指针变量举例

【例 8-6】有一个 3×4 的二维整型数组，要求用指向元素的指针变量计算二维数组各元素的最大值。

（1）问题分析

输入：3×4 的二维数组 a[3][4]。

处理：通过擂台法，设一个擂主 max，用一个指针变量 p 依次指向各个元素 a[i][j]，通过和擂主比较，找出最大值 max。

输出：max。

（2）算法设计

算法对应的 N-S 流程图如图 8-9 所示。

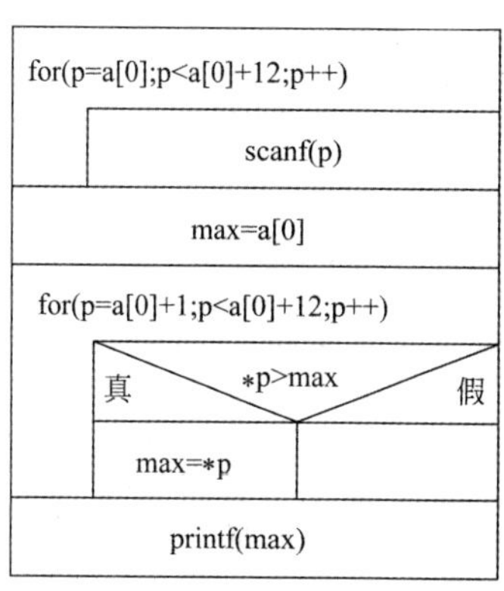

图 8-9 例 8-6 的 N-S 流程图

（3）编写程序

```
#include <stdio.h>
int main( )
{
int a[3][4];
int *p, max;
printf("请输入 a[3][4]数据：");
for (p=a[0]; p < a[0]+12; p++)
    scanf("%d", p);
max=a[0];
for (p=a[0]+1; p < a[0]+12; p++)
    if (*p>max) max=*p;
printf("%d\n", max);
return 0;
}
```

（4）测试运行

```
请输入 a[3][4]数据：11 22 33 44 10 20 30 40 18 25 34 32
max=44
```

8.3 指针变量与字符串

在 C 语言中，可以用两种方法表示一个字符串。

1. 用字符数组表示一个字符串

【例 8-7】用字符数组存放一个字符串，然后输出该字符串。

1）问题分析。

输入：字符串。

处理：定义字符数组 string，对它初始化，由于在初始化时字符的个数是确定的，因此可不必指定数组的长度。

输出：字符数组 string。

2）算法设计（略）。

3）编写程序。

```
# include <stdio.h>
int main( )
{
  char string[]="I love China! ";
  printf("%s\n", string);
  return 0;
}
```

4）测试运行。

```
I love China!
```

和前面介绍的数组属性一样，string 是数组名，它代表字符数组的首地址。

2. 用字符指针变量表示一个字符串

【例 8-8】编写一个登录程序，密码最多输入三次，用字符指针变量指向一个密码字符串。

（1）问题分析

输入：密码字符串 p。

处理：比较存储的密码字符串 pwd 和输入的字符串 p，决定是否登录成功。

输出：登录成功或失败。

（2）算法设计

算法对应的 N-S 流程图如图 8-10 所示。

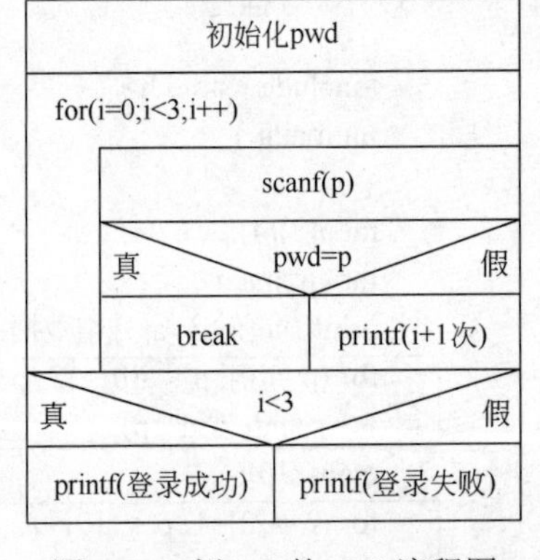

图 8-10　例 8-8 的 N-S 流程图

（3）编写程序

```
# include <stdio.h>
int main( )
{
int i;
char *pwd="654321";
char p[7];
for (i=0; i < 3; i++){
    printf("请输入密码：");
    scanf("%s", p);
    if (strcmp(pwd, p)==0)
        break;
    else
```

```
            printf("您已错误%d 次(共 3 次)", i+1);
    }
    if (i < 3)
        printf("登录成功！\n");
    else
        printf("密码错误 3 次，系统锁定！\n");
    return 0;
}
```

（4）测试运行

```
请输入密码：123456
您已错误 1 次（共 3 次）请输入密码：654321
登录成功！
```

本例中，用到了一个循环结构，该循环至多重复 3 次，小于 3 次则登录成功。程序中首先定义 pwd 是一个字符指针变量，然后把字符串的首地址赋予 pwd（应写出整个字符串，以便编译系统把该串装入连续的一块内存单元），并把首地址送入 pwd。

【例 8-9】输出字符串中 n 个字符后的所有字符。

1）问题分析。

输入：字符串。

处理：指针变量 string 指向字符串常量中的第 n 个字符。

输出：通过字符指针变量 string 输出该字符串。

2）算法设计（略）。

3）编写程序。

```
# include <stdio.h>
int main( )
{
  char *ps="this is a book";
  int n=10;
  ps=ps+n;
  printf("%s\n", ps);
  return 0;
}
```

4）测试运行。

```
book
```

在程序中对 ps 初始化时，即把字符串首地址赋予 ps，当 ps=ps+10 之后，ps 指向字符“b”因此输出为“book”。

3．字符数组和字符指针变量的区别

用字符数组和字符指针变量都可实现字符串的存储和运算，但是两者是有区别的。在使用时应注意以下几个问题：

1）字符指针变量本身是一个变量，用于存放字符串的首地址。而字符串本身是存放在以该首地址为首的一块连续的内存空间中并以“\0”作为串的结束。字符数组是由若干数组元素组成的，它可用来存放整个字符串。

2）字符指针变量方式：

```
char *ps="C Language";
```

可以写为：

```
char *ps;
ps="C Language";
```

而数组方式：

```
char st[ ]={"C Language"};
```

不能写为：

```
char st[20];
st={"C Language"};
```

而只能对字符数组的各元素逐个赋值。

从以上几点可以看出字符指针变量与字符数组在使用时的区别，同时也可看出使用字符指针变量更加方便。前面说过，当一个指针变量在未取得确定地址前使用是危险的，容易引起错误。但是对指针变量直接赋值是可以的，因为C语言系统对指针变量赋值时要给予确定的地址。

8.4 指针变量与函数参数

函数的参数不仅可以是整型、实型、字符型或者数组名等数据，还可以是指针类型。使用指针作参数的作用是将一个变量的地址传送到另一个函数中。

1. 普通指针变量作函数参数

【例 8-10】输入的两个整数按大小顺序输出。现用函数处理，而且用指针类型的数据作函数参数。

1）问题分析。

输入：a 和 b。

处理：在函数 swap 中通过指针实现交换两个变量的值。

输出：a 和 b。

2）算法设计（略）。

3）编写程序。

```
# include <stdio.h>
void swap(int *q1, int *q2)
{
int t;
 t=*q1;
 *q1=*q2;
```

```
  *q2=t;
}

int main( )
{
int a, b;
int *p1, *p2;
scanf("%d,%d", &a, &b);
p1=&a; p2=&b;
if (a < b) swap(p1, p2);
printf("%d,%d\n", a, b);
return 0;
}
```

4）测试运行。

```
5,8
8,5
```

对程序的说明：

1）swap 是用户定义的函数，它的作用是交换两个变量（a 和 b）的值。swap 函数的形参 p1、p2 是指针变量。程序运行时，先执行 main( )函数，输入 a 和 b 的值，然后将 a 和 b 的地址分别赋给指针变量 p1 和 p2，使 p1 指向 a，p2 指向 b。

2)接着执行 if 语句，由于 a<b，因此执行 swap( )函数。注意实参 p1 和 p2 是指针变量，在函数调用时，将实参变量的值传递给形参变量。采取的依然是“值传递”方式。因此虚实结合后形参 q1 的值为&a，q2 的值为&b。这时 p1 和 q1 指向变量 a，p2 和 q2 指向变量 b。

3）接着执行 swap( )函数的函数体使*q1 和*q2 的值互换，也就是使 a 和 b 的值互换。函数调用结束后，q1 和 q2 不复存在（已释放）。

4）最后在 main( )函数中输出的 a 和 b 的值是已经过交换的值。

【例 8-11】输入 a、b、c 三个整数，按大小顺序输出。

1）问题分析。

输入：a、b、c。

处理：用 exchange( )函数，再调用 swap( )函数，通过指针交换三个变量的值。

输出：a、b、c。

2）算法设计（略）。

3）编写程序。

```
# include <stdio.h>
void swap(int *q1, int *q2)
{
int t;
t=*q1;
*q1=*q2;
*q2=t;
}
void exchange(int *pt1, int *pt2, int *pt3)
{
```

```
    if(*pt1 < *pt2) swap(pt1, pt2);
    if(*pt1 < *pt3) swap(pt1, pt3);
    if(*pt2 < *pt3) swap(pt2, pt3);
    }
     int main( )
     {
     int a, b, c, *p1, *p2, *p3;
     scanf("%d,%d,%d", &a, &b, &c);
     p1=&a;
     p2=&b;
     p3=&c;
     exchange(p1, p2, p3);
     printf("%d,%d,%d \n", a, b, c);
     return 0;
    }
```

4）测试运行。

```
7,5,8
8,7,5
```

2. 数组指针变量作函数的实参和形参

数组名可以作函数的实参和形参。例如：

```
# include <stdio.h>
int main( )
{
int array[10];
  ……
f(array, 10);
……
}
f(int arr[], int n);
{
……
}
```

其中，array 为实参数组名；arr 为形参数组名。在学习指针变量之后就更容易理解这个问题了。数组名就是数组的首地址。实参向形参传送数组名实际上就是传送数组的地址，形参得到该地址后也指向同一数组。这就好像同一件物品有两个彼此不同的名称一样。同样，指针变量的值也是地址，数组指针变量的值即数组的首地址，当然也可作为函数的参数使用。

【例 8-12】计算 10 个数的平均值，通过函数实现。

（1）问题分析

输入：数组 score[10]。

处理：通过函数调用完成平均值 av 的计算。

输出：平均值 av。

（2）算法设计

算法对应的 N-S 流程图如图 8-11 所示。

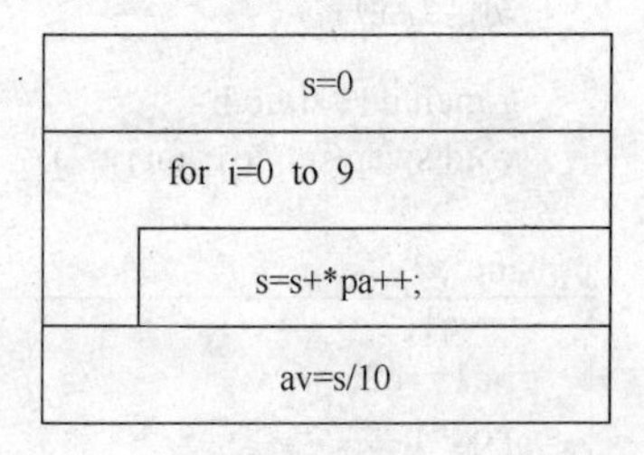

图 8-11　例 8-12 aver( )函数的 N-S 流程图

（3）编写程序

```
# include <stdio.h>
int main( )
{ float aver(float *pa);
  void input(float array[ ]);
  float score[10], av, *sp;
  sp=score;
  printf("Input 10 scores:\n");
  input(sp);
  av=aver(sp);
  printf("average score is %5.2f", av);
  return 0;
}
void input(float array[ ])                        //input( )函数定义开始
{
int i;
for (i=0; i < 10; i++)
    scanf("%f", &array[i]);
}                                                 //input( )函数定义结束
float aver(float *pa)                             //aver( )函数定义开始
{
  int i;
  float av, s=0;
  for (i=0; i < 10; i++)
      s=s+* pa++;
  av=s/10;
  return av;
}                                                 //aver( )函数定义结束
```

（4）测试运行

```
Input 10 scores:
60 77 86 75 69 90 73 82 93 65
average score is 77.00
```

本例中定义了三个函数，main( )函数、input( )函数和 aver( )函数，main( )函数调用另两个函数时，均采用了实参指针变量。每个函数内部用循环结构实现其功能。

【例 8-13】将数组 a 中的 10 个整数按相反顺序存放，形参用指针变量实现。

（1）问题分析

输入：数组 a。

处理：将 a[0]与 a[n−1]对换，再将 a[1]与 a[n−2]对换……若 p < q 则继续，直到 p >= q 为止。

输出：数组 a。

（2）算法设计

算法对应的 N-S 流程图如图 8-12 所示。

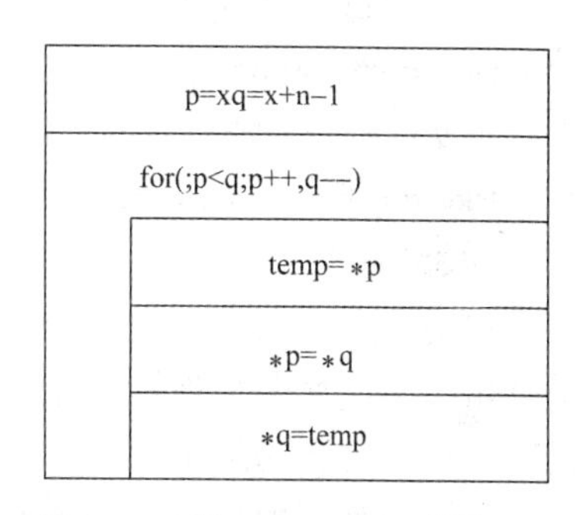

图 8-12　例 8-13inv( )函数的 N-S 流程图

（3）编写程序

```
# include <stdio.h>
void input(int *x, int n)                //input 函数定义
```

```
{
  int *p;
  p=x;
  for( ; p < x+n; p++)
      scanf("%d", p);
}                                              //input( )函数定义结束
void inv(int *x, int n)                        //inv( )函数定义，形参 x 为指针变量
{
  int t, *p, *q;
  p=x;
  q=x+n-1;
  for( ; p < q; p++,q--){
      t=*p;
      *p=*q;
      *q=t;
  }
  return;
}                                              //inv( )函数定义结束
void output(int *x, int n)                     //output( )函数定义
{
  int *p;
  p=x;
  for( ; p < x+n ; p++)
      printf("%d ", *p);
  printf("\n");
}                                              //output( )函数定义结束
int main( )
{
  int a[10];
  printf("The original array:\n");
  input(a, 10);
  inv(a, 10);
  printf("The array has benn inverted:\n");
  output(a, 10);
  return 0;
}
```

（4）测试运行

```
The original array:
3 7 9 11 0 6 7 5 4 2
The array has benn inverted:
2 4 5 7 6 0 11 9 7 3
```

本例定义了三个函数，分别用于数据输入、数据处理和数据输出。数据处理的基本思想是两端归中，设两个指针变量 p 和 q，p 的初值为&a[0]，q 的初值为&a[n−1]。将 a[p]与 a[q]交换，然后使 p 的地址值加 1，q 的地址值减 1，再将 a[p]与 a[q]交换，直到 p>=q 为止。

归纳起来，如果有一个实参数组，想在函数中改变此数组的元素的值，实参与形参的对应关系有以下 4 种：

1）形参和实参都是数组名。

```
# include <stdio.h>
int main( )
{int a[10];
   ……
  f(a, 10)
   ……
}
  f(int x[], int n)
  {
   ……
  }
```

其中，a 和 x 指的是同一组数组。

2）实参用数组，形参用指针变量。

```
# include <stdio.h>
int main( )
{
  int a[10];
  ……
  f(a, 10)
  ……
  }
  f(int *x, int n)
  {
   ……
  }
```

3）实参、形参都用指针变量。

4）实参为指针变量，形参为数组名。

【例 8-14】用实参指针变量改写将 10 个整数按相反顺序存放的程序，其他不变。

1）问题分析。

输入：数组 a。

处理：将 a[0]与 a[n–1]对换，再将 a[1]与 a[n–2]对换……若 p<q 则继续，直到 p>=q 为止。

输出：数组 a。

2）算法设计（略）。

3）编写程序。

```
# include <stdio.h>
void input(int *x, int n)                                  //input( )函数定义
{
  int *p;
  p=x;
  for( ; p < x+n; p++)
      scanf("%d", p);
}                                                          //input( )函数定义结束
```

```
void inv(int *x, int n)                          //inv( )函数定义，形参 x 为指针变量
{
  int t, *p, *q;
  p=x;
  q=x+n-1;
  for( ; p < q; p++,q--){
       t=*p;
       *p=*q;
       *q=t;
  }
  return;
}                                                //inv( )函数定义结束
void output(int *x, int n)                       //output( )函数定义
{
  int *p;
  p=x;
  for( ; p < x+n ; p++)
       printf("%d ", *p);
  printf("\n");
}                                                //output( )函数定义结束
int main( )
{
  int a[10];
  p=a;
  printf("The original array:\n");
  input(p, 10);
  inv(p, 10);
  printf("The array has benn inverted:\n");
  output(p, 10);
  return 0;
}
```

4）测试运行（略）。

运行情况与前一程序相同。注意：main( )函数中的指针变量 p 是有确定值的，即如果用指针变量作实参，必须先使指针变量有确定值，指向一个已定义的数组。

3．字符指针变量作函数的实参和形参

【例 8-15】把字符串指针作为函数参数，要求把一个字符串的内容复制到另一个字符串中，并且不能使用 strcpy( )函数。

1）问题分析。

输入：数组 a。

处理：ps 指向源字符串，pd 指向目标字符串。用 cpystr( )函数完成复制。

输出：数组 a。

2）算法设计（略）。

3）编写程序。

```
# include <stdio.h>
void cpystr(char *ps, char *pd)
```

```
{
    while((*pd=*ps) != '\0'){
    pd++;
    ps++;
  }
}
int main( )
{
  char *pa="CHINA", b[10], *pb;
  pb=b;
  cpystr(pa, pb);
  printf("string a=%s\nstring b=%s\n", pa, pb);
  return 0;
}
```

4）测试运行。

```
string a=CHINA
string b=CHINA
```

在本例中，程序完成了两项工作：一是把 ps 指向的源字符串复制到 pd 指向的目标字符串中；二是判断所复制的字符是否为'\0'，若是，则表明源字符串结束，不再循环，否则 pd 和 ps 都加 1，指向下一字符。在主函数中，以指针变量 pa、pb 为实参，分别取得确定值后调用 cpystr( )函数。由于采用的指针变量 pa 和 ps，pb 和 pd 均指向同一字符串，因此在主函数和 cpystr( )函数中均可使用这些字符串。也可以把 cpystr( )函数简化为以下形式：

```
cpystr(char *ps, char *pd)
  {
  while ((*pd++=*ps++) != '\0');
  }
```

即把指针的移动和赋值合并在一个语句中。进一步分析还可发现'\0'的 ASCⅡ码为 0，对于 while 语句只看表达式的值为非 0 就循环，为 0 则结束循环，因此也可省去“!= '\0'”这一判断部分，而写为以下形式：

```
cprytr (char *ps, char *pd)
{
  while (*pds++=*ps++);
}
```

表达式的意义可解释为，源字符向目标字符赋值，移动指针，若所赋值为非 0，则循环，否则结束循环。这样使程序更加简洁。

【例 8-16】简化例 8-15 的程序。

例 8-15 简化后的程序为：

```
# include <stdio.h>
void cpystr(char *ps, char *pd)
{
  while(*pd++=*ps++);
}
```

```
int main( )
  {
char *pa="CHINA", b[10], *pb;
pb=b;
cpystr(pa, pb);
printf("string a=%s\nstring b=%s\n", pa, pb);
return 0;
}
```

值传递方式的开销是非常大的，其原因有这样几点：第一，需要完整地复制初始数组并将其存放到栈中，这将耗费相当可观的运行时间，因而值传递方式的效率比较低；第二，初始数组的复制需要占用额外的内存空间（栈中的内存）；第三，编译程序需要专门产生一部分用来复制初始数组的代码，这将使程序变大。

地址传递方式克服了值传递方式的缺点，是一种更好的方式。在地址传递方式中，传递给函数的是指向初始数组的指针，不用复制初始数组，因此程序变得精练和高效，并且也节省了栈中的内存空间。在地址传递方式中，只需在函数原型中将函数的参数说明为指向数组元素数据类型的一个指针即可。

8.5 指针函数

一个函数可以带回一个整型值、字符型值、实型值等，也可以带回指针型的数据，即地址。这种带回指针值的函数，称为指针函数。指针函数的一般形式为：

```
类型名 *函数名(形参表)
{
……                                  //函数体
}
```

其中，函数名之前加了“*”号表明这是一个指针函数，即返回值是一个指针。类型名表示了返回的指针值所指向的数据类型。例如：

```
int *ap(int x,int y)
{
   ......                           //函数体
}
```

表示 ap 是一个返回指针值的指针函数，它返回的指针指向一个整型变量。

【例 8-17】有三个学生的四门课成绩，通过指针函数，检查一个学生有无不及格的课程。

（1）问题分析

输入：a[3][4]。

处理：定义一函数，判断某个学生的成绩是否不及格，返回值为指向该学生的列指针。

输出：第 i 个学生。

（2）算法设计

算法对应的 N-S 流程图如图 8-13 所示。

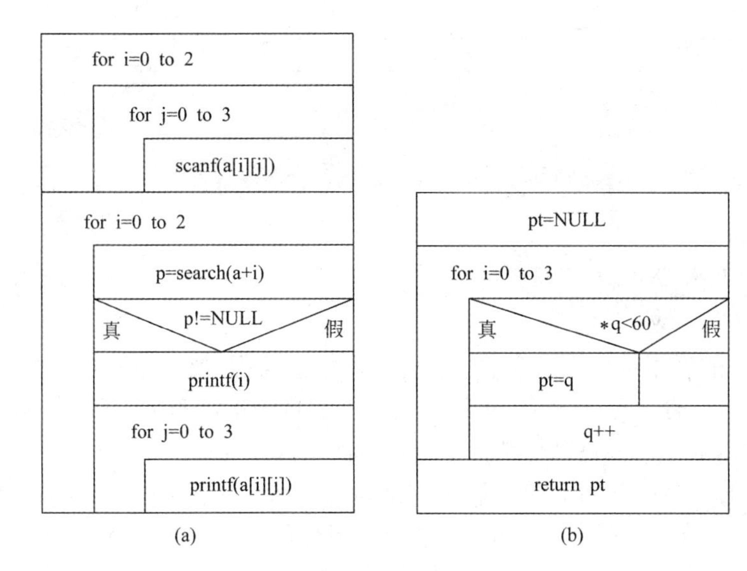

图 8-13　例 8-17 的 N-S 流程图

（3）编写程序

```
# include <stdio.h>
float *search(float *q)
{
  int i;
  float *pt;
  pt=NULL;
  for (i=0; i < 4; i++){
      if (*q < 60)
          pt=q;
      q++;
  }
  return pt;
}
int main( )
{
  float a[3][4];
      float *p;
  int i, j;
  printf("请输入 a[3][4]数据：\n");
  for (i=0; i < 3; i++)
      for (j=0; j < 4; j++)
          scanf("%f", &a[i][j]);
  for (i=0; i < 3; i++){
      p=search(a[i]);
      if (p != NULL){
          printf("No.%d: ",i);
          for (j=0; j < 4; j++)
              printf("%5.1f ", a[i][j]);
          printf("\n");
      }
```

```
        }
    return 0;
}
```

（4）测试运行

```
请输入 a[3][4]数据：
78 76 65 89 56 77 92 88 89 66 72 83
No.1: 56.0   77.0   92.0   88.0
```

Search( )函数的作用是检查一个学生有无不及格的课程。在 search( )函数中，q 是指针变量，指向一维数组（有 4 个元素）；pt 为指向实型变量的指针变量。从实参传给形参 q 的是 a[i]。在 search( )函数中，通过循环结构检查 4 门课中有不及格的，就使 pt 指向第 i 行该列元素；若无不及格的，则保持 pt 指向 NULL，将 pt 返回 main( )函数。在 main( )函数中，循环 3 次调用 search( )函数，把调用 search( )函数得到的指针 pt 的值赋给 p。用 if 语句判断 p 是否等于 NULL，若不相等，表示所查的学生有不及格课程；若无不及格，p 的值是 NULL。

8.6 指针数组

如果一个数组的元素值为指针，则这个数组是指针数组。指针数组是一组有序的指针的集合。指针数组的所有元素都必须是具有相同存储类型和指向相同数据类型的指针变量。

指针数组说明的一般形式为：

```
类型名 *数组名[数组长度]
```

其中，类型名为指针值所指向的变量的类型。例如：

```
int *pa[3]
```

表示 pa 是一个指针数组，它有三个数组元素，每个元素值都是一个指针，指向整型变量。

指针数组常用来表示一组字符串，这时指针数组的每个元素被赋予一个字符串的首地址。指向字符串的指针数组的初始化更为简单。

指针数组也可以用作函数参数。

【例 8-18】输入一个 1～7 的整数，输出对应的星期名，要求以指针数组作指针函数的参数。

1）问题分析。

输入：指针数组 name[]。

处理：以 name 作为实参调用 day_name( )指针函数，day_name( )指针函数返回星期名。

输出：字符指针 ps。

2）算法设计（略）。

3）编写程序。

```
# include <stdio.h>
int main( )
```

```
{
char *name[]={ "Illegal day", "Monday", "Tuesday", "Wednesday", "Thursday",
                "Friday", "Saturday", "Sunday" };
char *ps;
int i;
char *day_name(char *name[], int n);
printf("Input Day No:");
scanf("%d", &i);
ps=day_name(name, i);
printf("Day No:%2d-->%s\n", i, ps);
return 0;
}
char *day_name(char *name[ ], int n)
  {
  char *pp1, *pp2;
  pp1=*name;
  pp2=* (name+n);
  return ((n < 1 || n>7) ? pp1 : pp2);
  }
```

4）测试运行。

```
Input Day No:7
Day No: 7-->Sunday
```

在本例主函数中，定义了一个指针数组 name，并对 name 作了初始化赋值，其每个元素都指向一个字符串。然后又以 name 作为实参调用 day_name( )指针函数，在调用时把数组名 name 赋予形参变量 name，输入的整数 i 作为第二个实参赋予形参 n。在 day_ name( )函数中定义了两个指针变量 pp1 和 pp2，pp1 被赋予 name[0]的值，即*name；pp2 被赋予 name[n]的值，即* (name+ n)。由条件表达式决定返回 pp1 或 pp2 指针给主函数中的指针变量 ps。最后输出 i 和 ps 的值。

【例 8-19】输入 5 个国家名并按字母顺序排列后输出。

（1）问题分析

输入：指针数组 name[ ]。

处理：以 name 作为实参调用 sort( )函数，函数将 name 排序后返回。

输出：name[ ]。

（2）算法设计

算法对应的 N-S 流程图如图 8-14 所示。

（3）编写程序

```
#include <stdio.h>
  #include <string.h>
  int main( )
  {
     void sort(char *name[], int n);
     void print(char *name[], int n);
     static char *name[]={"CHINA", "AMERICA", "AUSTRALIA", "FRANCE", "GERMANY"};
```

```
    int n=5;
    sort(name, n);
    print(name, n);
    return 0;
    }
    void sort(char *name[], int n)
    {
     char *pt;
     int i, j, k;
     for (i=0; i < n-1; i++){
        k=i;
        for (j=i+1; j < n; j++)
            if (strcmp(name[k], name[j])>0)
                k=j;
        if (k != i){
            pt=name[i];
            name[i]=name[k];
            name[k]=pt;
        }
     }
}
void print(char *name[], int n){
    int i;
    for (i=0;i < n;i++) printf("%s\n", name[i]);
}
```

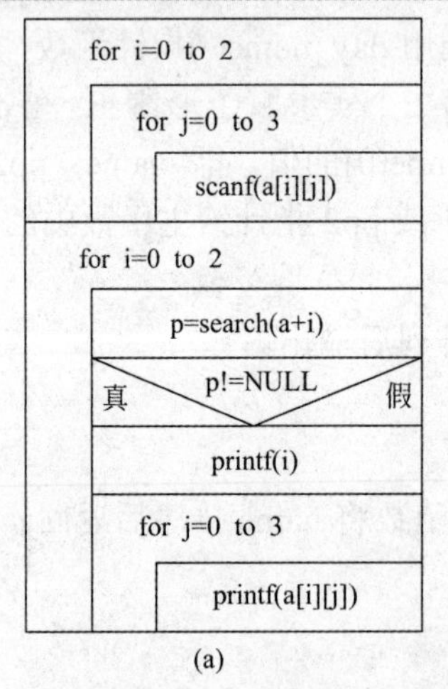

(a)

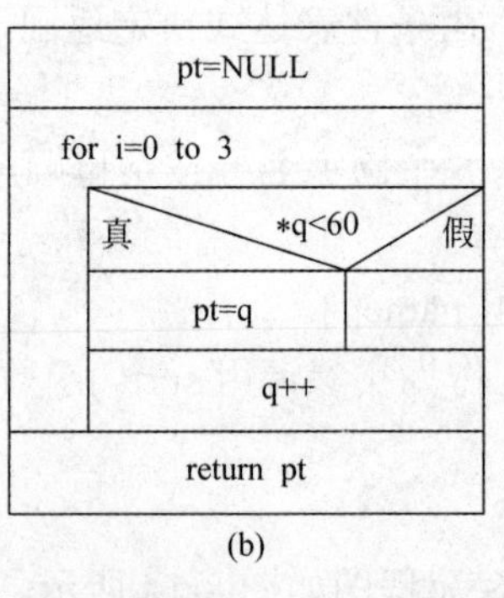

(b)

图 8-14　例 8-19 的 N-S 流程图

（4）测试运行

```
AMERICA
AUSTRALIA
CHINA
FRANCE
GERMANY
```

在以前的例子中采用了普通的排序方法，逐个比较之后交换字符串的位置。交换字符串的物理位置是通过字符串复制函数完成的。反复的交换将使程序执行的速度很慢，同时各字符串（国名）的长度不同，又增加了存储管理的负担。用指针数组能很好地解决这些问题。把所有的字符串存放在一个数组中，把这些字符数组的首地址放在一个指针数组中，当需要交换两个字符串时，只需交换指针数组相应两元素的内容（地址）即可，而不必交换字符串本身。

本程序定义了两个函数，一个名为 sort，完成排序，其形参为指针数组 name，即为待排序的各字符串数组的指针。形参 n 为字符串的个数。另一个函数名为 print，用于排序后字符串的输出，其形参与 sort( )函数的形参相同。主函数 main( )中，定义了指针数组 name，并作了初始化赋值。然后分别调用 sort( )函数和 print( )函数完成排序和输出。

8.7 习　　题

1）在例 8-10 中，如果 swap( )函数为：

```
void swap(int *q1, int *q2)
{
  int *temp;
  *temp=*q1;                                    /*此语句有问题*/
  *q1=*q2;
  *q2=temp;
}
```

请找出程序段中的错误。

2）在例 8-10 中，请考虑下面的函数能否实现 a 和 b 互换。

```
# include <stdio.h>
  void swap(int *q1, int *q2)
  {
    int *q;
    q=q1;
    q1=q2;
    q2=q;
  }
```

3）找出程序段中的错误。

```
int main( )
{
  int *p, i, a[10];
  p=a;
  for (i=0; i < 10; i++)
       *p++=i;
  for (i=0; i < 10; i++)
       printf("a[%d]=%d\n", i, *p++);
  }
```

4）改正程序段中的错误。

```
int main( )
{
  int *p, i, a[10];
  p=a;
  for (i=0; i < 10; i++)
      *p++=i;
  p=a;
  for (i=0; i < 10; i++)
      printf("a[%d]=%d\n", i, *p++);
  }
```

5）指出下列语句是否正确，若不正确，说明并改正。

```
int *p, a=10;
*p=a;
printf("%d\n", *p);*/
```

6）输入 a、b、c 三个整数，按先大后小的顺序输出，且通过指针变量输出。

7）编写一程序，将两个字符串连接起来，s2 接在 s1 的后面，要求通过指针变量访问字符。

8）完成下列任务：

① 从键盘接受一个字符串。

② 定义指针变量，通过指针变量访问字符串，并输出。

③ 输出指针变量。

9）完成下列任务：

① 定义整型数组，数组长度为 10；定义指针变量并使之指向整型数组。

② 求指针变量的字节，并输出。

③ 指针变量加 2 后再输出指针变量的值和地址。

④ 定义两个指针 p 和 p1，分别指向数组中第一个元素和第五个元素，两指针作减法运算，输出运算结果。

⑤ 比较指针 p 和 p1，并输出比较后的值。

10）定义所有基本数据类型的变量并初始化变量的值，然后定义所有基本数据类型的指针并使用指针输出各变量的值；再使用指针改变各变量的值，使用变量重新输出。

11）从键盘输入一个字符串，按照字符顺序从小到大进行排序，并要求删除重复的字符。

12）有 n 个人围成一个圆圈，顺序排号，从第一个人开始报数（从 1～3 报数），凡报到 3 的人退出圈子。问：最后留下的是原来的第几号？

13）编写一个函数 findstr(char *str, char *substr)，该函数统计一个长度为 2 的子字符串在另一个字符串中出现的次数。

14）编写程序实现如下功能：输入一个整数字符串并将其转换为一个整数值，如"1234"转换为 1234，"-1234"转换为-1234。

15）从键盘输入一个 n×n 的二维数组（n 由键盘输入），找出此二维数组中各行的最大值，并按从大到小的次序输出各行的最大值及此值所在的行号。

16）接收一个字符串，并将其中的小写字母改为大写字母，大写字母改为小写字母，其他字符不变，然后逆序输出。

17）编写一个名叫 my_strcpy 的函数，它类似于 strcpy 函数，但它不会溢出目标数组。复制的结果必须是一个真正的字符串。

18）有一个班，3 个学生各学四门课，计算总平均分以及第 n 个学生的成绩（应用指向数组的指针）。

19）定义一指针数组，长度为 5，并初始化。将字符串按字母顺序（由小到大）输出。

20）将若干字符串按字母顺序（由小到大）输出。

21）有一个班的 4 个学生，有 5 门课：

① 求第一门课的平均分。

② 找出有两门以上课程不及格的学生，输出他们的学号和全部课程的成绩及平均成绩。

③ 找出平均成绩在 90 分以上或全部课程在 85 分以上的学生。

分别编写 3 个函数实现以上 3 个要求。

22）编写一个函数，此函数使用动态存储分配来产生一个字符串的副本。例如函数为 strclone( )，则调用 p=strclone（str），将会为一个新的字符串分配和 str 所占内存大小相同的一个字符串，并将字符串 str 的内容复制给该新字符串，然后返回指向新字符串的指针，如果分配失败，则返回一个空指针。

23）依次按照下面的要求完成操作：

① 定义一个 char 指针 name，用于保存姓名信息（字符串），初始化为 NULL。

② 使用 malloc 为 name 分配长度为 30 的动态字符数组，用于保存字符串。

③ 使用 strcpy 为 name 赋值字符串"Ramos"。

④ 输出 name 中字符串的值。

⑤ 定义另一个字符指针 Firstname，在定义时直接使用“=”赋值字符串"Sergio"。

⑥ 将 Firstname 中的字符串赋值给 name，并显示赋值后 name 中的字符串。

⑦ 定义字符数组 club，并初始化为"RM"。

⑧ 将 club 中的字符串赋值给 name，并显示赋值后 name 中的字符串。

⑨ 释放为 name 所分配的动态数组。

24）从 N 个字符串中找出最长的那个串，并将其地址作为函数的返回值。

8.8 实验 8 指针编程实验（4 学时）

1. 实验目的

1）熟练掌握指针的定义和使用方法。

2）掌握使用二维字符数组和指针数组处理字符串的方法。

3）熟练掌握指针作为函数参数，包括数组名作为函数的参数的方法。

4）熟练使用字符串处理函数 strcmp( )、strcpy( )、strlen( )、strcat( )。

5）练习通过 debug 观察指针的内容及其所指的对象的内容。

2. 实验内容

（1）实验 8.1

1)通过指针作参数进行参数调用，每次实现不同的功能：求两个数之和、求两个数之差、求两个数之积。

2）实验步骤与要求：

① 分别编写函数 add( )、sub( )、mul( )，计算两个数的和、差、积。

② 在主函数中输入两个数 a、b，分别调用函数 add( )、sub( )、mul( )，并输出 a，b 的和、差和乘积。

③ 建立一个控制台应用程序项目“lab8_1”，向其中添加一个 C 语言源文件“lab8_1.c”，输入程序，检查一下，确认没有输入错误，观察输出是否与预期答案一致。

④ 通过设置固定断点或临时断点来跟踪程序的运行，通过“Memory”窗口查看相应指针地址中存放的内容。

（2）实验 8.2

1）编写一个函数，将数组中的 n 个数按反序存放。

2）实验步骤与要求：

① 在主函数中输入 10 个数，并输出排好序的数。

② 编写函数 invert( )，将 10 个数按反序存放。

③ 建立一个控制台应用程序项目“lab8_2”，向其中添加一个 C 语言源文件“lab8_2.c”，输入程序，检查一下，确认没有输入错误，观察输出是否与预期答案一致。

④ 通过设置固定断点或临时断点来跟踪程序的运行，通过“Memory”窗口查看相应指针地址中存放的内容。

（3）实验 8.3

1）编写一个函数，求一个字符串的长度。

2）实验步骤与要求：

① 用指针完成。

② 在 main()函数中输入字符串，并输出其长度。

③ 本题不能使用 strlen( )函数。

④ 在主函数中定义一个指向字符串的指针变量 pstr，并将输入的字符串的首地址赋值给 pstr，然后调用求字符串长度的函数 strlenth(char *p)，得到字符串的长度。在函数 strlenth(char *p)中，判断*p 是否为'\0'，如果不为'\0'，则进行 len++操作，直到遇到'\0'为止，然后返回 len 值。

⑤ 建立一个控制台应用程序项目“lab8_3”，向其中添加一个 C 语言源文件“lab8_3.c”，输入程序，检查一下，确认没有输入错误，观察输出是否与预期答案一致。

⑥ 通过设置固定断点或临时断点来跟踪程序的运行，通过“Memory”窗口查看相应指针地址中存放的内容。

（4）实验 8.4

1）编程，输入一个 3×4 的数组，先找出每一行中的最大元素，再分别除该行中的所有元素，最后输出数组。

2）实验步骤与要求：

① 定义和调用函数处理数组中的元素，在函数中使用指针、数组各一次。

② 输入输出示例：

1　2　3　4

5　6　7　8

9　10　11　12

0.25　0.50　0.75　1.00

0.63　0.75　0.88　1.00

0.75　0.83　0.92　1.00

③ 提示：定义函数形参时，如果把二维数组定义为指针，调用时要用一级指针的地址。

④ 建立一个控制台应用程序项目“lab8_4”，向其中添加一个C语言源文件“lab8_4.c”，输入程序，检查一下，确认没有输入错误，观察输出是否与预期答案一致。

⑤ 通过设置固定断点或临时断点来跟踪程序的运行，通过“Memory”窗口查看相应指针地址中存放的内容。

⑥ 输入一个 3×4 的数组，先找出每一行中绝对值最大的元素，再分别除该行中的所有元素，最后输出数组，试编制程序。

（5）实验 8.5

1）编程，输入6个字符串，先按从小到大的顺序输出这些字符串，再输出其中最大和最小的字符串。

2）实验步骤与要求：

① 定义和调用函数。

② 建立一个控制台应用程序项目“lab8_5”，向其中添加一个C语言源文件“lab8_5.c”，输入程序，检查一下，确认没有输入错误，观察输出是否与预期答案一致。

③ 通过设置固定断点或临时断点来跟踪程序的运行，通过“Memory”窗口查看相应指针地址中存放的内容。

④ 定义函数形参时，如果把二维数组定义为指针，调用时要用一级指针的地址。

（6）实验 8.6

1）编程，把命令行中的字符串（由数字字符组成）转换为整数并累加输出（例如，将字符串"test 12 348"转换为整数并累加，值为360）。

2）实验步骤与要求：

① 输入输出示例：

test 12 34

sum=46

② 建立一个控制台应用程序项目“lab8_6”，向其中添加一个C语言源文件“lab8_6.c”，输入程序，检查一下，确认没有输入错误，观察输出是否与预期答案一致。

③ 在DOS命令方式下和在VC 6.0环境下各运行一次。其中VC 6.0下的运行方式是：执行“工程”→“设置”→“Debug”命令，在“程序变量”中设置参数的命令。

④ 命令行参数都是字符串，不是数字。

（7）实验 8.7

1）编程，从键盘上输入一个 3×3 的矩阵，求矩阵主对角线和副对角线上的数字之和，要求定义和调用函数。

2）实验步骤与要求：

① 输入输出示例：

输入 3×3 数组

8 6 12

5 9 10

7 11 5

Sum=41.00

② 建立一个控制台应用程序项目“lab8_7”，向其中添加一个 C 语言源文件“lab8_7.c”，输入程序，检查一下，确认没有输入错误，观察输出是否与预期答案一致。

8.9 阅读延伸

8.9.1 二维数组的行指针变量

1．二维数组

（1）数组的行元素组成

第 6 章曾经讲过，二维数组可被看作一种特殊的一维数组，它的元素又是一个一维数组。数组 a 包括三行，即 3 个行元素 a[0]、a[1]、a[2]，而每一个行元素又是一个一维数组，每个一维数组又含有 4 个元素（列元素）。例如 a[0]这个一维数组含有 a[0][0]、a[0][1]、a[0][2]、a[0][3]共 4 个元素（见图 8-15）。

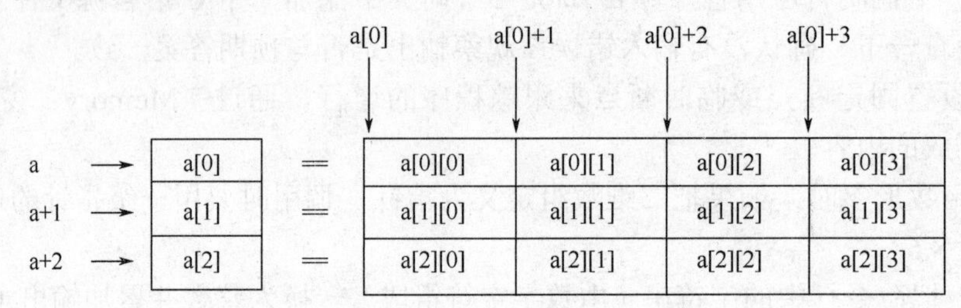

图 8-15 数组的行元素组成

（2）数组第 i 行的地址表示

从二维数组的角度来看，a 是二维数组名，a 代表整个二维数组的首地址，也是二维数组第 0 行的首地址，等于 2100。现在的第 0 行是一个由 4 个整型元素所组成的一维数组（行元素），因此，a 代表整个第 0 行的首地址，a+1 代表第 1 行的首地址，为 2100+4×4=2116。a+2 代表第 2 行的地址，为 2100+4×8=2132。

第 i 行的地址表示为 a+i。

此外，如果把 a[i]看作第 i 行的行元素，则&a[i]就表示该行元素的地址。a+i 表示数组 a 第 i 行元素的地址。由此可得出：a+i 和 a[i]都表示第 i 行的地址。

（3）数组第 i 行第 0 列的地址表示

如图 8-7 所示，a[0]是第 0 行的一维数组的数组名和首地址，因此也为 2100。*(a+0)或*a 是与 a[0]等效的，它表示一维数组 a[0][0]号元素的首地址，也为 2100。&a[0][0]是二维数组 a 的第 0 行第 0 列元素的首地址，同样是 2100。因此，a[0]，* (a+0)，*a，&a[0][0]都表示第 0 行第 0 列的地址。

同理，a[1]是第 1 行的一维数组的数组名和首地址，因此也为 2116。&a[1][0]是二维数组 a 的第 1 行第 0 列元素的地址，也是 2116。因此，a[1]，*(a+1)，&a[1][0] 都表示第 1 行第 0 列的地址。

所以，第 i 行第 0 列的地址表示为 a[i]，* (a+i)，&a[i][0]。

（4）数组第 i 行第 j 列元素值及地址表示

由 a[i]= * (a+i)得 a[i]+j=* (a+i)+j。由于* (a+i)+j 是二维数组 a 的第 i 行第 j 列元素的地址，所以该元素的值等于* (* (a+i)+j)，即第 i 行第 j 列元素值表示为 a[i][j]，* (* (a+i)+j) 和* (a[i]+j)。

【例 8-20】二维数组各种指针的使用方法示例。

```
# include <stdio.h>
int main( )
{
int a[3][4]={0, 1, 2, 3, 4, 5, 6, 7, 8, 9, 10, 11};
printf("%d,", a);
printf("%d,", *a);
printf("%d,", a[0]);
printf("%d,", &a[0]);
printf("%d\n", &a[0][0]);
printf("%d,", a+1);
printf("%d,", * (a+1));
printf("%d,", a[1]);
printf("%d,", &a[1]);
printf("%d\n", &a[1][0]);
printf("%d,", a+2);
printf("%d,", * (a+2));
printf("%d,", a[2]);
printf("%d,", &a[2]);
printf("%d\n", &a[2][0]);
printf("%d,", a[1]+1);
printf("%d\n", * (a+1)+1);
printf("%d,%d\n", * (a[1]+1), * (* (a+1)+1));
return 0;
}
```

运行结果如下：

```
1244952,1244952,1244952,1244952,1244952
1244968,1244968,1244968,1244968,1244968
1244984,1244984,1244984,1244984,1244984
1244972,1244972
5,5
```

2. 二维数组行指针变量

把二维数组 a 看作一种特殊的一维数组，它由三个行元素 a[0]、a[1]、a[2]组成，设 p 为指向二维数组的指针变量（即行指针变量），其可定义为：

```
int (*p)[4];
```

它表示 p 是一个指针变量，它指向包含 4 个元素的一维数组。若指向第 0 行元素 a[0]，其值等于 a，而 p+i 则指向第 i 行元素 a[i]。从前面的分析可得出：*(p+i)+j 是二维数组第 i 行第 j 列元素的地址；而*(*(p+i)+j)则是第 i 行第 j 列元素的值。

二维数组指针变量说明的一般形式为：

```
类型名  (*指针变量名)[长度]
```

其中，“类型名”为所指数组的数据类型；“*”表示其后的变量是指针类型；“长度”表示二维数组分解为多个一维数组时，一维数组的长度，也就是二维数组的列数。应注意“(*指针变量名)”两边的括号不可少，如缺少括号则表示指针数组（本章后面介绍），意义就完全不同了。

【例 8-21】有一个 3×4 的二维整型数组，要求用指向元素的指针变量计算二维数组所有元素的和。

（1）问题分析

输入：二维数组 a[3][4]。

处理：通过* (* (p+i)+j)表示 a[i][j]，计算累加和 s。

输出：和 s。

（2）算法设计

算法对应的 N-S 流程图如图 8-16 所示。

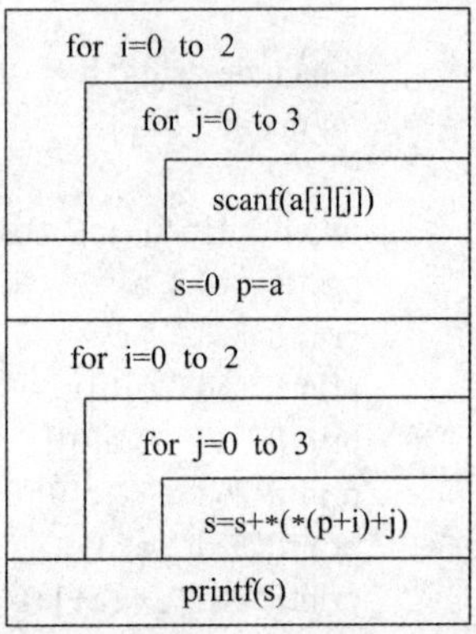

```
for i=0 to 2
    for j=0 to 3
        scanf(a[i][j])
s=0 p=a
for i=0 to 2
    for j=0 to 3
        s=s+*(*(p+i)+j)
printf(s)
```

图 8-16　例 8-21 的 N-S 流程图

（3）编写程序

```
# include <stdio.h>
int main( )
{
int a[3][4];
int (*p)[4];
int i, j, s;
printf("请输入 a[3][4]数据：");
for (i=0; i < 3; i++)
      for (j=0; j < 4; j++)
          scanf("%d", &a[i][j]);
p=a;
s=0;
for (i=0; i < 3; i++){
      for (j=0; j < 4; j++)
          s=s+*(*(p+i)+j);
      }
printf("s=%d\n ",s);
return 0;
}
```

（4）测试运行

```
请输入 a[3][4]数据：11 22 33 44 10 20 30 40 56 23 43 28
s=360
```

本例用到了两个循环结构，第一个循环结构用于数据输入，第二个循环结构用于计算累加和。

应该注意指针数组和二维数组指针变量的区别。两者虽然都可用来表示二维数组，但是其表示方法和意义是不同的。

二维数组指针变量是单个的变量，其一般形式“(*指针变量名)”中两边的括号不可少。而指针数组类型表示的是多个指针（一组有序指针），在一般形式“*指针数组名”中两边不能有括号。例如：

```
int (*p)[3];
```

表示一个二维数组指针变量。该二维数组的列数为 3 或分解为一维数组的长度为 3。

```
int *p[3]
```

表示 p 是一个指针数组，有三个下标变量 p[0]、p[1]、p[2]，它们均为指针变量。

8.9.2 函数指针变量

在 C 语言中，一个函数总是占用一段连续的内存区，而函数名就是该函数所占内存区的首地址。可以把函数的这个首地址（或称入口地址）赋予一个指针变量，使该指针变量指向该函数。然后通过指针变量就可以找到并调用这个函数。把这种指向函数的指针变量称为函数指针变量。

函数指针变量定义的一般形式为：

```
类型名 (*指针变量名)( );
```

其中，“类型名”表示被指函数的返回值的类型；“(*指针变量名)”表示“*”后面的变量是定义的指针变量；最后的空括号表示指针变量所指的是一个函数。例如：

```
int (*pf)( );
```

表示 pf 是一个指向函数入口的指针变量，该函数的返回值（函数值）是整型。

【例 8-22】用指针形式实现对函数的调用。

1）问题分析

输入：x，y。

处理：

① 先定义 pmax 为函数指针变量。

② 把被调函数的入口地址（函数名）赋予该函数指针变量。

③ 用函数指针变量形式调用函数，z=(*pmax)(x, y)。

④ 调用函数的一般形式为：(*指针变量名) (实参表)。

输出：z。

2）算法设计（略）。

3）编写程序。

```
# include <stdio.h>
int max(int a, int b){
```

```
if (a>b) return a;
else    return b;
}
int main( )
{
int max(int, int);
int(*pmax)(int, int);
int x, y, z;
pmax=max;
printf("Input two numbers:");
scanf("%d %d", &x, &y);
z=(*pmax)(x, y);
printf("max=%d", z);
return 0;
}
```

（4）测试运行

```
Input two numbers:5 8
max=8
```

使用函数指针变量还应注意以下两点：

1)函数指针变量不能进行算术运算，这是与数组指针变量不同的。数组指针变量加减一个整数可使指针移动指向后面或前面的数组元素，而函数指针的移动是毫无意义的。

2）函数调用中“(*指针变量名)”两边的括号不可少，其中的“*”不应该理解为求值运算，在此处它只是一种表示符号。

应该特别注意的是函数指针变量和指针函数这两者在写法和意义上的区别。如 int(*p)( )和 int *p( )是两个完全不同的量。int (*p)( )是一个变量说明，说明 p 是一个指向函数入口的指针变量，该函数的返回值是整型量，(*p)两边的括号不能少；而 int *p( )则不是变量说明，而是函数说明，说明 p 是一个指针函数，其返回值是一个指向整型量的指针，*p 两边没有括号。作为函数说明，在括号内最好写入形式参数，这样便于与变量说明区别。对于指针函数定义，int *p( )只是函数头部分，一般还应该有函数体部分。

8.9.3 多级指针

一个指针可以指向任何一种数据类型，包括指向一个指针。当指针变量 p 中存放另一个指针 q 的地址时，则称 p 为指针型指针，也称多级指针。本节介绍二级指针的定义及应用。

指针型指针的定义形式为：

```
类型名 ** 指针变量名;
```

由于指针变量的类型是被指针所指的变量的类型，因此上述定义中的类型名应为：被指针型指针所指的指针变量所指的那个变量的类型。

为指针型指针初始化的方式是用指针的地址为其赋值，例如：

```
int x ;                    /* 定义整型变量 x */
int *p;                    /* 定义指向整型变量的指针 p */
```

```
int **q;                    /* 定义多级指针 q */
```

若有：

```
p=&x;                       /* 指针 p 指向变量 x */
```

则在程序中，使用*p 等价于使用 x，成为对 x 的间接访问。

对二级指针若有：

```
q=&p                        /*指针型指针 q 指向指针 p*/
```

则使用*q（即间接访问二级指针）等价于使用 p。

再次间接访问二级指针，则有：

```
**q=*(*q)= *p=x;
```

由此看来，对一个变量 x，在 C 语言中，可以通过变量名对其进行直接访问，也可以通过变量的指针对其进行间接访问（一级间接），还可以通过指针型指针对其进行多级间接访问。

【例 8-23】有 5 个城市名，使用二级指针引用字符串。

（1）问题分析

输入：pc[ ]。

处理：定义了一个指针数组 pc 表示城市名，然后定义二级指针 p，则*p 表示一个字符串。

输出：*p。

（2）算法设计

算法对应的 N-S 流程图如图 8-17 所示。

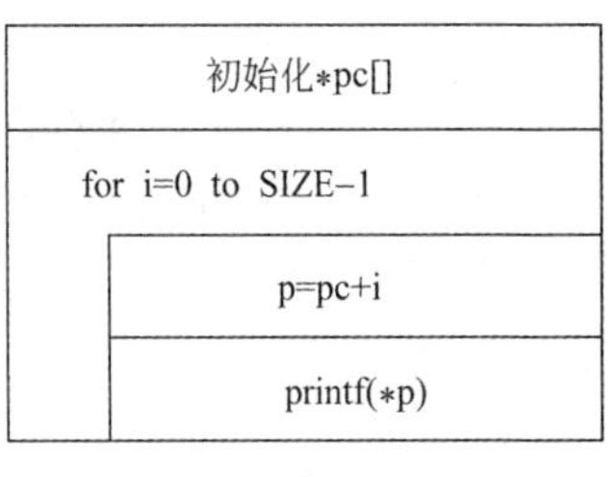

图 8-17　例 8-23 的 N-S 流程图

（3）编写程序

```
# include <stdio.h>
#define SIZE 5
int main( )
{
  char *pc[]={"Beijing", "Shanghai", "Tianjin", "Guangzhou", "Chongqing" };
  char **p;
  int i;
  for (i=0; i < SIZE;i++){
      p=pc+i;
      printf("%s\n", *p);
  }
  return 0;
  }
```

（4）测试运行

```
Beijing
Shanghai
Tianjin
```

```
Guangzhou
Chongqing
```

在上面的程序中，p 是指针型指针，在循环结构开始时 i 的初值为 0，语句“p=pc+i；”用指针数组 pc 中的元素 pc[0]为其初始化，*p 是 pc[0]的值，即字符串"Beijing"的首地址，调用函数 printf( )，以“%s”形式就可以输出 pc[0]所指字符串。pc+i 即将指针向后移动，依次输出其余各字符串。

用多级指针还可以引用整型二维数组，请读者分析以下程序。

【例 8-24】分析程序的运行结果。

```
# include <stdio.h>
int a[3][3];
            int *b[ ]={a[0], a[1], a[2]};
int **p=b;
int main( )
{
  int i, j;
  for (i=0;i < 3; i++)
      for (j=0;j < 3; j++)
          scanf("%d", &a[i][j]);
  for (i=0; i < 3; i++)
      for (j=0; j < 3; j++)
          printf("%d,%d,%d\n", * (b[i]+j), * (* (p+i)+j), * (* (a+i)+j));
  return 0;
  }
```

测试运行

```
1 2 3 4 5 6 7 8 9
1,1,1
2,2,2
3,3,3
4,4,4
5,5,5
6,6,6
7,7,7
8,8,8
9,9,9
```

本例第二个循环结构是一个二重循环，注意其二级指针 p 的用法。

8.9.4 main( )函数参数

前面介绍的 main( )函数都是不带参数的。因此 main 后的括号都是空括号。实际上，main( )函数可以带参数，这个参数可以认为是 main( )函数的形式参数。C 语言规定 main( )函数的参数只能有两个，习惯上这两个参数写为 argc 和 argv。因此，main( )函数的函数头可写为：

```
int main (argc, argv)
```

C 语言还规定：argc(第一个形参)必须是整型变量；argv(第二个形参)必须是指向字符串的指针数组。加上形参说明后，main( )函数的函数头应写为：

```
int main (int argc, char *argv[])
```

由于 main( )函数不能被其他函数调用，因此不可能在程序内部取得实际值。那么，在何处把实参值赋予 main( )函数的形参呢？实际上，main( )函数的参数值是从操作系统命令行上获得的。当要运行一个可执行文件时，在 DOS 提示符下键入文件名，再输入实际参数即可把这些实参传送到 main( )函数的形参中去。

DOS 提示符下命令行的一般形式为：

```
C:\>可执行文件名  参数  参数……;
```

应该特别注意的是，main( )函数的两个形参和命令行中的参数在位置上不是一一对应的。因为 main( )函数的形参只有两个，而命令行中的参数个数原则上未加限制。argc 参数表示了命令行中参数的个数（注意：文件名本身也算一个参数），argc 的值是在输入命令行时由系统按实际参数的个数自动赋予的。

例如有命令行为：

```
C:\>exam SQLVER Oracle Sybase
```

由于文件名 exam 本身也算一个参数，所以共有 4 个参数，因此 argc 取得的值为 4。argv 参数是字符串指针数组，其各元素值为命令行中各字符串(参数均按字符串处理)的首地址。指针数组的长度即参数个数。数组元素初值由系统自动赋予。

【例 8-25】 main( )函数的参数。

```
#include "stdio.h"
int main(int argc, char *argv[])
  {
    int count;
    printf("The command line has %d arguments:/n", argc-1);
      for (count=1; count < argc; count++)
          printf("%d: %s/n", count, argv[count]);
      return 0;
  }
```

编译运行，在命令行输入“exam SQLVER Oracle”后按回车键，屏幕显示：

```
The command line has 2 arguments:
1: SQLVER
2: Oracle
```

该行共有 3 个参数，执行 main 函数时，argc 的初值即为 3。argv 的 3 个元素分别为 3 个字符串的首地址。执行 while 语句，每循环一次 argv 值减 1，当 argv 等于 1 时停止循环，共循环两次，因此共可输出两个参数。

在 VC 6.0 环境下编译、连接后，执行“工程”→“设置”→“调试”命令，在“程序变量”中输入“SQLVER Oracle” 后再运行，就可得到同样的结果。

8.9.5 动态内存分配问题

如果使用了大量的静态数据，那么应该考虑使用动态内存分配技术。通过使用动态内存分配技术（即使用 malloc( )函数和 calloc( )函数），可以在需要时动态地分配内存，在不需要时释放内存。这种方法有几个好处：

首先，动态内存分配技术会使程序的效率更高，因为程序只在需要时才使用内存，并且只使用所需大小的内存。这样，静态和全局变量就不会占用大量的空间。

其次，可以通过检查 malloc( )函数和 calloc( )函数的返回值来掌握内存不足的情况。

1．malloc( )函数

该函数用于开辟指定大小的存储空间，并返回该存储区的起始地址。函数原型为：

```
void *malloc(unsigned int size)
```

其中，size 为需要开辟的字节数。函数返回一个指针，该指针不指向具体的类型，当将该指针赋给具体的指针变量时，需进行强制类型转换。若 size 超出可用空间，则返回空指针值 NULL。例如：

```
float *p1;
int *p2;
p1=(float *) malloc(8); *p1=3.14; * (p1+1)=-3.14;
p2=(int *)malloc(20*sizeof(int));
for (i=0; i < 20; i++)
    scanf("%d", p2++);
```

分别开辟了 8 字节和 20×sizeof(int)字节的存储空间，并向其中存入数据。

2．calloc( )函数

该函数用于按所给数据的个数和每个数据所占字节数开辟存储空间。函数原型为：

```
void *calloc(unsigned int num, unsigned int size)
```

其中，num 为数据个数，size 为每个数据所占字节数，故开辟的总字节数为 num *size。函数返回该存储区的起始地址。例如：

```
int *p2;
p2=(int *) calloc(20, sizeof(int));
```

可开辟 20 个且每个大小均为 sizeof(int)字节的存储空间。

3．realloc( )函数

该函数用于重新定义所开辟内存空间的大小。函数原型为：

```
void *realloc(void *ptr, unsigned int size)
```

其中，ptr 所指的内存空间是用前述函数已开辟的；size 为新的空间大小，其值可比原来大或小。函数返回新存储区的起始地址（该地址可能与以前的地址不同）。例如：

```
float *p1;
p1=(float *) malloc(8);
p1=(float *) realloc(p1, 16);
```

将原先开辟的 8 字节调整为 16 字节。

4．free( )函数

该函数用于将以前开辟的某内存空间释放。函数原型为

```
void free(void *ptr)
```

其中，ptr 为存放待释放空间起始地址的指针变量，函数无返回值。应注意：ptr 所指向的空间必须是前述函数所开辟的。例如：

```
free((void *)p1);
```

将上例开辟的 16 字节释放。可简写为

```
free(p1);
```

由系统自动进行类型转换。

第 9 章　用户构造数据类型

本章知识结构图

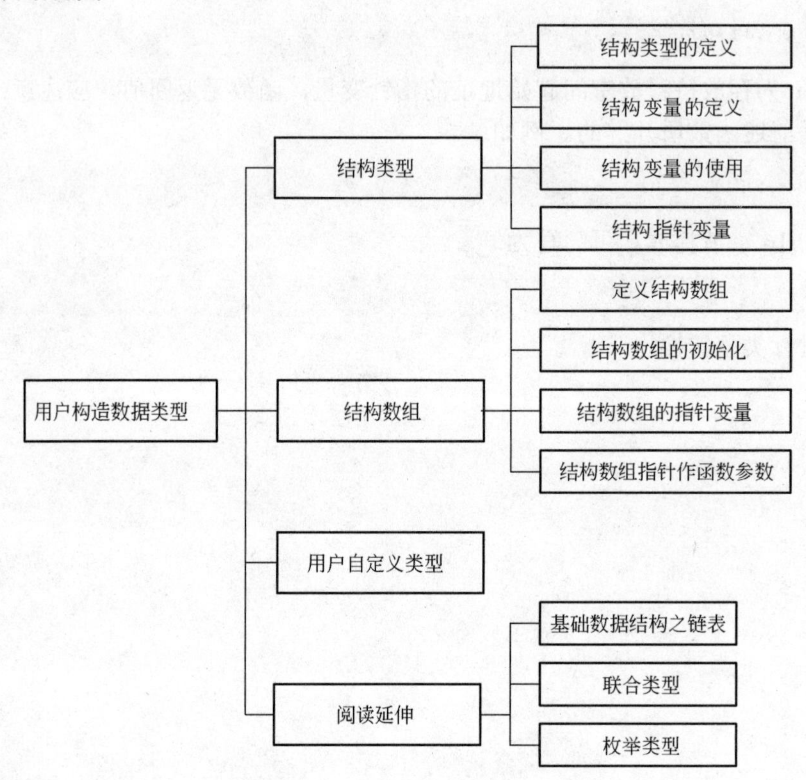

本章学习导读

结构类型和其他基础数据类型一样，如 int 和 char 类型，只不过结构可以做成想要的数据类型，以方便日后使用。许多实际的应用程序主要处理的是人或物等各种实体，这些都需要用几个不同的类型值来表示。而 C 语言中的结构变量是处理这类复杂对象的最佳工具。

本章主要介绍结构类型的说明及结构类型变量的定义、结构变量的引用、结构变量的初始化、结构数组、指针与结构数组、链表、联合、枚举类型以及用 typedef 定义类型。

9.1　结 构 类 型

9.1.1　结构类型的定义

1．为什么要使用结构

前面学过，简单变量可以表示少量的数据，而数组变量可以表示大量的数据。例如，用整型数组表示一个班的学生的学习成绩、用字符数组表示一行文字、用二维数组表示一个矩阵等。但一个数组只能表示同类型数据，如果要表示不同类型的数据，则必须引入新的变量类型——结构变量。

【问题 9-1】对学生信息（包括学号、姓名、性别、C 语言课程的成绩）进行管理，学生数据是由不同类型的数据构成的，如图 9-1 所示。

No	Name	Sex	Score
10001	Liu Lin	M	80

图 9-1 问题 9-1：学生信息

【问题 9-2】表示一个同学通信录信息（包括姓名、电话、住址、E-mail），如图 9-2 所示。

Name	Phone	Address	E-mail
Li Zheng	68322208	Zhanlan Road	Li@163.com

图 9-2 问题 9-2：同学通信录信息

结构是由若干相关的不同类型元素（分量）构成的数据集合，即相当于将若干相同或不同数据类型的变量组合在一起成为一个整体。在实际问题中，一组数据往往由不同数据类型的分量构成。例如，在问题 9-1 的学生信息中，学号可为整型或字符型；姓名应为字符型；性别应为字符型；成绩可为整型或实型。显然不能用一个数组来存放这一组数据。因为数组中各元素的类型和长度都必须一致，以便于编译系统处理。为了解决这个问题，C 语言中给出了另一种变量类型——“结构”（structure），或叫“结构体”。它相当于其他高级语言中的记录。

结构变量属于构造类型，它是由若干成员组成的。每一个成员可以是一个基本数据类型或者一个构造类型。结构是一种“构造”而成的数据类型，而且是由用户自己构造的数据类型，因此在使用结构变量之前必须先构造结构类型。

2．结构类型的定义

关键字 struct 能定义由各种类型的变量集合组成的结构。结构类型定义的一般形式为：

```
struct 结构名 {
    类型名 结构成员名 1;
    类型名 结构成员名 2;
    ……
    类型名 结构成员名 n;
};
```

成员名的命名应符合标识符的书写规定，例如：

```
struct product {
int num;
char productname[20];
char place[30];
```

```
    float price;
    };
```

在这个结构说明中，结构名为product。该结构由4个元素（成员）组成。第一个成员为num，整型变量；第二个成员为 productname，字符数组；第三个成员为 place，字符数组；第四个成员为price，实型变量。凡定义为struct product类型的变量都由上述4个成员组成。由此可见，结构是一种复杂的数据类型，是数目固定、类型不同的若干有序变量的集合。

3．有关说明

1）结构类型说明只是规定出一个新的数据类型，类型名称为“struct 结构名”，不可缺少任何部分且声明类型时并不分配存储空间。

2）结构类型成员可以是任何一种已定义过的数据类型，如简单类型、数组、指针及结构体等。

3）定义结构类型的格式：

```
    struct 结构名 {
    成员表列
    };
```

其中，成员表列也称为域表，每一个成员也称为一个域或字段，每一个域都必须指明类型，每一个域都必须带上分号，结构花括号后边还有一个分号。

4）结构类型是自命名类型说明，其所定义的类型的地位和int、char和float一样。用户可以用这些类型进一步定义变量。

9.1.2 结构变量的定义

定义结构变量有以下三种方法。以上面定义的product为例加以说明。

1．单独定义

先定义结构类型再定义变量名（提倡这种做法）：

```
    struct friends_list {
    char name[10];                              //姓名
    int age;                                    //年龄
    char telephone[13];                         //联系电话
    };
      struct friends_list    friend1, friend2;
      struct product {
      int num;
      char productname[20];
      char place[30];
      float price;
    };
    struct product x, y;
```

结构变量的定义必须包括结构关键字 struct 和结构名两部分，再加变量名共有三部分。这种定义常放在头文件中。

定义变量后就会分配内存（运行时）。每个结构变量都含有所有的成员，每个成员占用自己的存储空间，结构变量所占用的存储空间是各变量占用空间之和，可用 sizeof(struct 结构名）或 sizeof（变量名）测定。结构变量名代表的是所有成员，而不是所占空间的首地址，这与数组不同。

2．混合定义

在定义类型的同时定义变量：

```
struct friends_list {
char name[10];
int age;
char telephone[13];
}friend1, friend2;
struct product {
  int num;
  char productname[20];
  char place[30];
  float price;
}x,y;
```

以这种形式定义结构变量的一般描述为：

```
struct 结构名 {
成员表列
}变量名表列;
```

3．无结构名定义

直接定义结构类型变量（无结构名）：

```
struct {
char name[10];
int age;
char [13];
}friend1, friend2;
```

以这种形式定义结构变量的一般描述为：

```
struct {
成员表列
}变量名表列;
```

几点说明：

1）类型与变量概念不同。

2）结构成员可以单独使用，相当于变量。

3）成员也可以是结构等构造类型。

第三种方法与第二种方法的区别在于，第三种方法中省去了结构名，而直接给出结构变量。在定义了 x、y 变量为 product 类型后，即可向这两个变量中的各个成员赋值。在上述 product 结构定义中，所有的成员都是基本数据类型或数组类型。

成员也可以是一个结构，即构成嵌套的结构。例如，下面给出了另一个数据结构：

```
struct date{
int month;
int day;
int year;
};
struct {
int num;
char name[20];
char sex;
struct date birthday;
float score;
}x, y;
```

首先定义一个结构 date，由 month（月）、day（日）、year（年）三个成员组成。在定义变量 x 和y时，其中的成员birthday被定义为date结构类型。成员名可与程序中其他变量同名，互不干扰。

9.1.3　结构变量的使用

1. 结构变量的引用

结构变量一般不允许整体引用，只有在赋值及作为函数参数和函数的返回值时才可以进行相同类型结构变量的整体引用。

2. 结构变量成员的表示方法

在程序中使用结构变量时，往往不把它作为一个整体来使用。在 ANSI C 中除了允许具有相同类型的结构变量相互赋值以外，一般对结构变量的使用，包括赋值、输入、输出、运算等都是通过结构变量的成员来实现的。

表示结构变量成员的一般形式是：

```
结构变量名.成员名
```

例如：

```
x.num;                  /* 即第一个人的学号*/
y.sex;                  /* 即第二个人的性别*/
```

如果成员本身又是一个结构，则必须逐级找到最低级的成员才能使用。例如：

```
x.birthday.month;
```

即第一个人出生的月份成员可以在程序中单独使用，与普通变量完全相同。

3. 结构变量成员的赋值、输入和输出

结构变量的赋值就是给各成员赋值。可用输入语句或赋值语句来完成。

【例 9-1】给结构变量赋值并输出其值。

1）问题分析。

输入：结构变量 x。

处理：结构变量赋值。

输出：结构变量 y。

2）算法设计（略）。

3）编写程序。

```
#include <stdio.h>
int main( )
{
struct student {
int num;
char name[15];
char sex;
float score;
}x, y;
printf("Input data of x\n");
scanf("%d %s %c %f", &x.num, &x.name, &x.sex, &x.score);
y=x;
printf("Number=%d\nName=%s\n", y.num, y.name);
printf("Sex=%c\nScore=%f\n", y.sex, y.score);
return 0;
}
```

4）测试运行。

```
Input data of x
13101 花美丽 F 78
Number=13101
Name=花美丽
Sex=F
Score=78.000000
```

本程序中用 scanf( )函数动态地输入 num、name、sex 和 score 成员值，然后把 x 的所有成员的值整体赋予 y。最后分别输出 y 的各个成员值。本例表示了结构变量的赋值、输入和输出的方法。

4．结构变量的初始化

给结构变量赋值，类似于给数组赋值，即给该结构变量的各个成员赋值，在给结构变量成员赋值时一般要求类型一致。和其他类型变量一样，对结构变量可以在定义时进行初始化赋值。

【例 9-2】对结构变量初始化。

1）问题分析。

输入：初始化结构变量 x。

处理：给结构变量赋值。

输出：结构变量 y。

2）算法设计（略）。

3）编写程序。

```
#include <stdio.h>
int main( )
{
```

```
struct stu {
int num;
char *name;
char sex;
float score;
}x={13102, "刘得意", 'M', 78.5};
y=x;
printf("Number=%d\nName=%s\n", y.num, y.name);
printf("Sex=%c\nScore=%f\n", y.sex, y.score);
return 0;
}
```

4）测试运行。

```
Number=13102
Name=刘得意
Sex=M
Score=78.500000
```

本例中，y，x 均被定义为外部结构变量，并对 x 作了初始化赋值。在 main( )函数中，把 x 的值整体赋予 y，然后用两个 printf 语句输出 y 各成员的值。

9.1.4 结构指针变量

1．指针变量

一个指针变量用来指向一个结构变量时，称为结构指针变量。结构指针变量中的值是所指向的结构变量的首地址。通过结构指针即可访问该结构变量，这与数组指针和函数指针的情况是相同的。

2．结构指针变量的定义

结构指针变量的定义的一般形式为：

```
struct 结构名 *结构指针变量名
```

例如，在前面的例题中定义了 stu 这个结构，如要定义一个指向 stu 的指针变量 p，可写为：

```
struct stu *p;
```

3．结构指针变量的赋值

可以在定义 stu 结构时同时定义 p。与前面介绍的各类指针变量相同，结构指针变量也必须要赋值后才能使用。

赋值是把结构变量的首地址赋予该指针变量，不能把结构名赋予该指针变量。如果 a 是被定义为 stu 类型的结构变量，则

```
p=&a;
```

是正确的，而

```
p=&stu;
```

是错误的。

结构名和结构变量是两个不同的概念，不能混淆。结构名只能表示一个结构形式，编译系统并不为它分配内存空间。只有当某变量被定义为这种类型的结构时，才为该变量分配存储空间。因此，上面“&stu”这种写法是错误的，不可能去取一个结构名的首地址。有了结构指针变量，就能更方便地访问结构变量的各个成员。

4．通过结构指针变量访问结构成员

通过结构指针变量访问结构成员，其访问的一般形式为：

```
(*结构指针变量).成员名
```

或为：

```
结构指针变量->成员名
```

例如：

```
(*p).num
```

或者：

```
p->num
```

应该注意(*p)两侧的括号不可少，因为成员符“.”的优先级高于“*”，如果去掉括号写作*p.num，则等效于*(p.num)。这样意义就完全不对了。

【例 9-3】 结构指针变量的说明和使用方法。

1）问题分析。

输入：初始化结构变量 x。

处理：通过指针引用结构变量。

输出：指针变量所指结构变量的值。

2）算法设计（略）。

3）编写程序。

```
#include <stdio.h>
struct stu {
int num;
char *name;
char sex;
float score;
}x={13102, "刘得意", 'M', 78.5}, *p;
int main( )
{
p=&x;
printf("Number=%d\nName=%s\n", x.num, x.name);
printf("Sex=%c\nScore=%f\n\n", x.sex, x.score);
```

```
printf("Number=%d\nName=%s\n", (*p).num, (*p).name);
printf("Sex=%c\nScore=%f\n\n", (*p).sex, (*p).score);
printf("Number=%d\nName=%s\n", p->num, p->name);
printf("Sex=%c\nScore=%f\n", p->sex, p->score);
return 0;
}
```

4）测试运行。

```
Number=13102
Name=刘得意
Sex=M
Score=78.500000
Number=13102
Name=刘得意
Sex=M
Score=78.500000
Number=13102
Name=刘得意
Sex=M
Score=78.500000
```

本例程序定义了一个结构 stu，定义了 stu 类型结构变量 x 并作了初始化赋值，还定义了一个指向 stu 类型结构的指针变量 p。在 main( )函数中，p 被赋予 x 的地址，因此 p 指向 x，然后在 printf( )语句内用三种形式输出 x 的各个成员值。

从运行结果可以看出：

```
结构变量.成员名
(*结构指针变量).成员名
结构指针变量->成员名
```

这三种用于表示结构成员的形式是完全等效的。

9.2 结构数组

9.2.1 定义结构数组

数组的元素也可以是结构类型的，因此可以构成结构数组。结构数组的每一个元素都是具有相同结构类型的下标结构变量。在实际应用中，经常用结构数组来表示具有相同数据结构的一个群体，如一个班的学生档案、一个车间职工的工资表等。其方法和结构变量相似，只需定义它为数组类型即可。例如：

```
struct stu {
int num;
char *name;
char sex;
float score;
}a[5];
```

定义了一个结构数组 a，共有 5 个元素，a[0]～a[4]。每个数组元素都具有 struct stu 的结构形式。数组的每个成员都是结构。

9.2.2　结构数组的初始化

结构数组的初始化与普通数组一致，只是注意其每个元素都是一个结构。例如：

```
struct friends_list
{
  char name[10];
  int age;
  char telephone[13];
  };
struct friends_list friends[2]={
  { "刘得意", 26, "0571-85271880"},
  { "花美丽", 30, "13605732436"},
};
struct   student {
  char   name[11];
  int code; float   score;
  }
  data[2]={{"高琼帅", 13103, 80},{"刘琼斯", 13104, 76}};
```

注意体现在初始化中的值可以是不完全的。此外，内层的括号也可以省略，但要求一个结构（除最后一个外）必须是完全赋值。引用时数组的每个元素都是一个结构变量，引用成员时也与普通结构变量相同，如“data[0].score=90;”。

9.2.3　结构数组的指针变量

指针变量可以指向一个结构数组，这时结构指针变量的值是整个结构数组的首地址。结构指针变量也可指向结构数组的一个元素，这时结构指针变量的值是该结构数组元素的首地址。

【例 9-4】用指针变量输出结构数组。

（1）问题分析

输入：结构数组 a[5]。

处理：设 p 为指向结构数组的指针变量，则 p 也指向该结构数组的第 0 号元素，p+1 指向第 1 号元素，p+i 则指向第 i 号元素。这与普通数组的情况是一致的。

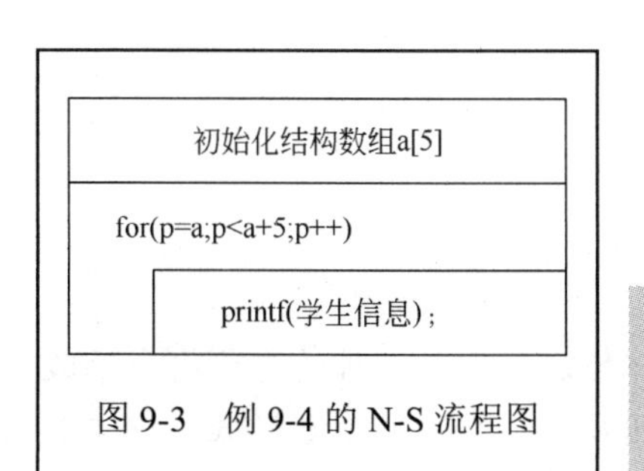

图 9-3　例 9-4 的 N-S 流程图

输出：结构数组 a[5]。

（2）算法设计

算法对应的 N-S 流程图如图 9-3 所示。

（3）编写程序

```
#include <stdio.h>
struct stu {
int num;
char *name;
char sex;
```

```
float score;
}a[5]={
{13101, "刘得意", 'M', 45},
{13102, "花美丽", 'F', 62.5},
{13103, "高琼帅", 'M', 92.5},
{13104, "刘琼斯", 'F', 87},
{13105, "王地雷", 'M', 58},
};
int main( )
{
 struct stu *p;
 printf("No\tName\t\t\tSex\tScore\t\n");
 for (p=a; p < a+5; p++)
     printf("%d\t%s\t\t%c\t%f\t\n", p->num, p->name, p->sex, p->score);
 return 0;
}
```

（4）测试运行

```
No       Name          Sex      Score
13101    刘得意         M        45.000000
13102    花美丽         F        62.500000
13103    高琼帅         M        92.500000
13104    刘琼斯         F        87.000000
13105    王地雷         M        58.000000
```

在程序中，定义了 stu 结构类型的外部数组 a 并作了初始化赋值。在 main( )函数内定义 ps 为指向 stu 类型的指针。在循环语句 for 的表达式 1 中，p 被赋予 a 的首地址，然后循环 5 次，输出 a 数组中的各成员值。

应该注意的是，一个结构指针变量虽然可以用来访问结构变量或结构数组元素的成员，但是，不能使它指向一个成员。也就是说，不允许取一个成员的地址来赋予它。因此，下面的赋值是错误的：

```
p=&a[1].sex;
```

而只能是：

```
p=a;(赋予数组首地址)
```

或者是：

```
p=&a[0];(赋予 0 号元素首地址)
```

9.2.4 结构数组指针作函数参数

在 ANSI C 标准中允许用结构变量作函数参数进行整体传送，但是这种传送要将全部成员逐个传送，特别是成员为数组时将会使传送的时间和空间开销很大，严重地降低了程序的效率。因此最好的办法就是使用指针，即用指针变量作函数参数进行传送。这时由实参传向形参的只是地址，从而减少了时间和空间的开销。

【例 9-5】计算一组学生的平均成绩和不及格人数。用结构指针变量作函数参数编程。

1）问题分析。

输入：结构数组 a[5]。

处理：设 ps 为指向结构数组 a[5]的指针变量，设计一个函数 ave( )，计算平均成绩和不及格人数，以 ps 为实参。

输出：ave，c。

2）算法设计（略）。

3）编写程序。

```
#include <stdio.h>
struct stu {
int num;
char *name;
char sex;
float score;
}a[5]={
{13101, "刘得意", 'M', 45},
{13102, "花美丽", 'F', 62.5},
{13103, "高琼帅", 'M', 92.5},
{13104, "刘琼斯", 'F', 87},
{13105, "王地雷", 'M', 58},
};
int main( )
  {
  struct stu *p;
  void ave(struct stu *p);
  p=a;
  ave(p);
  return 0;
  }
  void ave(struct stu *p)
  {
     int c=0, i;
     float ave, s=0;
     for (i=0; i < 5; i++,p++) {
          s += p->score;
          if (p->score < 60)
               c += 1;
     }
     printf("s=%f\n", s);
     ave=s /5;
     printf("average=%f\ncount=%d\n", ave, c);
}
```

4）测试运行。

```
s=345.000000
```

```
average=69.000000
count=2
```

本程序中定义了函数 ave( )，其形参为结构指针变量 p。在函数内（矩形框所示）通过循环结构完成了累加和计数两个数据处理操作。a 被定义为外部结构数组，因此在整个源程序中有效。

在 main( )函数中定义了结构指针变量 p，并把 a 的首地址赋予它，使 p 指向 a 数组。然后以 p 作实参调用函数 ave( )。在函数 ave( )中完成计算平均成绩和统计不及格人数的工作并输出结果。由于本程序全部采用指针变量作运算和处理，故速度更快，程序效率更高。

9.3 用户自定义类型

C 语言不仅提供了丰富的数据类型，而且还允许由用户自己定义类型说明符，即允许由用户为数据类型取“别名”。使用关键字 typedef 即可完成此功能。例如，有整型量 a、b，其说明如下：

```
int a, b;
```

其中，int 是整型变量的类型说明符。

为了增加程序的可读性，可把整型说明符用 typedef 定义为：

```
typedef int INTEGER
```

这以后就可用 INTEGER 来代替 int 作整型变量的类型说明了。例如：

```
INTEGER a, b;
```

等效于

```
int a, b;
```

用 typedef 定义数组、指针、结构等类型将带来很大的方便，不仅使程序书写简单而且使意义更为明确，从而增强了可读性。例如：

```
typedef char NAME[20];
```

表示 NAME 是字符数组类型，数组长度为 20，然后可用 NAME 说明变量，例如：

```
NAME a1, a2, s1, s2;
```

其完全等效于

```
char a1[20], a2[20], s1[20], s2[20];
```

又如：

```
typedef struct stu
{
char name[20];
```

```
    int age;
    char sex;
    }STU;
```

定义 STU 表示 stu 的结构类型，然后可用 STU 来说明结构变量：

```
    STU body1, body2;
```

typedef 定义的一般形式为：

```
    typedef 原类型名 新类型名
```

其中，原类型名中含有定义部分；新类型名一般用大写表示，以便于区别。

有时也可用宏定义来代替 typedef 的功能，但是宏定义是由预处理完成的，而 typedef 则是在编译时完成的，后者更为灵活方便。

9.4 习　题

1）要求设计一个能够保存图书信息的结构。图书属性包括书名（title）、作者（author）和单价信息（price）。按照下面的要求完成对各种图书的相关操作：

① 编写显示图书信息的函数 show( )，参数为结构的指针。

② 编写初始化结构变量函数 init( )，参数为结构的指针。函数功能是对结构变量中的成员进行初始化。

③ 编写从键盘接收图书信息的函数 input( )，参数为结构的指针。函数的功能是从键盘接收相关图书信息，并将信息保存到指针所执行的图书结构变量中。

④ 主程序按照下面的流程实现功能：

a．定义三个图书变量 doyle、dicken、panshin。

b．对结构变量进行初始化。

c．从键盘上接收图书信息，分别保存到三个图书变量中。

d．输出三个图书变量的图书信息。

2）创建一个图书馆 library（结构数组），里面一共包含了上面这三本书。创建一个结构数组 library，使用上面所设计的函数 init( )对每本书进行初始化。使用上面所设计的函数 input( )从键盘接收图书信息。使用上面的函数 show( )将输入的图书信息显示出来。

3）设计一个表示汽车信息的结构。

4）某中介公司从事房屋出租业务。对于每所房子的情况，需要记录下列信息：

① 房子所在位置。

② 房子的大小。

③ 出租价格。

请设计一个能够存储这些信息的结构，并编写一个使用这种结构变量的程序。程序将请求用户输入上述信息，然后显示这些信息。

5）要求设计一个能够保存学生信息的结构。学生信息包括姓名（Name）、年级（Grade）和成绩（Score）。为上面关于学生信息的程序添加 3 个函数：

① 编写显示学生信息的函数 showInfo( )，参数为结构的指针。函数功能是显示学生信息的结构。

② 编写初始化结构变量的函数 init( )，参数为结构的指针。函数功能是对结构变量中的成员进行初始化。

③ 编写从键盘接收学生信息的函数 input( )，参数也是结构的指针。函数的功能是从键盘接收相关学生信息，并把信息保存到指针所指向的结构变量中。

④ 主函数按照下面的流程实现功能：

a．定义 3 个学生变量 stu1、stu2、stu3。

b．对结构变量进行初始化。

c．从键盘接收学生信息，分别保存到 3 个学生变量中。

d．输出 3 个学生变量的信息。

6）用一个数组存放图书信息，每本图书包含书名（booktitle）、作者（author）、出版年月（date）、出版社（publishunit）、借出数目（lendnum）、库存数目（stocknum）等信息。编写程序输入若干图书的信息，按出版年月排序后输出。

7）编写程序，用 union 实现两个数的加、减、乘、除运算，每种运算用函数完成，并考虑多个数的运算如何实现。

8）对于问题 9-1 的学生信息（包括学号、姓名、性别、C 语言课程的成绩），建立一个学生单链表存放学生信息，编程计算 C 语言课程的成绩的平均值。

9）对于问题 9-1 的学生信息（包括学号、姓名、性别、C 语言课程的成绩），建立一个学生单链表存放学生信息，编程计算 C 语言课程的成绩的最大值。

10）建立一个链表，每个结点包括学号、姓名、性别、年龄。输入一个年龄，如果链表中的结点所包含的年龄等于此年龄，则将此结点删去。

11）编程，建立一个有 5 个学生成绩的结构记录，包括学号、姓名和 4 门课程的成绩，输出他们的平均成绩，并按从低到高的顺序输出他们的信息。

12）编程，输入 $n(3<n\leqslant 10)$个职工的编号、姓名、基本工资、职务工资，输出其中“基本工资+职务工资”最少和最多的职工姓名。

13）编程，建立一个有 $n(3<n\leqslant 10)$个学生成绩的结构记录，包括学号、姓名和 3 门课程的成绩，输出总分最高的学生的姓名和总分。

14）建立一个学生结构数组来记录学生信息（学号 ID、姓名和 C 语言课程的成绩），要求动态建立一个结构数组，数组长度从键盘输入，自行给数组元素赋值并打印学生信息，最后不要忘记释放内存。

15）建立一个学生成绩数组，然后调用一个 fun( )函数用于查询该数组中一门课程以上不及格的学生并打印他们全部课程的成绩（要求利用行指针作为函数的传递参数）。提供部分代码如下，并请完成其他全部代码：

```
#define M 3
#define N 4
int main( )
{
  float stu[M][N]={{68, 90, 66, 80},{56, 78, 80, 90},{50, 68, 56, 98}};
```

```
    float fun( );
    fun(stu, M);
}
float fun(float (*p)[N], int n)
{   ……
}
```

9.5 实验 9 结构数组的应用实验（4 学时）

1．实验目的

（1）掌握结构类型变量的定义和结构成员变量的引用。

（2）掌握结构数组的定义和使用。

（3）掌握链表的概念，初步学会对链表进行操作。

（4）掌握共用体的概念和使用。

2．实验内容

（1）实验 9.1

1）定义一个表示时间的结构，可以精确表示年、月、日、小时、分、秒；提示用户输入年、月、日、小时、分、秒的值，然后完整地显示出来。

2）实验步骤与要求：

① 建立一个项目“lab9_1”，包含一个 C 语言源程序“lab9_1.cpp”。定义一个表示时间的结构体，有表示年、月、日、小时、分、秒的成员，可以使用 short 类型。在主程序中实现输入/输出。

② 调试程序，输入数据并运行程序。

（2）实验 9.2

1）有 5 个学生，每个学生的数据包括学号、姓名、3 门课的成绩，从键盘输入 5 个学生的数据，要求打印出每个学生的平均成绩，以及最高分的学生的数据（包括学号、姓名、3 门课的成绩、平均分数）。

2）实验步骤与要求：

① 用一个函数输入 5 个学生的数据；用一个函数求总平均分；用一个函数找出最高分的学生的数据，总平均分和最高分的学生的数据都在主函数中输出。

② 建立一个控制台应用程序项目“lab9_2”，向其中添加一个 C 语言源文件“lab9_2.c”，输入程序，检查一下，确认没有输入错误，观察输出是否与预期答案一致。

③ 调试程序，输入数据并运行程序。

（3）实验 9.3

1）调试，输入一个正整数 n(3≤n≤10)，再输入 n 个雇员的信息（见表 9-1），输出每人的姓名和实发工资（基本工资+浮动工资−支出）。

表 9-1　工资表

姓名	基本工资	浮动工资	支出
Zhao	240.00	400.00	75.00
Qian	360.00	120.00	50.00
Zhou	560.00	150.00	80.00

源程序（有错误的程序）如下：

```
#include <stdio.h>
int main( )
{
  struct emp{
    char name[10];
    float jbg;
    float fdg;
    float zc;
  };
  int i, n;
  printf("n=");
  scanf("%d", &n);
  for (i=0; i < n; i++)
      scanf("%s%d%d%d", emp[i].name, emp[i].&jbg, emp[i].&fdg, emp[i],&zc);
  for (i=0; i < n; i++)                /*调试时设置断点*/
      printf("%5s:%7.2f\n", emp[i].name, emp[i].jbg+emp[i].fdg - emp[i].zc);
} /*调试时设置断点*/
```

2）实验步骤与要求：

① 建立一个控制台应用程序项目“lab9_3”，向其中添加一个 C 语言源文件“lab9_3.c”，输入程序，检查一下，确认没有输入错误，观察输出是否与预期答案一致。

② 调试程序，输入数据并运行程序。

（4）实验 9.4

1）编程，输入平面上 n（3<n≤10）个点的坐标，计算各点之间的距离之和。坐标点的类型定义和相应的数组定义为：

```
struct coordinative
{
  float x;
  float y;
}point[10];
```

2）实验步骤与要求：

① 建立一个项目“lab9_4”，包含一个 C 语言源程序“lab9_4.cpp”。输入程序，检查一下，确认没有输入错误，观察输出是否与预期答案一致。

② 输入/输出示例：

n=10

63,22　56,25　50,30　42,37　53,45

60,55　70,55　76,49　80,40　72,28

Distance=1029.56

③ 如果不从键盘输入，如何用初始化的方式给结构数组赋值?

④ 如何求 n 个点之间的最短距离？

（5）实验 9.5

1）编程，输入学生成绩登记表中的信息（见表 9-2），按成绩从低到高排序，再输出成绩表，并计算总分。

表 9-2　学生成绩登记表

学号	姓名	数学成绩
1	Zhang	90
2	Li	85
3	Wang	73
4	Ma	92
5	Zhen	86
6	Zhao	100
7	Gao	87
8	Xu	82
9	Mao	78
10	Liu	95

2）实验步骤与要求：

① 建立一个项目“lab9_5”，包含一个 C 语言源程序“lab9_5.cpp”。输入程序，检查一下，确认没有输入错误，观察输出是否与预期答案一致。

② 调试程序，输入数据并运行程序。

（6）实验 9.6

1）编写一个 fun( )函数，其功能是将字符指针 s 所指字符串所有下标值为奇数的字符删除，然后将串中剩余字符存放到由字符指针 t 所指的字符数组中。

2）实验步骤与要求：

① 要求利用字符指针变量作 fun( )函数中的形参。

② 提供 main( )函数代码，并请完成 fun( )函数的全部代码。Main( )函数代码如下：

```
int main( )
{
char ch[100], t[100], fun( );
gets(ch);
```

```
fun(ch, t);
}
char fun(char *s, char *t)
{ ……
}
```

③ 建立一个控制台应用程序项目“lab9_6”，向其中添加一个C语言源文件“lab9_6.c”，输入程序，检查一下，确认没有输入错误，观察输出是否与预期答案一致。

④ 调试程序，输入数据并运行程序。

（7）实验9.7

1）请设计一个fun( )函数，其功能是统计由字符指针ss所指的字符串中指定字符的个数，并将此统计结果返回给主函数。例如，若输入字符串123412132，再输入1，则输出应为3，即该字符串的数字中含有数字1的个数有3个。请完成fun( )函数中的C代码。

```
int main( )
{
char ss[100], ch; int c;
gets(ss);
scanf("%c", &ch);
c=fun(ss, &ch);
printf("%d\n", c);
}
 char fun(char *s, char *t)
{
 ……
}
```

2）实验步骤与要求：

① 建立一个控制台应用程序项目“lab9_7”，向其中添加一个C语言源文件“lab9_7.c”，输入程序，检查一下，确认没有输入错误，观察输出是否与预期答案一致。

② 调试程序，输入数据并运行程序。

（8）实验9.8

1）学生的记录由学号和成绩组成，现有N名学生的数据已存在主函数中的结构体数组s中，如图9-4所示。请设计一个fun( )函数，其功能是：把分数最低的学生的数据放在由指针h所指的数组中，并由fun( )函数返回分数最低的学生的人数。注意，分数最低的学生可能不止一个，请完成fun( )函数中的C语言代码。

13101	13103	13104	13105	13106	13107
86	75	60	90	65	73

图9-4　结构体数组s

```
#define N 6
typedef struct {
char num[10];
int s;
}STREC;
int main( )
{
STREC s[N]={{"13101", 86},{"13103", 75},{"13104", 60},
        {"13105", 90},{"13106", 65},{"13107", 73}
};
STREC h[N];
int i, n;
n=fun(s, h);
printf("%d\n", n);
for (i=0; i < n; i++)

    printf("s,%4d\n", h[i].num,h[i].s);
}
int fun(STREC *a, STREC *b)
{ …… }
```

2）实验步骤与要求：

① 建立一个控制台应用程序项目“lab9_8”，向其中添加一个 C 语言源文件“lab9_8.c”，输入程序，检查一下，确认没有输入错误，观察输出是否与预期答案一致。

② 调试程序，输入数据并运行程序。

（9）实验 9.9

1）请设计一个 fun( )函数，其功能是：将 s 所指的字符串进行正序和反序连接，然后形成一个新的串写入由 t 所指的字符数组中。例如，由 s 所指字符串为'ABCD'，形成新的串并由 t 所指的串为'ABCDDCBA'。

```
int main( )
{
char s[100], t[100];
fun(s, t);
scanf("%s", s);
printf("%s\n", t);
}
int fun(char *s, char *t)
{ …… }
```

2）实验步骤与要求：

① 建立一个控制台应用程序项目“lab9_9”，向其中添加一个 C 语言源文件“lab9_9.c”，输入程序，检查一下，确认没有输入错误，观察输出是否与预期答案一致。

② 调试程序，输入数据并运行程序。

9.6 阅读延伸

9.6.1 基础数据结构——链表

链表（Linked List）是一种常见的基础数据结构，是一种线性表，但是它并不按线性的顺序存储数据，而是在每一个结构里存储到下一个结构的指针（pointer）。每一个结构都是同一种结构类型，可称之为一个结点。图 9-5 所示为单链表示意。图中，head 是一个指针变量，称为头指针。以下的每个结点都分为两个域，一个是数据域，存放各种实际的数据，如学号（num）、姓名（name）、性别（sex）和成绩（score）等；另一个域为指针域，存放下一结点的首地址。这里介绍的是单链表，可在第一个结点的指针域内存入第二个结点的首地址，在第二个结点的指针域内又存放第三个结点的首地址，如此串连下去直到最后一个结点。最后一个结点因无后续结点连接，其指针域可赋为 0。

使用链表可以克服数组需要预先知道数据大小的缺点，例 9-6 采用了动态分配的办法为一个结构分配内存空间。每一次分配一块空间可用来存放一个学生的数据。有多少个学生就应该申请分配多少块内存空间，也就是说要建立多少个结点。

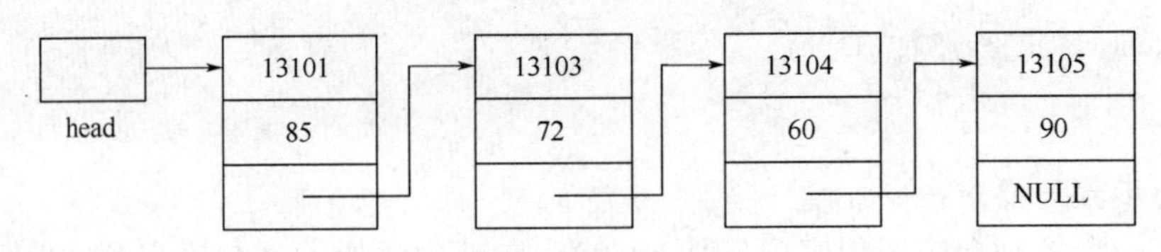

图 9-5 单链表示意

例如，一个存放学生学号和成绩的结点应为以下结构：

```
struct stu{
int num;
int score;
struct stu *next;
}
```

前两个成员项组成数据域，后一个成员项 next 构成指针域，它是一个指向 stu 类型结构的指针变量。

对链表的主要操作有以下几种：建立链表、结构的查找与输出、插入一个结点、删除一个结点等。下面通过例题来说明这些操作。

【例 9-6】 对于问题 1 的学生信息（包括学号、姓名、性别、C 语言课程的成绩），建立一个学生单链表存放学生信息，设计一个学生管理系统，实现链表创建、输入、查找、添加、删除、输出等功能。

1）问题分析。

输入：学生信息。

处理：

① 根据学生信息定义一个结构类型，再定义一个该结构类型的数组。

② 用 createlist( )函数从键盘输入 10 个学生的数据。

③ 用 insertlist( )函数在链表中插入值为 elem 的元素，插入位置为 position。

④ 用 deleteElem( )函数在链表中删除一个值为 Elem 的元素。

⑤ 在主函数中完成各个函数的调用。

输出：用 printlist( )函数输出每位学生的学号、姓名、性别、C 语言课程的成绩。查找和删除要输出。

2）算法设计（略）。

3）编写程序。

```
#include <stdio.h>
#include <stdlib.h>
typedef struct Node
{
int data;
struct Node *next;
}Lnode;
void printlist(Lnode *head);
Lnode *createlist( );
Lnode *insertlist(Lnode *head, int elem, int position);

Lnode *deleteElem(Lnode *head, int elem);
int main( )
{
Lnode *head;
int elem, position;
head=createlist( );                                //调用 createlist( )函数创建一个链表，返回头指针
printlist(head);                                   //调用 printlist( )函数输出 head 指针所指的链表
printf("Input the element and the position:\n");
scanf("%d %d", &elem, &position);
head=insertlist(head, elem, position);             //调用 insertlist( )函数插入一个结点到链表中
printlist(head);                                   //调用 printlist( )函数输出 head 指针所指的链表
printf("Input the element you want to delete:\n");
scanf("%d", &elem);
head=deleteElem(head, elem);                       //调用 deleteElem( )函数删除一个结点
printlist(head);                                   //调用 printlist( )函数输出 head 指针所指的链表
return 0;
}

void printlist(Lnode *head)
{
Lnode *p=head;
if (p == NULL){
   printf("List is empty!\n");
return;
}
while (p != NULL){
   printf("%d ", p->data);
   p=p -> next;
```

```
}
printf("\n");
}                                                        //printlist( )函数

Lnode *createlist( )
{
Lnode *head, *q, *p;
int data;
head=(Lnode *) malloc(sizeof(Lnode));
p=head;
printf("Input integers, -1 to break:\n");
scanf("%d", &data);
if (data != -1)
   p -> data=data;
else {
   head->next=NULL;                                      //只有头结点的情况
   return head;
}
while (1){
   scanf("%d", &data);
   if (data == -1)
       break;

   q=(Lnode *)malloc(sizeof(Lnode));
   q->data=data;
   p->next=q;
   p=p->next;
}
p->next=NULL;
return head;
}                                                            //createlist( )函数

Lnode *insertlist(Lnode *head, int elem, int position)
{
Lnode *q, *p;
int i=position -1;
q=head;
if (i == -1){                                                //插入在头位置
   p=(Lnode *) malloc(sizeof(Lnode));
   p->data=elem;
   p->next=q;
   head=p;
   return head;
}
while (i > 0 && q->next != NULL){
   q=q->next;
   i--;
}
if (i > 0){                                              //结点数小于输入的位置 position
   printf("Position is wrong!\n");
```

```
    return head;
  }
  p=(Lnode *) malloc(sizeof(Lnode));
  p -> data=elem;
  p -> next=q -> next;
  q -> next=p;
  return head;
  }                                          //insertlist( )函数

  Lnode *deleteElem(Lnode *head, int elem)
  {
  Lnode *p=head;
  Lnode *q;
  int flag=0;                                //记录链表中 elem 的个数
  while (1){
     if (head -> data == elem){              //删除头结点的情况
       flag++;
       head=head -> next;
       free(p);
       p=head;
     }
     else
       break;

  }

  while (p -> next != NULL){
     if (p -> next -> data == elem){
        flag++;
        q=p -> next;
        if (p -> next -> next != NULL){
           p -> next=p -> next -> next;
           free(q);
           q=NULL;
   }
   else   {                                     //最后一个结点
        free(q);
        q=NULL;
        p-> next=NULL;
        break;
     }
   }
   else                                         //没有删除结点时，查询下一个结点
      p=p -> next;
   }
  printf("%d number '%d' was found and deleted.\n", flag, elem);
  return head;
  }                                             //deleteElem( )函数
```

4）测试运行（为简化测试，本例只给出一组整数数据）。

```
Input integers, -1 to break:
11 22 33 44 55 -1
11 22 33 44 55
Input the element and the position:
23 4
11 22 33 44 23 55
Input the element you want to delete:
44
1 number '44' was found and deleted.
11 22 33 23 55
```

1．建立一个链表

Createlist( )函数用于建立一个有 n 个结点的链表，它是一个指针函数，它返回的指针指向 Lnode 结构。在 createlist( )函数内定义了三个 Lnode 结构的指针变量。head 为头指针，p 为指向两相邻结点的前一结点的指针变量。q 为后一结点的指针变量。

2．插入一个结点

在数据链表中，要求根据已定位置插入一个结点。设被插结点的指针为 p，可在三种不同情况下插入。

1）position=0，i= -1，被插结点应插入在第一结点之前。在这种情况下，使 head 指向被插结点，被插结点的指针域指向原来的第一结点则可，即“p->next=q; head=p;”。

2）position>0，在其他位置插入。在这种情况下，使插入位置的前一结点的指针域指向被插结点，使被插结点的指针域指向插入位置的后一结点，即 “p->next=q->next；q->next=p;”。

3）position > 结点数，输出出错信息。

3．删除一个结点

有两种情况：

1）被删除结点是第一个结点。在这种情况下，只需使 head 指向第二个结点即可，即“head=head->next;”。

2）被删结点不是第一个结点。在这种情况下，使被删结点的前一结点指向被删结点的后一结点即可，即“p->next=p->next->next;”。

4．输出链表中的各个结点

本例中，print( )函数用于输出链表中各个结点数据域值。函数的形参 head 的初值指向链表的第一个结点。在 while 语句中，为保留头指针 head，应另设一个指针变量，把 head 值赋予它，再用它来替代 head。

当然用结构数组也可以完成上述工作，但如果预先不能准确把握学生人数，也就无法确定数组的大小，而且当学生留级、退学之后，也不能把该元素占用的空间从数组中释放出来。用动态存储的方法可以很好地解决这些问题。有一个学生就分配一个结点，无须预先确定学生的准确人数，某学生退学，可删去该结点，并释放该结点占用的存储空间，从而可节省宝贵的内存资源。

另一方面，用数组的方法必须占用一块连续的内存区域。而使用动态分配时，每个结点之间可以是不连续的（结点内是连续的）。结点之间的联系可以用指针实现，即在结点结构中定义一个成员项来存放下一结点的首地址。

9.6.2 联合类型

1. 联合

联合（union）与结构（struct）有一些相似之，但两者有本质上的不同。在结构中，各成员有各自的内存空间，一个结构变量的总长度是各成员长度之和。而在联合中，各成员共享一段内存空间，一个联合变量的长度等于各成员中最长的长度。应该说明的是，这里所谓的共享不是指把多个成员同时装入一个联合变量内，而是指该联合变量可被赋予任一成员值，但每次只能赋一种值，赋入新值则冲去旧值。

一个联合类型必须经过定义之后，才能使用它，才能把一个变量声明定义为该联合类型。

2. 联合的定义

定义一个联合类型的一般形式为：

```
union 联合名 {
成员表
};
```

成员表中含有若干成员，成员的一般形式为：

```
类型说明符 成员名
```

其中，成员名的命名应符合标识符的规定。例如：

```
union perdata {
    int class;
    char office[10];
};
```

定义了一个名为 perdata 的联合类型，它含有两个成员，一个为整型，成员名为 class；另一个为字符数组，数组名为 office。联合定义之后，即可进行联合变量说明，被说明为 perdata 类型的变量，可以存放整型量 class 或字符数组 office。

3. 联合变量的声明

联合变量的声明和结构变量的声明方式相同，也有三种形式。第一种，先定义联合类型，再声明联合变量；第二种，在定义联合类型的同时声明联合变量；第三种，直接声明联合（以匿名的形式定义联合类型）。

以 perdata 类型为例，说明如下：

第一种，先定义联合类型，再声明联合变量：

```
union perdata {
  int class;
  char officae[10];
};
union perdata a, b;                    /*说明 a, b 为 perdata 类型*/
```

第二种，在定义联合类型的同时声明联合变量：

```
union perdata {
int class;
char office[10];
}a, b;
```

第三种，直接声明联合（以匿名的形式定义联合类型）：

```
union {
int class;
char office[10];
}a, b
```

经声明后的 a、b 变量均为 perdata 类型。a、b 变量的长度应等于 perdata 的成员中最长的长度，即等于 office 数组的长度，共 10 字节。对 a、b 变量如赋予整型值时，只使用了 2 字节，而赋予字符数组时，可用 10 字节。

4．联合变量的赋值和使用

对联合变量的赋值和使用都只能是对变量的成员进行。

联合变量的成员表示为：

```
联合变量名.成员名
```

例如，a 被说明为 perdata 类型的变量之后，可使用 a.class、a.office。

不允许只用联合变量名作赋值或其他操作，也不允许对联合变量作初始化赋值，赋值只能在程序中进行。

一个联合变量，每次只能赋予一个成员值。一个联合变量的值就是联合变量的某一个成员值。

【例 9-7】设有一个教师与学生通用的表格，教师数据有姓名、年龄、职业、教研室 4 项；学生有姓名、年龄、职业、班级 4 项。编程输入人员数据，再以表格输出。

1）问题分析

输入：含有联合的结构数组。

处理：根据不同的 job 决定不同的处理方法。

输出：含有联合的结构数组 a。

2）算法设计

算法对应的 N-S 流程图如图 9-6 所示。

3）编写程序

```
#include <stdio.h>
int main( )
{
struct {
  char name[10];
     int age;
     char job;
     union {
```

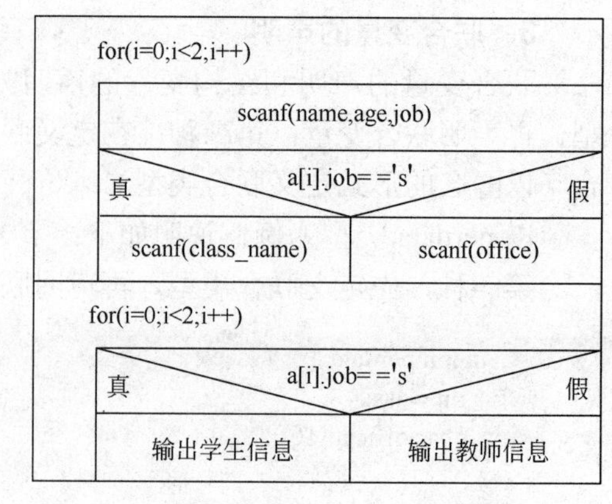

图 9-6　例 9-7 的 N-S 流程图

```
            char class_name[10];
            char office[20];
        }depa;
    }a[2];
    int n, i;
    for (i=0; i < 2; i++){
        printf("input name,age,job and department\n");
        scanf("%s %d %c", a[i].name, &a[i].age, &a[i].job);
        if (a[i].job == 's')
            scanf("%d", a[i].depa.class_name);
        else
            scanf("%s", a[i].depa.office);
    }

    printf("name\tage job class/office\n");
    for (i=0; i < 2; i++){
        if (a[i].job == 's')
            printf("%s\t%3d %3c %s\n", a[i].name, a[i].age, a[i].job, a[i].depa.class_name);
        else
            printf("%s\t%3d %3c %s\n",a[i].name, a[i].age, a[i].job,a[i].depa.office);
    }
}
```

4）测试运行

```
input name,age,job and department
刘得意  39 s  计算机
input name,age,job and department
王地雷  32 t  计 13-1
name       age   job    class/office
刘得意      39     s     计算机
王地雷      32     t     计 13-1
```

本例程序用一个结构数组 a 来存放人员数据，该结构共有 4 个成员。其中成员项 depa 是一个联合类型，这个联合又由两个成员组成，二者均为字符数组。在第一个循环结构中，输入人员的各项数据，先输入结构的前 3 个成员 name、age 和 job，然后判别 job 成员项，如为 's'，则对联合 depa.class_name 输入（对学生赋班级编号）；否则，对 depa.office 输入（对教师赋教研组名）。

在用 scanf 语句输入时要注意，凡为数组类型的成员，无论是结构成员还是联合成员，在该项前不能再加“&”运算符。如程序第 16 行中的 a.name 是数组类型，第 20 行中的 a.depa.office 也是数组类型，因此在这两项之间不能加“&”运算符。第二个循环结构用于输出各成员项的值。

9.6.3 枚举类型

在实际问题中，有些变量的取值被限定在一个有限的范围内。例如，一个星期内只有 7 天，一年只有 12 个月，一个班每周有 6 门课程，等等。如果把这些量说明为整型，字符型或其他类型显然是不妥当的。为此，C 语言提供了一种称为“枚举”的类型。在“枚举”类型的定义中列举出所有可能的取值，被说明为该“枚举”类型的变量取值不能超过定义的范围。应该说明的是，枚举类型是一种基本数据类型，而不是一种构造类型，因为它不能再分解为任何基本类型。

1．枚举的定义

定义枚举类型要使用关键字 enum。枚举类型定义的一般形式为：

```
enum 枚举名{ 枚举值表 };
```

在枚举值表中应罗列出所有可用值。这些值也称为枚举元素。例如，该枚举名为 weekday，枚举值共有 7 个，即一周中的 7 天。凡被说明为 weekday 类型变量的取值只能是 7 天中的某一天。

2．枚举变量的说明

如同结构和联合一样，枚举变量也可用不同的方式说明，即先定义后说明，同时定义说明或直接说明。设有变量 a、b、c 被说明为上述的 weekday，可采用下述任一种方式：

```
enum weekday{sun, mou, tue, wed, thu, fri, sat};
enum weekday a, b, c;
```

或者：

```
enum weekday{sun, mou, tue, wed, thu, fri, sat}a, b, c;
```

或者：

```
enum {sun, mou, tue, wed, thu, fri, sat}a, b, c;
```

3．枚举类型变量的赋值和使用

枚举类型在使用中有以下规定：

1）枚举值是常量，不是变量。

不能在程序中用赋值语句再对它赋值。例如对枚举 weekday 的元素再作以下赋值：

```
sun=5;
mon=2;
sun=mon;
```

都是错误的。

用 enum 关键字说明常量（即说明枚举常量）有三点好处：

① 用 enum 关键字说明的常量由编译程序自动生成，程序员不需要手工对常量一一赋值。

② 用 enum 关键字说明常量使程序更清晰易读，因为在定义 enum 常量的同时也定义了一个枚举类型标识符。

③ 在调试程序时通常可以检查枚举常量，这一点是非常有用的，尤其在不得不手工检查头文件中的常量值时。

不过，用 enum 关键字说明常量比用“#define”指令说明常量要占用更多的内存，因为前者需要分配内存来存储常量。

2）枚举元素本身由系统定义了一个表示序号的数值，从 0 开始顺序定义为 0，1，2，……。例如在 weekday 中，sun 值为 0，mon 值为 1，……，sat 值为 6。

【例 9-8】枚举使用。

```
#include <stdio.h>
int main( )
{
enum weekday {sun, mon, tue, wed, thu, fri, sat}a, b, c;
a=sun;
b=mon;
c=tue;
printf("%d,%d,%d", a, b, c);

return 0;
}
```

测试运行

```
0,1,2
```

说明：只能把枚举值赋予枚举变量，不能把元素的数值直接赋予枚举变量。如果一定要把数值赋予枚举变量，则必须用强制类型转换。例如：

```
a=(enum weekday)2;
```

其意义是将顺序号为 2 的枚举元素赋予枚举变量 a，相当于：

```
a=tue;
```

还应该说明的是，枚举元素不是字符常量，也不是字符串常量，使用时不要加单、双引号。

第10章 数据文件

本章知识结构图

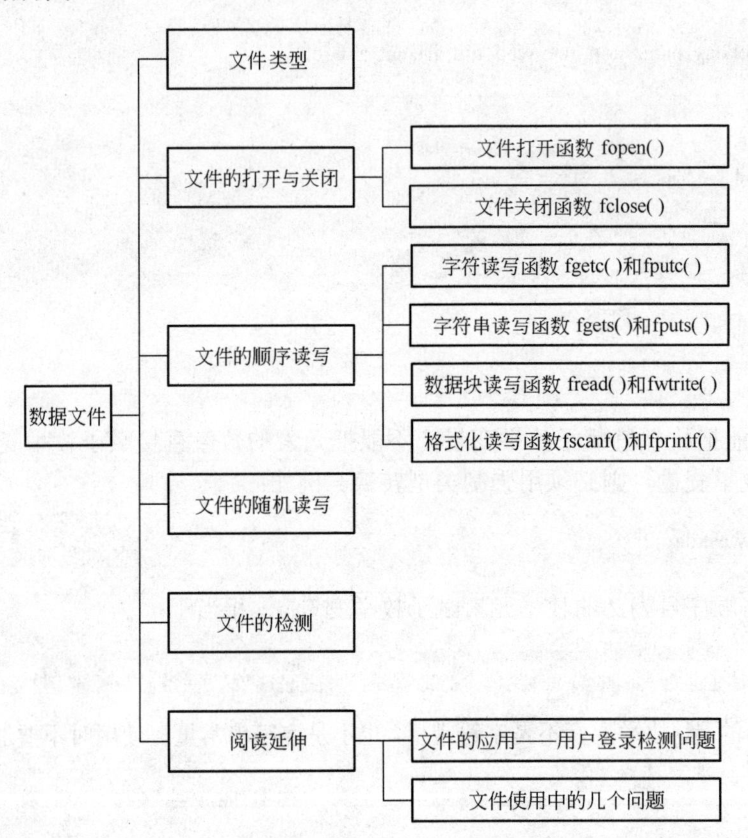

本章学习导读

前面各章节介绍的数据都是存储在内存中的，如果计算机只能处理存储在内存中的数据，则应用程序的适用范围和多样性就会受到相当大的限制。事实上，所有重要的商业应用程序所需的数据量远远大于内存所能提供的数据量，常常需要具备处理外部设备（如磁盘）所存储的数据的能力，当涉及大量的数据时，其是以计算机文件的形式存储在外存上的。数据文件可以是文本文档、图片、声音等。

本章介绍文件的基本概念以及文件的打开、关闭、常用读写方法，文件的基本概念，文件的基本函数，文件的顺序读写，文件的随机读写以及文件的简单应用。

10.1 文件类型

1. 什么是文件

文件一般指存储在外部介质(如磁盘)上数据的集合。文件通常是驻留在外部介质上的，在使用时才调入内存中来。操作系统是以文件为单位对数据进行管理的。这个数据集合有一个名称，叫作文件名。

实际上前面的各章已经多次使用了文件，如源程序文件、目标文件、可执行文件、库文件（头文件）等，但是在执行程序时输入的任何数据，在程序结束后都会消失。此时如果用户要用相同的数据执行程序，就必须重新输入一遍。这种方式不仅不方便，还使编程任务无法完成。类似用户的程序文件，也可以把这些数据作为文件保存起来。存储用户数据的文件称为数据文件。

2．文件的两种数据形式

大家都知道计算机数据的存储在物理上都是二进制的，所以文本文件与二进制文件的区别只是在编码层次上有差异。从文件编码的方式来看，文件可分为ASCII文件和二进制文件两种。

（1）ASCII文件

ASCII 文件也称为文本文件。这种文件按字符存储，在磁盘中存放时每个字符对应一个字节，用于存放对应的ASCII码。例如往一个文本文件中写入整数“1 2 3 4 5”，实际上文件中保存的是字符1、2、3、4、5的ASCⅡ码49、50、51、52、53。查看文件属性，可以看到文件的大小为5字节，这是因为文件中存储的是5个字符，而每一个字符占1字节，因此文件的大小为5字节。源程序文件就是ASCII文件。ASCII文件可以用任何文字处理程序阅读和编辑。由于其是按字符编辑显示，因此文件内容能被读懂。

（2）二进制文件

二进制文件是按二进制的编码方式来存放文件的。二进制文件将内存中的数据原封不动地存至文件中，适用于以非字符为主的数据，如果以记事本打开，只会看到一堆乱码。其实，除了文本文件外，所有的数据都是二进制文件。二进制文件的优点在于存取速度快、占用空间小，以及可随机存取数据。

若将整数“1 2 3 4 5”以int型方式存储，则占4字节（64位的操作系统）或2字节（32位的操作系统）。可见，对整型数而言，以int型方式存储更节省磁盘空间。若以字符形式来存储整型数（int）或浮点型数（float 或 double），则浪费了大量的空间。因此，以文本方式来保存数值较整型（int）、浮点型（float或double）更占用磁盘空间。

二进制文件是包含在 ASCⅡ及扩展 ASCⅡ字符中的数据或程序指令的文件，一般是可执行程序、图形、图像、声音等文件。二进制文件不具备可读性，其内容无法读懂。C语言系统在处理这些文件时，并不区分类型，都可看成字符流，按字节进行处理。输入/输出字符流的开始和结束只由程序控制而不受物理符号（如回车符）的控制，因此也把这种文件称作“流式文件”。

3．缓冲文件系统

C语言的文件处理功能依据系统是否设置“缓冲区”分为两种：一种是设置缓冲区；另一种是不设置缓冲区。对于不设置缓冲区的文件处理方式，必须使用较低级的I/O函数（包含在头文件“io.h”和“fcntl.h”中）来直接对磁盘存取，这种方式的存取速度慢，并且由于使用的不是C语言的标准函数，跨平台操作时容易出问题。下面只介绍第一种处理方式，即设置缓冲区的文件处理方式。

当进行文件读取时，不会直接对磁盘进行读取，而是在内存开辟一个“缓冲区”；当执行读文件的操作时，从磁盘文件将数据先读入内存“缓冲区”，装满后再从内存“缓冲区”依次读入接收的变量。执行写文件的操作时，先将数据写入内存“缓冲区”，待内存“缓冲区”装满后再写入文件。由此可以看出，内存“缓冲区”的大小影响着实际操作外存的次数，内存“缓冲区”越大，则操作外存的次数就越少，执行速度就快，效率越高。一般来说，文件“缓冲区”的大小随机器而定。

4．文件指针

在C语言中用一个指针变量指向一个文件，这个指针称为文件指针。通过文件指针就可对它所指的文件进行各种操作。

定义说明文件指针的一般形式为：

```
FILE *指针变量标识符;
```

其中，FILE应为大写，它实际上是由系统定义的一个结构，该结构中含有文件名、文件状态和文件当前位置等信息。在编写源程序时不必关心FILE结构的细节。例如：

```
FILE *fp;
```

表示fp是指向FILE结构的指针变量，通过fp即可查找存放某个文件信息的结构变量，然后按结构变量提供的信息找到该文件，实施对文件的操作。习惯上也笼统地把 fp 称为指向一个文件的指针。

10.2 文件的打开与关闭

文件在进行读写操作之前要先打开，使用完毕要关闭。所谓打开文件，实际上是建立文件的各种有关信息，并使文件指针指向该文件，以便进行其他操作。关闭文件则是断开指针与文件之间的联系，即禁止再对该文件进行操作。在C语言中，文件操作都是由库函数来完成的。本章将介绍主要的文件操作函数。

10.2.1 文件打开函数 fopen( )

1．文件的打开

文件的打开实际上是建立文件的各种有关信息，并使文件指针指向该文件，以便进行其他操作。

2．文件打开函数 fopen( )介绍

ANSI C 提供了打开文件的函数：

```
FILE *fopen(char *fname, char *mode)
```

函数原型在“stdio.h”文件中，fopen( )打开一个 fname 指向的外部文件，返回与它相连接的流。fname 是字符串，应是一个合法的文件名，还可以指明文件路径。对文件的操作模式由 mode 决定，mode 也是字符串，表 10-1 给出了 mode 的取值。例如：

```
FILE *fp;
fp=("file", "r");
```

其意义是在当前目录下打开文件 file，只允许进行读操作，并使 fp 指向该文件。又如：

```
FILE *fphzk;
fphzk=("c:\\hzk16", "rb");
```

其意义是打开 C 驱动器磁盘根目录下的文件 hzk16，这是一个二进制文件，只允许按二进制方式进行读操作。两个反斜线“\\”中的第一个表示转义字符，第二个表示根目录。

3．打开文件的方式

打开文件的方式共有 12 种，表 10-1 给出了它们的符号和意义。

表 10-1　文件打开方式

打开方式	意　义
"rt"	只读打开一个文本文件，只允许读数据
"wt"	只写打开或建立一个文本文件，只允许写数据
"at"	追加打开一个文本文件，并在文件末尾写数据
"rb"	只读打开一个二进制文件，只允许读数据
"wb"	只写打开或建立一个二进制文件，只允许写数据
"ab"	追加打开一个二进制文件，并在文件末尾写数据
"rt+"	读写打开一个文本文件，允许读和写
"wt+"	读写打开或建立一个文本文件，允许读和写
"at+"	读写打开一个文本文件，允许读，或在文件末追加数据
"rb+"	读写打开一个二进制文件，允许读和写
"wb+"	读写打开或建立一个二进制文件，允许读和写
"ab+"	读写打开一个二进制文件，允许读，或在文件末追加数据

对于文件打开方式有以下几点说明：

1）文件打开方式由 r、w、a、t、b、+共 6 个字符拼成，各字符的含义是：

r（read）：读。

w（write）：写。

a（append）：追加。

t（text）：文本文件，可省略不写。

b（binary）：二进制文件。

+：读和写。

2）凡用"r"打开一个文件时，该文件必须已经存在，且只能从该文件读出。

3）用"w"打开的文件只能向该文件写入。若打开的文件不存在，则以指定的文件名建立该文件；若打开的文件已经存在，则将该文件删去，重建一个新文件。

4）若要向一个已存在的文件追加新的信息，只能用"a"方式打开文件，但此时该文件必须是存在的，否则将会出错。

5）在打开一个文件时，如果出错，fopen( )将返回一个空指针值 NULL。在程序中可以用这一信息来判别是否完成打开文件的工作，并作相应的处理。因此常用以下程序段打开文件：

```
if ((fp=fopen("c:\\hzk16", "rb") == NULL){
    printf("\nerror on open c:\\hzk16 file!");
    exit(1);
}
```

这段程序的意义是，如果返回的指针为空，表示不能打开 C 盘根目录下的 hzk16 文件，则给出提示信息“error on open C:\ hzk16 file!”，然后执行 exit(1)退出程序。

打开文件的正确方法为：

```
#include<stdio.h>
FILE *fp;
if ((fp=fopen("test.txt", "w")) == NULL) { /*创建一个只写的新文本文件* /
    printf("cannot open file \n");
    exit(0);
}
```

这种方法能发现打开文件时的错误。在开始写文件之前检查诸如文件是否有写保护，磁盘是否已写满等，因为函数会返回一个空指针 NULL，NULL 值在“stdio.h”中定义为 0。事实上，打开文件时要向编译系统说明三个信息：

① 需要访问的外部文件是哪一个。

② 打开文件后要执行读或写，即选择操作方式。

③ 确定哪一个文件指针指向该文件。

对打开文件所选择的操作方式来说，一经说明不能改变，除非关闭文件后重新打开。是只读就不能对其写操作，对已存文件如以新文件方式打开，则信息必丢失。

6）把一个文本文件读入内存时，要将 ASCII 码转换成二进制码，而把文件以文本方式写入磁盘时，也要把二进制码转换成 ASCII 码，因此文本文件的读写要花费较多的转换时间。对二进制文件的读写不存在这种转换。

7）标准输入文件（键盘）、标准输出文件（显示器）、标准出错输出（出错信息）是由系统打开的，可直接使用。

10.2.2 文件关闭函数 fclose( )

ANSI C 提供了关闭文件的函数：

```
int fclose(FILE *stream)
```

文件一旦使用完毕，应用关闭文件函数把文件关闭。关闭文件，即断开指针与文件之间的联系，也就是禁止再对该文件进行操作，以避免发生文件的数据丢失等错误。例如：

```
fclose(fp);
```

fclose( )函数关闭文件操作成功后，函数返回 0；若失败，则返回非零值。

10.3 文件的顺序读写

1. 4 种文件读写操作

数据怎么在磁盘上写不是由文件打开方式决定的，而是由写函数决定的。数据怎么从磁盘上读也不是由文件打开方式决定的，而是由读函数决定的。这里说的数据怎么写是指一种类型的变量是怎么保存到磁盘的。比如对于字符变量，在内存中是用ASCII码表示的，在外存中也是用ASCII码表示的。对于数值变量“int x=12;”可以直接存12的二进制码（4字节），也可以按ASCII码存字符1，字符2。数据怎么读是指，读一个int变量，是直接读sizeof(int)字节，还是一个字符一个字符地读，直到读到的字符不是数字字符。C语言中有两组文件读写函数恰好支持上面两种方式的读写。

对文件的读和写是最常用的文件操作。C语言提供了多种文件读写函数：

1）字符读写函数：fgetc( )和 fputc( )。

2）字符串读写函数：fgets( )和 fputs( )。

3）数据块读写函数：freed( )和 fwrite( )。

4）格式化读写函数：fscanf( )和 fprinf( )。

当文件按指定的工作方式打开以后，就可以执行对文件的读和写操作。根据文本文件和二进制文件的不同性质，对文本文件可按字符读写或按字符串读写；对二进制文件可进行数据块读写或格式化读写。

2. 文件读写方式

文件读写方式包括顺序读写方式和随机读写方式两种。顺序读写方式就是从上往下，一笔一笔读写文件的内容，保存数据时，将数据附加在文件的末尾。这种读写方式常用于文本文件，而被读写的文件则称为顺序文件。随机读写方式多以二进制文件为主，以一个完整的单位来进行数据的读取和写入，通常以结构为单位。

3. 文件的当前位置

文件有开头和结尾，还有一个当前位置，通常定义为从文件头到当前位置有多少字节数，当前位置就是发生文件操作（读写文件的动作）的地方。当前位置可以移动到文件的其他地方。新的当前位置可以指定为距离文件开头的偏移量，或在某些情况下，指定为从前一个当前位置算起的正或负的偏移量。

应注意，文件指针和文件的当前位置不是一回事。文件指针是指向整个文件的，须在程序中定义说明，只要不重新赋值，文件指针的值是不变的；文件的当前位置用来指示文件内部的当前读写位置，每读写一次，该位置均向后移动，它不需在程序中定义说明，而是由系统自动设置的。

10.3.1 字符读写函数 fgetc( )和 fputc( )

字符读写函数是以字符（字节）为单位的读写函数，每次可从文件读或向文件写一个字符。

1. 读字符函数 fgetc( )

C语言提供 fgetc( )函数对文本文件进行字符的读操作，其函数的原型存于“stdio.h”头文件中，格式为：

```
int fgetc(FILE *stream)
```

fgetc( )函数从输入流的当前位置返回一个字符，并将文件当前位置移到下一个字符处，如果已到文件尾，函数返回 EOF，此时表示本次操作结束，若读写文件完成，则应关闭文件。

对于 fgetc( )函数的使用有以下几点说明：

1）在 fgetc( )函数的调用中，读取的文件必须是以读或读写方式打开的。

2）读取字符的结果也可以不向字符变量赋值，如"fgetc(fp);"，但是读出的字符不能保存。

3）在文件打开时，文件的当前位置指向文件的第一个字节。使用 fgetc( )函数后，文件当前位置将向后移动一个字节。因此，可连续多次使用 fgetc( )函数，读取多个字符。

【例 10-1】《烟花三月》的歌词存放于磁盘的指定文本文件"c1.txt"中。按读写字符方式逐个地从文件读出，然后再将其显示到屏幕上。

（1）问题分析

输入：文本文件"c1.txt"。

处理：从文件"c1.txt"循环读写字符。

输出：将文件显示到屏幕。

（2）算法设计

算法对应的 N-S 流程图如图 10-1 所示。

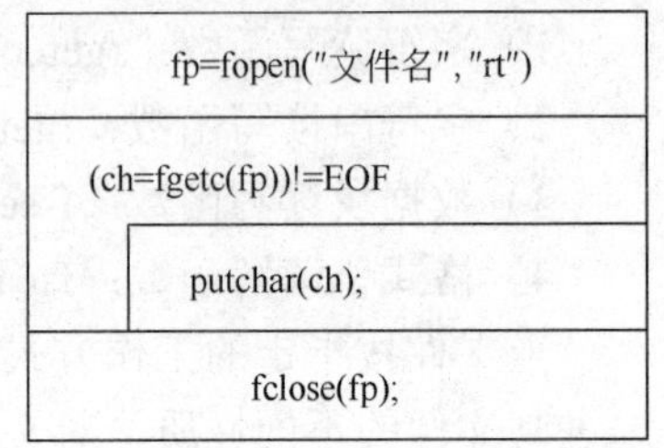

图 10-1　例 10-1 的 N-S 流程图

（3）编写程序

```
#include<stdio.h>
#include <stdlib.h>
int main( )
{
 FILE *fp;
 char ch;
 if ((fp=fopen("e:\\cl\\c1.txt", "rt")) == NULL){       //以只读方式打开文本文件
      printf("\nCannot open file strike any key exit!");
      exit(0);
 }
 while ((ch=fgetc(fp)) != EOF)                          //从文件读一字符，显示到屏幕
        putchar(ch);
 fclose(fp);
 return 0;
}
```

（4）测试运行

```
牵住你的手相别在黄鹤楼
波涛万里长江水送你下扬州
真情伴你走春色为你留
二十四桥明月夜牵挂在扬州
```

本例循环结构的功能是从文件中逐个读取字符，在屏幕上显示。程序定义了文件指针 fp，以读文本文件方式打开文件"e:\\cl\\c1.txt"，并使 fp 指向该文件。如打开文件出错，给出提示并退出程序。程序用到了循环结构进行字符读取，只要读出的字符不是文件结束标志（每个文件末有一结束标志 EOF）就把该字符显示在屏幕上，再读入下一字符。每读一次，文件的当前位置向后移动一个字符，文件结束时，该指针指向 EOF。执行本程序将显示整个文件。

2．写字符函数 fputc( )

C 语言提供 fputc( )函数的功能是把一个字符写入指定的文件中，其函数的原型存于“stdio.h”头文件中。

```
int fputc(int ch, FILE *stream)
```

fputc( )函数完成将字符 ch 的值写入所指定的流文件的当前位置处，并将文件当前位置后移一位。fputc( )函数的返回值是所写入字符的值，出错时返回 EOF。例如：

```
fputc('a', fp);
```

其意义是把字符 a 写入 fp 所指向的文件中。

对于 fputc( )函数的使用也要说明几点：

1）被写入的文件可以用写、读写、追加的方式打开，用写或读写方式打开一个已存在的文件时将清除原有的文件内容，写入字符从文件首开始。如需保留原有文件内容，希望写入的字符以文件末开始存放，必须以追加方式打开文件。被写入的文件若不存在，则创建该文件。

2）每写入一个字符，文件的当前位置向后移动 1 字节。

3）fputc( )函数有一个返回值，如写入成功，则返回写入的字符；否则，返回一个 EOF。可以此来判断写入是否成功。

【例 10-2】从键盘输入字符，存到磁盘文件“test.txt”中。

（1）问题分析

输入：键盘输入字符。

处理：写字符至文件“test.txt”。

输出：磁盘文件“test.txt”。

（2）算法设计

算法对应的 N-S 流程图如图 10-2 所示。

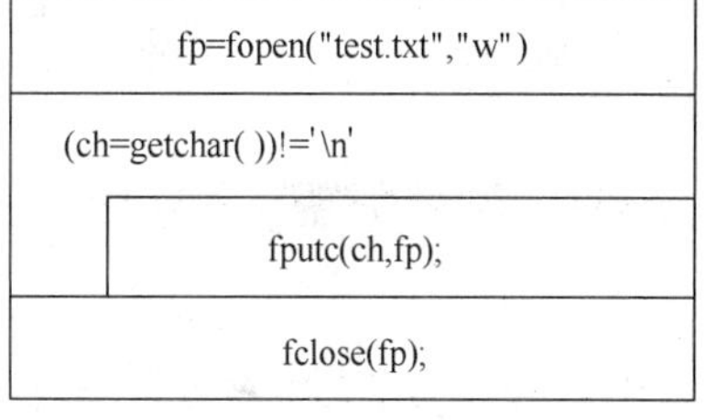

图 10-2　例 10-2 的 N-S 流程图

（3）编写程序

```
#include <stdio.h>
#include <stdlib.h>
int main( )
{
  FILE *fp;                                   //定义文件变量指针
  char ch;
  if ((fp=fopen("test.txt", "w")) == NULL){   //以只写方式打开文件
      printf("cannot open file!\n");
      exit(0);
  }
  printf("Input data:\n");
  while ((ch=getchar()) != '#')               //输入字符非'#'时循环
      fputc(ch, fp);                          //写入文件一个字符
  fclose(fp);
  return 0;
}
```

（4）测试运行

```
China
Beijing
```

此时用记事本打开文件，结果显示如图 10-3 所示。

本例循环结构的功能是通过从键盘输入一个以'#'结束的字符串，写入指定的流文件“test.txt”，文件以文本只写方式打开，所以流文件具有可读性，能支持各种字符处理工具访问。

【例 10-3】把命令行参数中的前一个文件名标识的文件，复制到后一个文件名标识的文件中，如命令行中只有一个文件名，则把该文件写到标准输出文件（显示器）中。

（1）问题分析

输入：文件。

处理：循环读写字符 。

输出：文件。

（2）算法设计

算法对应的 N-S 流程图如图 10-4 所示。

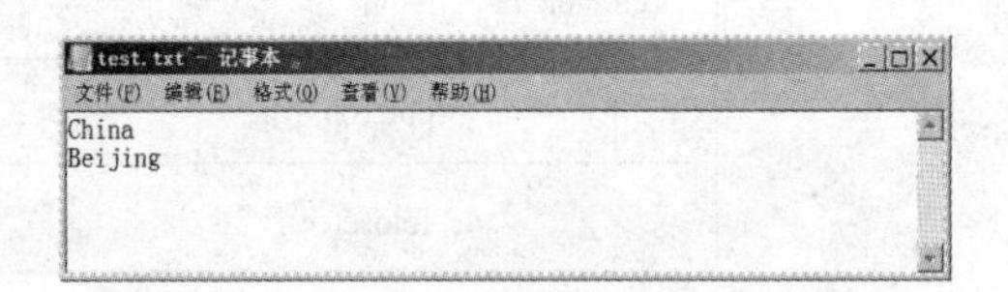

图 10-3　例 10-2 的文件显示

fp1=fopen(argv[1],"rt")
fp2=fopen(argv[2],"wt+")
(ch=fgetc(fp1))!=EOF
fputc(ch,fp2);
fclose(fp1); fclose(fp2);

图 10-4　例 10-3 的 N-S 流程图

（3）编写程序

```
#include<stdio.h>
#include <stdlib.h>
int main(int argc, char *argv[])
{
 FILE *fp1, *fp2;
 char ch;
 if (argc == 1){                    //如命令行参数中没有给出文件名，则给出提示信息
    printf("have not enter file name strike any key exit");
    exit(0);
 }
 if ((fp1=fopen(argv[1], "rt")) == NULL){                //以只读方式打开文本文件
    printf("Cannot open %s\n", argv[1]);
    exit(1);
 }
 if (argc == 2)
    fp2=stdout;               //如果只给出一个文件名，则使 fp2 指向标准输出文件(即显示器)
 else if((fp2=fopen(argv[2], "wt+")) == NULL){            //以读写方式打开一个本文文件
```

```
        printf("Cannot open %s\n", argv[1]);
        exit(1);
        }
    printf("Input data:\n");
    while ((ch=fgetc(fp1)) != EOF)
        fputc(ch, fp2);
    fclose(fp1);
    fclose(fp2);
    return 0;
}
```

（4）测试运行

用记事本分别打开不同的文件，如图 10-5 所示。

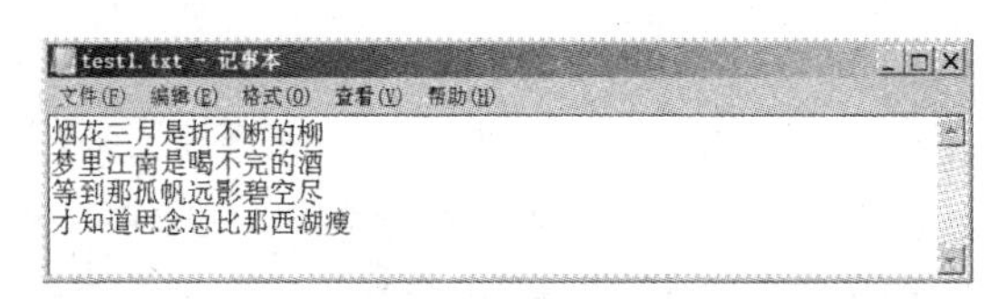

图 10-5　例 10-3 的输入和输出文件

本程序为带参数的 main( )函数。程序中定义了两个文件指针 fp1 和 fp2，分别指向命令行参数中给出的文件。如命令行参数中没有给出文件名，则给出提示信息。程序第 18 行表示如果只给出一个文件名，则使 fp2 指向标准输出文件（即显示器）。程序矩形框中用循环结构逐个读出文件 1 中的字符再送到文件 2 中。把“tset1.txt”中的内容读出，写入“tset2.txt”之中。

10.3.2　字符串读写函数 fgets( )和 fputs( )

1．读字符串函数 fgets( )

C 语言提供读字符串的函数原型在“stdio.h”头文件中，其函数形式为：

```
char *fgets(char *str, int num, FILE *stream)
```

fgets( )函数从流文件 stream 中读取至多 num–1 个字符，并把它们放入 str 指向的字符数组中。读取字符直到遇见换行符或 EOF 为止，或读入所限定的字符数。例如：

```
fgets(str, n, fp);
```

该语句是从 fp 所指的文件中读出 n–1 个字符送入字符数组 str 中。

对 fgets( )函数有两点说明：

1）在读出 n–1 个字符之前，如遇到了换行符或 EOF，则读出结束。

2）fgets( )函数也有返回值，其返回值是字符数组的首地址。

2．写字符串函数 fputs( )

C 语言提供写字符串的函数原型在“stdio.h”头文件中，其函数形式为：

```
int fputs(char *str, FILE *stream)
```

fputs( )函数将 str 指向的字符串写入流文件。操作成功时，函数返回 0 值，失败返回非零值。其调用形式为：

```
fputs(字符串,文件指针);
```

其中，字符串可以是字符串常量，也可以是字符数组名，或指针变量。例如：

```
fputs("abcd", fp);
```

其含义是把字符串"abcd"写入 fp 所指的文件之中。

【例 10-4】《烟花三月》的歌词存储于文本文件“test1.txt”中，从该文件读出字符串，再写入另一个文件“test2.txt”。

（1）问题分析

输入：文件“test1.txt”。

处理：循环读写字符串。

输出：文件“test2.txt”。

（2）算法设计

算法对应的 N-S 流程图如图 10-6 所示。

fp1=fopen("test1.txt","r")
fp2=fopen("test2.txt", "w")
(fgets(str, 128, fp1))!=NULL
fputs(str,fp2);
fclose(fp1); fclose(fp2);

图 10-6　例 10-4 的 N-S 流程图

（3）编写程序

```
#include<stdio.h>
#include <stdlib.h>
#include<string.h>
int main( )
{
  FILE *fp1, *fp2;
  char str[128];
  if ((fp1=fopen("test1.txt", "r")) == NULL){                //以只读方式打开文本文件 1
        printf("cannot open file\n");
        exit(0);
  }
  if ((fp2=fopen("test2.txt", "w")) == NULL){                //以只写方式打开本文文件 2
        printf("cannot open file\n");
        exit(0);
  }
  printf("文件 2 内容\n");
  while ((fgets(str, 128, fp1)) != NULL){                   //从文件中读回的字符串长度大于 0
      fputs(str, fp2);                                      //从文件 1 读字符串并写入文件 2
      printf("%s", str);                                    //在屏幕显示
  }
  fclose(fp1);
  fclose(fp2);
  return 0;
}
```

（4）测试运行

在 DOS 命令行目录下输入“ex104 test1.txt test2.txt”，显示文件 2 内容如下：

```
烟花三月是折不断的柳
```

梦里江南是喝不完的酒
等到那孤帆远影碧空尽
才知道思念总比那西湖瘦

程序共操作两个文件，需定义两个文件指针，因此在操作文件以前，应将两个文件以需要的工作方式同时打开（不分先后），循环结构重复读写字符串，读写完成后关闭文件。设计过程是在写入文件的同时显示在屏幕上，故程序运行结束后，应看到增加了与原文件相同的文本文件并显示文件内容在屏幕上。可以通过记事本打开这两个文件。

10.3.3　数据块读写函数 fread( )和 fwrite( )

前面介绍的几种读写文件的方法，对其复杂的数据类型无法以整体形式向文件写入或从文件读出。C 语言提供成块的读写方式来操作文件，使用数组或结构体等类型可以进行一次性读写。成块读写文件函数的调用形式为：

```
int fread(void *buf, int size, int count, FILE *stream)
int fwrite(void *buf, int size, int count, FILE *stream)
```

fread( )函数从 stream 指向的流文件读取 count（字段数）个字段，每个字段为 size（字段长度）个字符长，并把它们放到 buf（缓冲区）指向的字符数组中。若函数调用时要求读取的字段数超过文件存放的字段数，则出错或已到文件尾，实际在操作时应注意检测。

fwrite( )函数从 buf（缓冲区）指向的字符数组中，把 count（字段数）个字段写到 stream 所指向的流中，每个字段为 size 个字符长，函数操作成功时返回所写字段数。

关于成块的文件读写，在创建文件时只能以二进制文件格式创建。

【例 10-5】读入 SIZE 个学生信息，然后用 fwrite( )函数存入文件。

（1）问题分析

输入：键盘输入。

处理：循环写 SIZE 个学生记录 。

输出：文件。

（2）算法设计

算法对应的 N-S 流程图如图 10-7 所示。

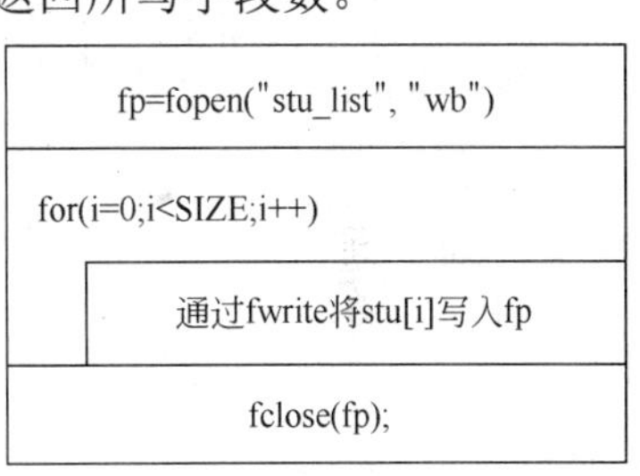

图 10-7　例 10-5 save( )函数的 N-S 流程图

（3）编写程序

```
#include <stdio.h>
#include <stdlib.h>
#define SIZE 2
struct student{                                    /*定义结构体*/
  char name[15];
  char num[6];
  int score[2];
};
void input(struct student a[ ])
{int i;
printf("Input data:\n");
```

```
    for (i=0; i < SIZE; i++)                          //从键盘读入 SIZE 个记录
        scanf("%s%s%d%d", &a[i].name, &a[i].num, &a[i].score[0], &a[i].score[1]);
}
void save(struct student a[ ])
{
  FILE *fp;
  int i;
  if ((fp=fopen("stu_list", "wb")) == NULL){          //以只写方式打开二进制文件
      printf("cant open the file");
      exit(0);
  }
  for (i=0; i < SIZE; i++){                           //循环写 SIZE 个记录到文件中
      if (fwrite(&a[i],sizeof(struct student), 1, fp) != 1)
          printf("file write error\n");
  }                                                   //for 循环
  fclose(fp);
}                                                     //save( )函数
void output(struct student a[ ])
{
  int i;
  printf("Output data:\n");
  for (i=0; i < SIZE; i++)                            //显示保存的 SIZE 个记录
      printf("%s,%s,%d,%d\n", a[i].name, a[i].num, a[i].score[0], a[i].score[1]);
}
int main( )
{
  struct student stu[SIZE];
  input(stu);
  save(stu);
  output(stu);
  return 0;
}
```

（4）测试运行

```
Input data:
刘得意  c001 87 98
花美丽  c002 99 89
Output data:
刘得意,c001,87,98
花美丽,c002,99,89
```

本例程序采用模块化程序设计方法，设计三个函数 input( )、save( )和 output( )，分别用于键盘数据输入、保存数据到文件和显示保存的数据。其函数内部分别用循环结构实现。

【例 10-6】用 fread( )函数从文件中读出学生信息。

（1）问题分析

输入：文件。

处理：循环读 SIZE 个学生记录。

输出：屏幕。

（2）算法设计

算法对应的N-S流程图如图10-8所示。

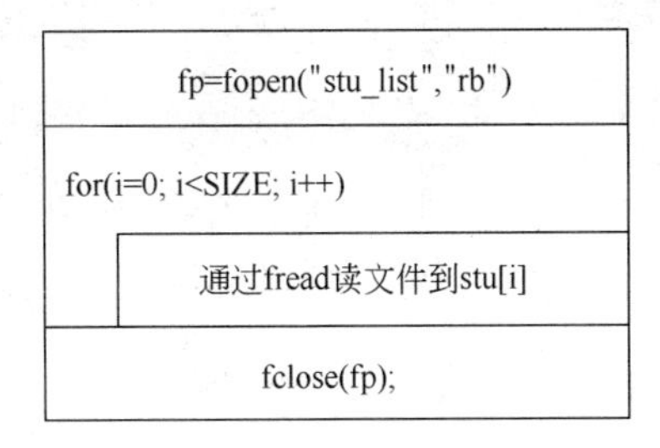

图10-8　例10-6 read( )函数的N-S流程图

（3）编写程序

```
#include <stdio.  h>
#include <stdlib.h>
#define SIZE 2
struct student{                                        /*定义结构体*/
char name[15];
char num[6];
int score[2];
};
void read(struct student a[ ])
{
  FILE *fp;
  int i;
  if ((fp=fopen("stu_list", "rb")) == NULL){           //以只读方式打开二进制文件
      printf("cant open the file");
      exit(0);
}
printf("output from file:\n");
for (i=0; i < SIZE; i++){                              //循环读入 SIZE 个记录
     if(fread(&a[i],sizeof(struct student), 1, fp) != 1)
     printf("file write error\n");
}                                                      //for 循环
fclose(fp);
}                                                      //read( )函数
void output(struct student a[ ])
{int i;
for (i=0; i < SIZE; i++)                               //显示保存的 SIZE 个记录
     printf("%s,%s,%d,%d\n", a[i].name, a[i].num, a[i].score[0], a[i].score[1]);
}
 int main( )
 {
     struct student stu[SIZE];
     int i;
     read(stu);                                //调用 read 函数
     output(stu)
     return 0;
}                                              //main 函数
```

（4）测试运行

```
output from file:
刘得意，c001，87，98
花美丽，c002，99，89
```

本例程序采用模块化程序设计方法，设计两个函数 read( )和 output( )，分别用于从文件中读数据并显示保存的数据。其函数内部分别用循环结构实现。

10.3.4 格式化读写函数 fscanf( )和 fprintf( )

前面的程序设计中，已介绍过利用 scanf( )和 printf( )函数从键盘格式化输入及在显示器上进行格式化输出。对文件的格式化读写就是在上述函数的前面加一个字母 f 成为 fscanf( )和 fprintf( )。其函数调用方式为：

```
int fscanf(FILE *stream, char *format, arg_list)
int fprintf(FILE *stream, char *format, arg_list)
```

其中，stream 为流文件指针，其余两个参数与 scanf( )和 printf( )的用法完全相同。

fscanf( )函数、fprintf( )函数与前面使用的 scanf( )和 printf( )函数的功能相似，都是格式化读写函数。两者的区别在于 fscanf( )函数和 fprintf( )函数的读写对象不是键盘和显示器，而是磁盘文件，例如：

```
fscanf(fp, "%d%s", &i, s);
fprintf(fp, "%d%c", j, ch);
```

用 fscanf( )和 fprintf( )函数也可以完成例 10-5 和例 10-6 的问题。修改后的程序如例 10-7 所示。

【例 10-7】将一些格式化的数据写入文本文件，再从该文件中以格式化方法读出显示到屏幕上，其格式化数据是两个学生记录，包括姓名、学号、两科成绩。

（1）问题分析

输入：第一次从键盘读，第二次从文件读。

处理：循环格式化读写 SIZE 个学生记录 。

输出：第一次写文件，第二次写文件到屏幕。

（2）算法设计

算法对应的 N-S 流程图如图 10-9 所示。

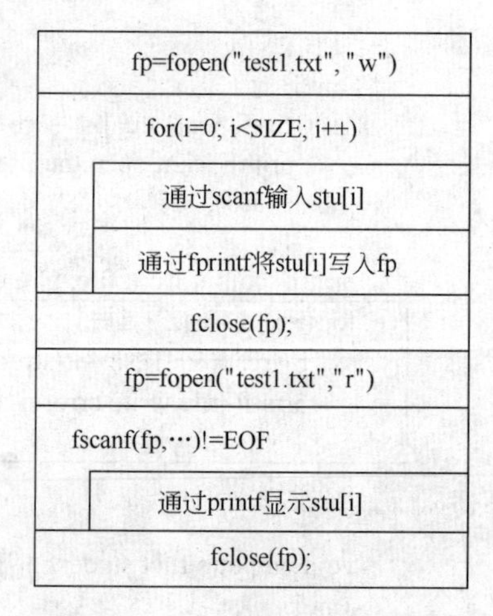

图 10-9 例 10-7 的 N-S 流程图

（3）编写程序

```
#include <stdio.h>
#include <stdlib.h>
#define SIZE 2
struct student{                                    //定义结构体
char name[15];
char num[6];
int score[2];
```

```
}stu[SIZE];
int main( )
{FILE *fp;
int i;
if ((fp=fopen("test1.txt", "w")) == NULL){                    //以文本只写方式打开文件
    printf("cannot open file");
    exit(0);
}
printf("Input data:\n");
for (i=0; i < SIZE; i++){
  scanf("%s%s%d%d", &stu[i].name, &stu[i].num, &stu[i].score[0], &stu[i].score[1]);
  fprintf(fp, "%s %s %d %d\n", stu[i].name, stu[i].num, stu[i].score[0], stu[i].score[1]);
}
fclose(fp); /*关闭文件*/
if ((fp=fopen("test1.txt", "r")) == NULL){                    //以文本只读方式重新打开文件
    printf("cannot open file");
    exit(0);
}
printf("output from file:\n");
while (fscanf(fp, "%s %s %d %d", &stu[i].name, &stu[i].num, &stu[i].score[0], &stu[i].score[1])
        != EOF)
printf("%s %s %d %d\n", stu[i].name, stu[i].num, stu[i].score[0], stu[i].score[1]);
fclose(fp);                                                   //关闭文件
return 0;
}
```

程序设置了一个文件变量指针，两次以不同的方式打开同一文件，写入和读出格式化数据。有一点很重要，那就是用什么格式写入文件，就一定用什么格式从文件读，否则，读出的数据与格式控制符不一致，就会造成数据出错。上述程序运行如下：

```
Input data:
刘得意 c001 87 98
花美丽 c002 99 89
output from file:
刘得意 c001 87 98
花美丽 c002 99 89
```

此程序所访问的文件也可以定为二进制文件，若打开文件的方式为：

```
if ((fp=fopen("test1.txt", "wb")) == NULL){                   //以二进制只写方式打开文件
  printf("cannot open file");
  exit(0);
}
```

其效果完全相同。

用 fprintf( )和 fscanf( )函数对磁盘文件操作，由于在输入时要将ASCII码转换为二进制形式，在输出时又要将二进制转换为字符，花费时间比较多。因此，在内存与磁盘频繁交换数据的情况下，最好不用 fprintf( )和 fscanf( )函数，而用 fread( )和 fwrite( )函数。

10.4　文件的随机读写

前面介绍的对文件的读写方式都是顺序读写，即读写文件只能从头开始，顺序读写各个数据。但在实际问题中，常常要求只读写文件中某一指定的部分。为了解决这个问题，可移动文件的当前位置到需要读写的位置，再进行读写，这种读写称为随机读写。实现随机读写的关键是要按要求移动位置指针，这称为文件的定位。

1．文件定位

移动文件当前位置指针的函数主要有两个，即 rewind ( )函数和 fseek( )函数。rewind( )函数的调用形式为：

```
rewind(文件指针);
```

它的功能是把文件当前位置指针移到文件首。

【例 10-8】一个文本文件“test.txt”中存储有《烟花三月》的歌词，追加一个字符串到该文件中。

（1）问题分析

输入：先从键盘读入字符串，然后打开文件。

处理：将字符串添加到文件尾。

输出：第一次写到文件尾，第二次写文件到屏幕。

（2）算法设计

算法对应的 N-S 流程图如图 10-10 所示。

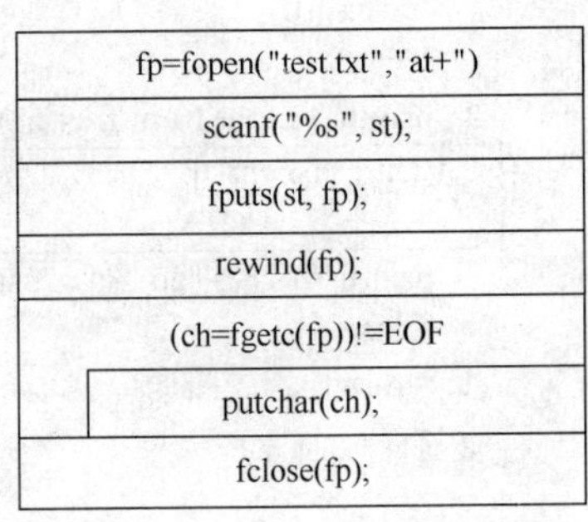

图 10-10　例 10-8 的 N-S 流程图

（3）编写程序

```
#include <stdio.h>
#include <stdlib.h>
int main( )
{
FILE *fp;
char ch, st[20];
if ((fp=fopen("test.txt", "at+")) == NULL){          //以只读方式和添加方式打开文本文件
    printf("Cannot open file strike any key exit!");
    exit(0);
}
printf("Input a string:\n");
scanf("%s", st);
fputs(st, fp);
rewind(fp);
printf("Print the file\n");
while ((ch=fgetc(fp)) != EOF)
    putchar(ch);
printf("\n");
fclose(fp);
return 0;
}
```

（4）测试运行

```
Input a string:
扬州城有没有人和你风雨同舟
Print the file
扬州城有没有我这样的好朋友
扬州城有没有人为你分担忧和愁
扬州城有没有我这样的知心人
扬州城有没有人和你风雨同舟
```

本例要求在“test.txt”文件末加写字符串，因此在程序中以追加读写文本文件的方式打开文件“test.txt”。然后输入字符串，并用 fputs( )函数把该串写入文件“test.txt”。用 rewind( )函数把文件当前位置指针移到文件首。再一次用循环结构逐个显示当前文件中的全部内容。

2．文件的随机读写

下面主要介绍 fseek( )函数。fseek( )函数用来移动文件当前位置指针，其调用形式为：

```
fseek(文件指针,位移量,起始点);
```

其中，“文件指针”指向被移动的文件；“位移量”表示移动的字节数，要求位移量是 long 型数据，以便在文件长度大于 64KB 时不会出错，当用常量表示位移量时，要求加后缀“L”；“起始点”表示从何处开始计算位移量，规定的起始点有文件首、当前位置和文件末尾三种，其表示方法见表 10-2。

表 10-2　文件起始位置

起始点	表示符号	数字表示
文件首	SEEK_SET	0
当前位置	SEEK_CUR	1
文件末尾	SEEK_END	2

例如：

```
fseek(fp, 100L, 0);
```

其意义是把当前位置指针移到离文件首 100 字节处。

还要说明的是，fseek( )函数一般用于二进制文件。在文本文件中由于要进行转换，故往往计算的位置会出现错误。

在移动位置指针之后，即可用前面介绍的任一种读写函数进行读写。由于一般是读写一个数据块，因此常用 fread( )和 fwrite( )函数。下面用例题来说明文件的随机读写。

【例 10-9】在学生文件“stu_list”中读出第二个学生的数据。

1）问题分析。

输入：从文件读。

处理：将字符串添加到文件尾。

输出：写记录到屏幕。

2）算法设计（略）。

3）编写程序。

```
#include <stdio.h>
#include <stdlib.h>
#define SIZE 2
struct student
{                                                    //定义结构体
char name[15];
char num[6];
int score[2];
}stu, *q;
int main( )
{
FILE *fp;
int i=1;
q=&stu;
if ((fp=fopen("stu_list", "rb")) == NULL){           //以只读方式打开二进制文件
    printf("Cannot open file strike any key exit!");
    exit(0);
}
fseek(fp, i*sizeof(struct student), 0);
fread(q, sizeof(struct student), 1, fp);
printf("name\tnumber\tscore[0]\tscore[1]\n");
printf("%s\t%s\t%5d        \t%5d\n", q -> name, q -> num, q -> score[0], q -> score[0]);
return 0;
}
```

4）测试运行。

```
name    number   score[0]        score[1]
花美丽   c002        99              99
```

文件“stu_list”已由例 10-5 的程序建立，本程序用随机读出的方法读出第二个学生的数据。程序中定义 stu 为 struct student 类型变量，q 为指向 stu 的指针。以读二进制文件方式打开文件，程序第 19 行移动文件位置指针。其中的 i 值为 1，表示从文件头开始，移动一个 stu 类型的长度，然后再读出的数据即第二个学生的数据。

10.5 文件的检测

C 语言中常用的文件检测函数有以下几个。

1．文件结束检测函数 feof( )

1）函数调用格式：

```
feof(文件指针);
```

2）功能：判断文件是否处于文件结束位置，如文件结束，则返回值为 1，否则为 0。

【例 10-10】已知一个数据文件“test.txt”中保存了 5 个学生的计算机等级考试成绩，包

括学号、姓名和分数，文件内容如下，请将文件的内容读出并显示到屏幕中：

301101　花美丽　91

301102　刘得意　85

301103　王地雷　76

301104　刘琼斯　69

301105　高琼帅　55

（1）问题分析

输入：从文件读。

处理：按格式读每一行学生记录到内存。

输出：写记录到屏幕。

（2）算法设计

算法对应的 N-S 流程图如图 10-11 所示。

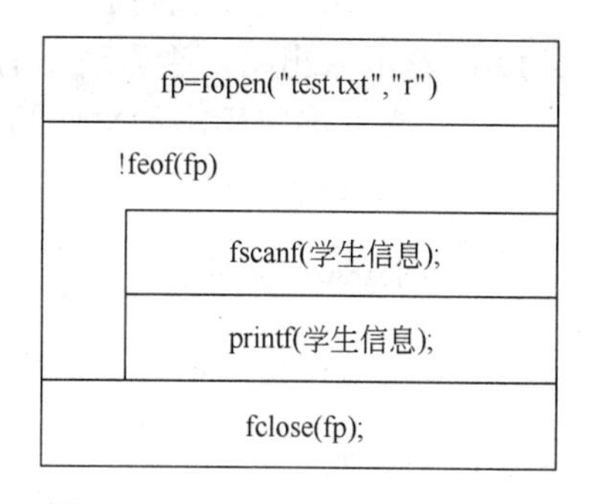

图 10-11　例 10-10 的 N-S 流程图

（3）编写程序

```
#include <stdio.h>
#include <stdlib.h>
int main( )
{
  FILE *fp;                                          //定义文件指针*/
  long num;
  char stname[20];
  int   score;
  if ((fp=fopen("test.txt", "r")) == NULL){          //以只读方式打开文本文件
        printf("File open error!\n");
        exit(0);
  }
  while (!feof(fp)){
        fscanf(fp, "%ld%s%d", &num, stname, &score);
        printf("%ld \t%s \t%d\n", num, stname, score);
  }                                                  //while 循环
  fclose(fp);                                        /* 关闭文件 */
  return 0;
}
```

（4）测试运行

```
301101   花美丽   91
301102   刘得意   85
301103   王地雷   76
301104   刘琼斯   69
301105   高琼帅   55
```

通过循环结构完成数据输入和输出。若!feof(fp)非 0，则文件没有结束，重复读写，直到!feof(fp)为 0，文件结束时止。

2．读写文件出错检测函数 ferror( )

1）ferror 函数调用格式：

```
ferror(文件指针);
```

2）功能：检查文件在用各种输入/输出函数进行读写时是否出错。如 ferror( )返回值为 0，表示未出错，否则表示有错。

3. 文件出错标志和文件结束标志置 0 函数 clearerr( )

1）clearerr 函数调用格式：

```
clearerr(文件指针);
```

2）功能：用于清除出错标志和文件结束标志，使它们为 0 值。

10.6 习 题

1）从键盘输入一个字符串，将小写字母全部转换成大写字母，然后输出到一个磁盘文件“test.txt”中保存。输入的字符串以“!”结束。

2）有两个磁盘文件 A 和 B，各存放一行字母，要求把这两个文件中的信息合并（按字母顺序排列），输出到一个新文件 C 中。

3）有 5 个学生，每个学生有 3 门课的成绩，从键盘输入以上数据（包括学生号、姓名、3 门课的成绩），计算出平均成绩，原有的数据和计算出的平均分数存放在磁盘文件“stud”中。

4）编一程序，将学生数据（姓名、学号、年龄、性别）以结构方式输入（追加）、输出一文件，并能够根据指定条件（如学号）对文件进行查找、插入、删除和修改操作。

5）模拟 copy 的“连接几个文件”的功能。

```
copy  <源文件 1>[+源文件 2+…]  [<目的文件>]
```

6）有一个文件，要求：

① 统计各字母在文本文件中出现的频率（忽略大小写）。

② 查找并替换正文中的字符串，并存入另一个文件中。

7）从一个文件“in.dat”中读取数据，进行排序并去掉相同的数据后，放在另一个文件“out.dat”中。“in.dat”文件的第一行是数据的总数，第二行是存放的数据本身。例如：

10

0 2 5 7 2 5 4 8 3 12

将上面的数据进行排序，去掉上面相同的数据，并放在“out.dat”文件中。“out.dat”文件的第一行是数据的总数，第二行是数据本身，如下所示：

8

0 2 3 4 5 7 8 12

8）编一 C 语言程序，使之能读入文本文件“f1.c”和“f2.c”中的所有整数，并把这些数按从大到小的次序写到文本文件“f3.c”（同一个数在文件“f3.c”中最多只能出现一次）中，文件中的相邻两个整数都用空格隔开，每 10 个换行，文件“f1.c”“f2.c”中的整数个数都不超过 2000。

9）有一磁盘文件“score.txt”存放 20 名学生的各科成绩。每个学生的数据包括学号，数学、语文、英语 3 门课的成绩。要求计算所有学生的平均成绩（用函数实现），然后生成新文件“avgscore.txt”存放学号和平均成绩。

10）编写青年歌手大赛记分程序。要求：使用结构记录选手的相关信息，使用链表或结构数组，对选手成绩进行排序并输出结果，利用文件记录初赛结果，在复赛时将其从文件中读出程序，累加到复赛成绩中，并将比赛的最终结果写入文件。

10.7　实验 10　文件的应用实验（2 学时）

1．实验目的

1）掌握文件建立的方法。

2）使用与文件操作有关的函数，如文件的打开、关闭以及读、写等。

3）掌握包含文件操作的程序设计和调试方法。

4）学习对文件的应用方法（二进制文件、文本文件）。

2．实验内容

（1）实验 10.1

1）调试，从键盘输入一行字符，写到文件“f1.txt”中。源程序（有错误的程序）如下：

```
#include<stdio.h>
#include<stdlib.h>
int main( )
{
char ch;
FILE fp;
if ((fp=fopen("f1.txt", "w")) != NULL){
    printf("can't open file!");
    exit(0);
}
while ((ch=getchar()) != '\n')                        //调试时设置断点
    fputc(ch, fp);
fclose(fp);
}                                                      //调试时设置断点
```

2）实验步骤与要求：

① 建立一个控制台应用程序项目“lab10_1”，向其中添加一个 C 语言源文件“lab10_1.c”，输入程序，检查一下，确认没有输入错误，观察输出是否与预期答案一致。

② 调试程序，输入数据并运行程序。

③ 程序运行后，用记事本打开文本文件“f1.txt”，检查写入文件中的数据是否正确。

（2）实验 10.2

1）编程，从键盘输入 5 个同学的学号、姓名和数学成绩，写到文本文件“f2.txt”中，再从文件读出，显示在屏幕上。

2）实验步骤与要求：

① 建立一个控制台应用程序项目“lab10_2”，向其中添加一个 C 语言源文件“lab10_2.c”，输入程序，检查一下，确认没有输入错误，观察输出是否与预期答案一致。

② 程序运行后，打开文本文件“f2.txt”，检查写入文件中的数据是否正确。

（3）实验 10.3

1）编程，从键盘输入 10 个学生的学号、姓名，以及数学、语文和英语成绩，写到文本文件“f3.txt”中，再从文件中取出数据，计算每个学生的总成绩和平均分，并将结果显示在屏幕上。输入输出示例略。

2）实验步骤与要求：

① 建立一个控制台应用程序项目“lab10_3”，向其中添加一个 C 语言源文件“lab10_3.c”，输入程序，检查一下，确认没有输入错误，观察输出是否与预期答案一致。

② 调试程序，输入数据并运行程序。

③ 程序运行后，用记事本打开文本文件“f3.txt”，检查写入文件中的数据是否正确。

（4）实验 10.4

1）编程，将下列 C 语言源程序文件“hello.c”中的所有注释去掉后，存入另外一个文件“f4.txt”中。源程序文件“hello.c”如下：

```
                                          //显示 Hello World!
#include <stdio.h>                        //编译预处理命令
int main( )                               //主函数
{
printf("Hello World!\n");                 //调用 printf 函数输出文字
    }
```

2）实验步骤与要求：

① 建立一个控制台应用程序项目“lab10_4”，向其中添加一个 C 语言源文件“lab10_4.c”，输入程序，检查一下，确认没有输入错误，观察输出是否与预期答案一致。

② 在运行程序前，应该首先建立 C 语言源程序文件“hello.c”。

③ 调试程序，输入数据并运行程序。

④ 运行程序时，不需要从键盘输入数据，也没有屏幕输出。

⑤ 程序运行后，打开文本文件“new_hello.c”，用记事本查看新建立的文件内容。检查文件的内容是否与上面给出的信息一致。

（5）实验 10.5

1）建立一个磁盘文件“emploee.txt”，其内存放职工的数据。每个职工的数据包括职工姓名、职工号、性别、年龄、住址、工资、文化程度。要求将职工号、职工姓名、工资的信息单独抽出来另建一个职工工资文件“f5.txt”。

2）实验步骤与要求：

① 建立一个控制台应用程序项目“lab10_5”，向其中添加一个 C 语言源文件“lab10_5.c”，输入程序，检查一下，确认没有输入错误，观察输出是否与预期答案一致。

② 调试程序，输入数据并运行程序。

③ 用记事本查看新建立的文件“f5.txt”的内容。

（6）实验 10.6

1）编写程序，用二进制方式打开指定的一个文件“f6.txt”，在每一行前加行号。

2）实验步骤与要求：

① 建立一个控制台应用程序项目“lab10_6”，向其中添加一个 C 语言源文件“lab10_6.c”，输入程序，检查一下，确认没有输入错误，观察输出是否与预期答案一致。

② 调试程序，输入数据并运行程序。

③ 用记事本查看新建立的文件“f6.txt”的内容。

10.8 阅读延伸

10.8.1 文件的应用——用户登录检测问题

【例 10-11】用 C 语言编写一个用户登录程序。事先在一个文档里存几个用户名（5 位）和对应密码（6 位）：

用户名 密码

A0001 111111

A0002 222222

admin 333333

要求：用户输入 ID 和密码，程序检验密码是否正确，如果正确，则登录成功，并且能显示是一般用户还是管理员（administrator）。

1）问题分析。

输入：从键盘输入用户名和密码。

处理：判断输入内容与文件中的用户名和密码是否相同。

输出：登录成功与否的信息。

2）算法设计（略）。

3）编写程序。

```
#include<stdio.h>
#include<string.h>
#include<stdlib.h>
#define SIZE 3
int flag1=0;                                    //登录成功标记
struct user{
char name[6];
char pass[7];
}stu[SIZE]={{"A0001", "111111"},{"A0002", "222222"},{"admin", "333333"}};
int main( )
{
void passwd(void);                              //声明 passwd( )函数
void read( );                                   //声明 read( )函数
void save( );                                   //声明 save( )函数
save( );                                        //调用 save( )函数
read( );                                        //调用 read( )函数
while(1)                                        //无限循环，用于接收键盘用户输入的用户名和密码
    passwd( );
 return 0;
}                                               //main( )函数
```

```
void read( )
{
FILE *fp;
int i;
if ((fp=fopen("user_list", "rb")) == NULL){                    /*以只读方式打开二进制文件*/
        printf("cant open the file");
        exit(0);
}
for (i=0; i < SIZE; i++){
        if (fread(&stu[i], sizeof(struct user), 1, fp) != 1)
        printf("file write error\n");
}
fclose(fp);
}                                                             //read( )函数
void passwd(void)
{
int i;
int flag=0;                                                   //密码正确标记
char p[5];                                                    //临时用户名
char s[6];                                                    //临时密码
char num=0;                                                   //密码次数
char temp;                                                    //登录后改密码
printf("请输入登录名:");
scanf("%s", p);

for (i=0; i < SIZE; i++){
        if (strcmp(stu[i].name, p) == 0){
        flag=1;
        break;
        }
}
if (flag == 1){
    printf("请输入密码:");
    scanf("%s", s);
}
else{
    printf("没有此用户:\n");
    exit(0);
}
while (strcmp(stu[i].pass, s) != 0){
        num++;
        if (num == 3){
            printf("密码输入错误超过 3 次,系统自动退出!\n");
            exit(0);
        }
    printf("密码错误!\n");
    printf("请重新输入密码:");
    scanf("%s", s);
}                                                             //while 循环
printf("登录成功!\n");
```

```
    flag1=1;
    if (flag1 == 1){
        if (strcmp("admin", p)==0){
        printf("注:你是超级用户!\n");
     }
     else
        printf("注:你是普通用户\n");
        printf("请按任意键退出系统:\n");
        temp=getchar( );
        exit(0);
     }                                          //if (flag1 == 1)
    }                                           //passwd( )函数
    void save( )
    {
    FILE *fp;
    int i;
    if ((fp=fopen("user_list", "wb")) == NULL){       /*以只写方式打开二进制文件*/
        printf("cant open the file");
        exit(0);
    }
    for (i=0; i < SIZE; i++){
        if (fwrite(&stu[i], sizeof(struct user), 1, fp) != 1)
            printf("file write error\n");
    }
    fclose(fp);
    }                                           //save( )函数
```

4）测试运行。

```
请输入登录名：A0002
请输入密码：222222
登录成功!
注：你是普通用户
请按任意键退出系统：
```

10.8.2 文件使用中的几个问题

1．文件的分类

从用户的角度看，文件可分为普通文件和设备文件两种。普通文件是指驻留在磁盘或其他外部介质上的一个有序数据集。设备文件是指与主机相连的各种外部设备，如显示器、打印机、键盘等。在操作系统中，把外部设备也看作一个文件来进行管理，把它们的输入、输出等同于对磁盘文件的读和写。

通常把显示器定义为标准输出文件，一般情况下在屏幕上显示的有关信息就是向标准输出文件输出。如前面经常使用的printf( )、putchar( )函数就是这类输出。键盘通常被指定标准的输入文件，从键盘输入就意味着从标准输入文件上输入数据。scanf( )、getchar( )函数就属于这类输入。

2. 文本方式和二进制方式读写文件时的差异

由于文本方式和二进制方式在读取和写入文件时有差异，所以在写入和读取文件时要保持一致。如果采用文本方式写入，应采用文本方式读取；如果采用二进制方式写入数据，在读取时也应采用二进制方式，否则会出现问题。当按照文本方式向文件中写入数据时，一旦遇到“换行”字符（ASCⅡ码值为10），则会转换为“回车-换行”（ASCⅡ码值分别为13、10）。在读取文件时，一旦遇到“回车-换行”的组合（连续的ASCⅡ码值为13、10），则会转换为换行字符（ASCⅡ码值为 10）。当按照二进制方式向文件中写入数据时，则会将数据在内存中的存储形式原样输出到文件中。例如，位图文件可能有多个13、10组合，如果以二进制方式读取，不会有问题，但是如果以文本方式读取，就会把这些组合转换为换行符10，从而导致位图数据的丢失。

例如，对于例 10-2，如果将“test.txt”文件以 wb 方式（即以二进制方式）存储，则用记事本打开该文件时，显示结果如图 10-12 所示。原因是 Windows 下要用两个字符'\r'和'\n'表示换行。当输入“China”和“Beijing”时，两者之间是'\n'，Windows 下的记事本读到'\n'时不知道这就是换行（只有'\r' '\n'连续出现才能解释为换行）。

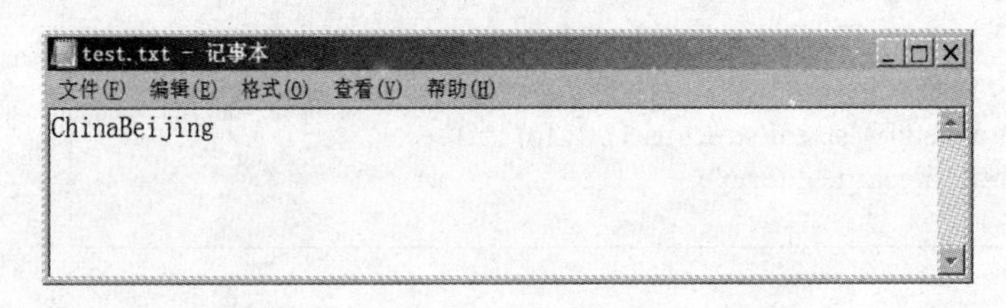

图 10-12　例 10-2 中的“test.txt”　文件以 wb 方式存储后再用记事本打开

对于人们熟悉的标准输入输出 stdin、stdout，C 语言的控制台程序在将其加载进内存成为进程运行前，C 语言运行时库自动打开三个设备并关联到三个流：标准输入流 stdin、标准输出流 stdout、标准出错流 stdeer。这三个流对应的设备是键盘、显示器、显示器。这三个都是字符设备，所以是以文本文件的模式打开的。在 Windows 下，当在键盘上按回车键时产生字符'\r\n'；但是在 OS 内核把键盘读到的字符发送给流的缓冲区时会将之转换为'\n'。这就是当输入“China”和“Beijing”时，两者之间是'\n'的原因。

第 11 章　二进制位运算

本章知识结构图

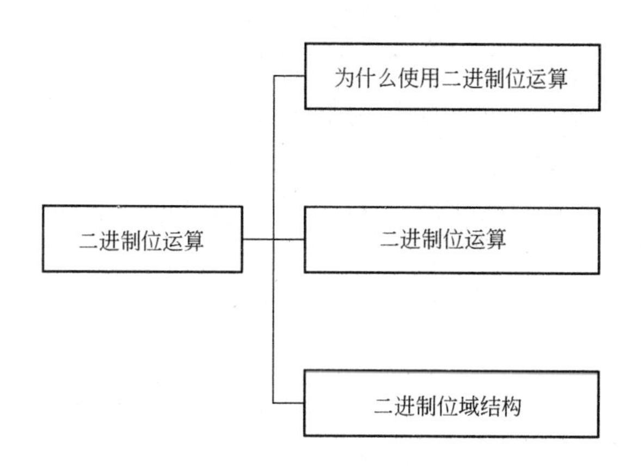

本章学习导读

前面介绍的各种运算都是以字节作为最基本单位进行的，但在很多系统程序中常要求在二进制位（bit）一级进行运算或处理。C 语言提供了二进制位运算的功能，这使得 C 语言也能像汇编语言一样用来编写系统程序。

11.1　为什么使用二进制位运算

C 语言有时候被称为中级语言，即介于低级语言与高级语言之间的编程语言，原因是 C 语言不仅具有高级语言的抽象机制，也具有低级语言直接操作变量个别位的能力，即将要讨论的 C 语言的二进制位运算功能。二进制位运算使 C 语言也能像汇编语言一样用来编写系统程序。例如，位逻辑运算可以方便地设置或屏蔽内存中某个字节的某一位，从而使 C 语言可以代替汇编语言编写各种控制程序、通信程序和设备驱动程序等。一些加密算法都用位运算，如 MD5、SHA1 之类。可以向硬件设备发送一两个字节来控制该设备，其中的每一位都有特定的含义。在单片机中位运算通常用于 I/O 端口的输入/输出控制和逻辑判断。高级语言一般不处理这一级别的细节，这就是 C 语言之所以能成为编写设备驱动程序和嵌入式代码首选语言的原因。

11.2　二进制位运算

位运算应用于整型数据，即只能用于带符号或无符号的 char、short、int 与 long 类型。与其他高级语言相比，位运算是 C 语言的特点之一。C 语言提供了 6 种位运算符：“&”（按位与）、“|”（按位或）、“^”（按位异或）、“~”（取反）、“<<”（左移）和“>>”（右移）。

1. “按位与”运算符（&）

按位与是指参加运算的两个数据，按二进制位进行“与”运算。如果两个相应的二进制位都为 1，则该位的结果值为 1，否则为 0。

【例 11-1】保留指定位：有一个十六进制数 0x54，即 01010100B，把其中从左边算起的第 3，4，5，7，8 位保留下来。

（1）编写程序

```
#include <stdio.h>
int main( )
{
  int a=0x54;
  int b =0x3b;
  printf("0x%08x & 0x%08x=0x%08x\n",a, b, a&b );
  return 0;
}
```

（2）测试运行

```
0x00000054 & 0x0000003b=0x00000010
```

计算过程为：a＆b=0x54＆0x3b=01010100B ＆ 00111011B=00010000B=0x10。

2. “按位或”运算符（|）

按位或是指两个相应的二进制位中只要有一个为 1，该位的结果值为 1。

【例 11-2】将十六进制数 0x30 与十六进制数 0x0f 进行按位或运算。

（1）编写程序

```
#include <stdio.h>
int main( )
{
  int a=0x30;
  int b=0x0f;
  printf("0x%08x | 0x%08x=0x%08x\n",a, b, a | b);
  return 0;
}
```

（2）测试运行

```
0x00000030 | 0x0000000f=0x0000003f
```

计算过程为：a | b=0x30 | 0x0f=00110000 | 00001111=00111111=0x3f。

按位或运算常用来对一个数据的某些位定值为 1。例如，如果想使一个数 a 的低 4 位改为 1，则只需要将 a 与 0x0f 进行按位或运算即可。

3. “按位异或”运算符（^）

按位异或运算的规则是：若参加运算的两个二进制位值相同，则为 0，否则为 1。

【例 11-3】将十六进制数 0x39 与十六进制数 0x2a 进行按位异或运算。

（1）编写程序

```
#include <stdio.h>
int main( )
{
  int a=0x39;
  int b=0x2a;
  printf("0x%08x ^ 0x%08x=0x%08x\n", a, b, a ^ b);
  return 0;
}
```

（2）测试运行

```
0x00000039 ^ 0x0000002a=0x00000013
```

计算过程为：a ^ b=0x39 ^ 0x2a=00111001 ^ 00101010=00010011=0x13。

应用：

1）使特定位翻转。

设有数 0x3a，想使其低 4 位翻转，即 1 变 0，0 变 1，可以将其与 0x0f 进行异或运算。例如，01111010 ^ 00001111=01110101=0x35。运算结果的低 4 位正好是原数低 4 位的翻转。可见，要使哪几位翻转就将与其进行异或运算的该几位置为 1 即可。

2）与 0 相异或，保留原值。

例如，0x0a ^ 0x00=00001010 ^ 00000000=00001010=0x0a，因为原数中的 1 与 0 进行异或运算得 1，0 ^ 0 得 0，故保留原数。

3）交换两个值，不用临时变量。

【例 11-4】 a = 3 ， b = 4 。将 a 和 b 的值互换。

（1）编写程序

```
#include <stdio.h>
int main( )
{
  int a=3;
  int b=4;
  a=a ^ b;
  b=b ^ a;
  a=a ^ b;
  printf("a=%d b=%d", a, b);
  return 0;
}
```

（2）测试运行

```
a=4 b=3
```

可以用以下赋值语句实现：

a = a ^ b; b = b ^ a; a = a ^ b;

a = a ^ b=011B ^ 100B=111B；

a = b ^ a=111B ^ 100B=011B；

a = a ^ b=111B ^ 011B=100B；

4. “取反”运算符（~）

取反是一元运算符，用于求整数的二进制反码，即分别将操作数各二进制位上的 1 变为 0，0 变为 1。

【例 11-5】将十六进制数 0x3f 进行按位取反运算。

（1）编写程序

```
#include <stdio.h>
int main( )
{
  int a=0x3f;
  printf("~0x%08x =0x%08x \n",a, ~a);
  return 0;
}
```

（2）测试运行

```
~0x0000003f=0xffffffc0
```

计算过程为：~a=~0x3f=~00111111B=11000000B=0xc0。

5. 左移运算符（<<）

左移运算符用来将一个数的各二进制位左移若干位，移动的位数由右操作数指定（右操作数必须是非负值），其右边空出的位用 0 填补，高位左移溢出则舍弃该高位。

【例 11-6】将 a 的二进制数左移 2 位，右边空出的位补 0，左边溢出的位舍弃。

（1）编写程序

```
#include <stdio.h>
int main( )
{
  int a=0x0f;
  printf("0x%08x<<2=0x%08x\n", a, a<<2);
  return 0;
}
```

（2）测试运行

```
0x0000000f<<2=0x0000003c
```

计算过程为：a <<2=0x0f <<2=00001111B <<2=00111100B=0x3c。

6. 右移运算符（>>）

右移运算符用来将一个数的各二进制位右移若干位，移动的位数由右操作数指定（右操作数必须是非负值），移到右端的低位被舍弃，对于无符号数，高位补 0，对于有符号数，某些计算机将对左边空出的部分用符号位填补（即“算术移位”），而另一些计算机则对左边空出的部分用 0 填补（即“逻辑移位”）。注意：对无符号数，右移时左边高位移入 0。对于有符号的值，如果原来符号位为 0（该数为正），则左边也移入 0，如果符号位原来为 1（即负数），则左边移入 0 还是 1，取决于所用的计算机系统。有的系统移入 0，有的系统移入 1。移入 0 的称为“逻辑移位”，即简单移位；移入 1 的称为“算术移位”。

【例 11-7】将 a 的二进制数右移 1 位。

（1）编写程序

```
#include <stdio.h>
int main( )
{
  int a=0x97ed;
  printf("0x%08x>>1=0x%08x \n",a, a>>1);
  return 0;
}
```

（2）测试运行

```
0x000097ed>>1=0x00004bf6
```

计算过程为：a >>1=0x97ed >>1=1001011111101101B >>1=0x4bf6。

7．位运算赋值运算符

位运算符与赋值运算符可以组成复合赋值运算符“&=”“|=”“>>=”“<<=”“^=”。

例如：

a &=b 相当于 a=a & b。

a << =2 相当于 a=a << 2。

11.3 二进制位域结构

有些信息在存储时，并不需要占用一个完整的字节，而只需占几个或一个二进制位。例如在存放一个开关量时，只有 0 和 1 两种状态，用一位二进制位即可。还有 IP 通信时的数据报文，如 TCP 报文头描述，每个头子段都说明了占用几个位。为了节省存储空间，并使处理简便，C 语言又提供了一种数据结构，称为“位域”或“位段”。

所谓“位域”，是把 1 字节中的二进制位划分为几个不同的区域，并说明每个区域的位数。每个域有一个域名，允许在程序中按域名进行操作。这样就可以把几个不同的对象用 1 字节的二进制位域来表示。

1．位域的定义和位域变量的说明

位域的定义与结构的定义相仿，其形式为：

```
struct 位域结构名
{
位域列表
};
```

其中位域列表的形式为：

```
类型说明符 位域名:位域长度
```

例如：

```
struct bs
{
  int a:8;

  int b:2;
  int c:6;
};
```

位域变量的说明与结构变量的说明方式相同。可采用先定义后说明、同时定义说明或者直接说明这三种方式。例如：

```
struct bs
{
  int a:8;
  int b:2;
  int c:6;
}data;
```

说明 data 为 bs 变量，共占 2 字节。其中，位域 a 占 8 位，位域 b 占 2 位，位域 c 占 6 位。

对于位域的定义尚有以下几点说明：

1）一个位域必须存储在同一字节中，不能跨 2 字节。如 1 字节所剩空间不够存放另一位域，应从下一单元起存放该位域。也可以有意使某位域从下一单元开始。例如复制纯文本新窗口：

```
struct bs
{
  unsigned a:4;
  unsigned :0;                    /*空域*/
  unsigned b:4;                   /*从下一单元开始存放*/
  unsigned c:4
}
```

在这个位域定义中，a 占第一字节的 4 位，后 4 位填 0 表示不使用，b 从第二字节开始，占用 4 位，c 占用 4 位。

2）由于位域不允许跨 2 字节，因此位域的长度不能大于 1 字节的长度。也就是说，不能超过 8 位二进制位。

3）位域可以无位域名，这时它只用来作填充或调整位置。无名的位域是不能使用的。例如复制纯文本新窗口：

```
struct k
{
  int a:1;
  int   :2;      /*该 2 位不能使用*/
  int b:3;
  int c:2;
};
```

从以上分析可以看出，位域在本质上就是一种结构类型，不过其成员是按二进制位分配的。

2．位域的使用

位域的使用和结构成员的使用相同，其一般形式为：

```
位域变量名·位域名
```

位域允许用各种格式输出。

【例 11-8】位域的使用。

（1）编写程序

```
#include <stdio.h>
int main( )
{
  struct bs {
  unsigned a:1;
  unsigned b:3;
  unsigned c:4;
}bit, *pbit;
bit.a=1;
bit.b=7;
bit.c=15;
printf("%d,%d,%d\n",bit.a, bit.b, bit.c);
pbit=&bit;
pbit->a=0;
pbit->b &= 3;
pbit->c |= 1;
printf("%d,%d,%d\n", pbit->a, pbit->b, pbit->c);
return 0;
}
```

（2）测试运行

```
1,7,15
0,3,15
```

上例程序中定义了位域结构 bs，三个位域为 a、b、c。其说明了 bs 类型的变量 bit 和指向 bs 类型的指针变量 pbit。这表示位域也是可以使用指针的。程序的第 9、第 10 和第 11 三行分别给三个位域赋值（应注意赋值不能超过该位域的允许范围）。程序第 12 行以整型量格式输出三个域的内容。第 13 行把位域变量 bit 的地址送给指针变量 pbit。第 14 行用指针方式给位域 a 重新赋值，赋为 0。第 15 行使用了复合的位运算符“&=”，该行相当于

```
pbit->b=pbit->b & 3
```

位域 b 中原有值为 7，与 3 作按位与运算的结果为 3（111&011=011，十进制值为 3）。同样，程序第 16 行中使用了复合位运算符“|=”，相当于

```
pbit->c=pbit->c | 1
```

其结果为 15。程序的第 17 行用指针方式输出了这三个域的值。

位运算是 C 语言的一种特殊运算功能，它是以二进制位为单位进行运算的。位运算符只有逻辑运算和移位运算两类。

利用位运算可以完成汇编语言的某些功能，如置位、位清零、移位等，还可进行数据的压缩存储和并行运算。

位域在本质上也是结构类型，不过它的成员按二进制位分配内存。其定义、说明及使用的方式都与结构相同。

位域提供了一种手段，使得可在高级语言中实现数据的压缩，节省了存储空间，同时也提高了程序的效率。

附　　录

附录 A　ASCII 码表

附表 A-1 为 ASCII 码表。

附表 A-1　ASCII 码表

ASCII 值	控制字符	ASCII 值	控制字符	ASCII 值	控制字符	ASCII 值	控制字符
0	NUL	32	(space)	64	@	96	、
1	SOH	33	!	65	A	97	a
2	STX	34	”	66	B	98	b
3	ETX	35	#	67	C	99	c
4	EOT	36	$	68	D	100	d
5	ENQ	37	%	69	E	101	e
6	ACK	38	&	70	F	102	f
7	BEL	39	,	71	G	103	g
8	BS	40	(	72	H	104	h
9	HT	41	)	73	I	105	i
10	LF	42	*	74	J	106	j
11	VT	43	+	75	K	107	k
12	FF	44	,	76	L	108	l
13	CR	45	-	77	M	109	m
14	SO	46	.	78	N	110	n
15	SI	47	/	79	O	111	o
16	DLE	48	0	80	P	112	p
17	DCI	49	1	81	Q	113	q
18	DC2	50	2	82	R	114	r
19	DC3	51	3	83	S	115	s
20	DC4	52	4	84	T	116	t
21	NAK	53	5	85	U	117	u
22	SYN	54	6	86	V	118	v
23	ETB	55	7	87	W	119	w
24	CAN	56	8	88	X	120	x
25	EM	57	9	89	Y	121	y
26	SUB	58	:	90	Z	122	z
27	ESC	59	;	91	[	123	{
28	FS	60	<	92	\	124	|
29	GS	61	=	93	]	125	}
30	RS	62	>	94	^	126	~
31	US	63	?	95	___	127	DEL

附录B C语言常用标准函数库

1. <math.h>：数学函数

在头文件<math.h>中定义了一些数学函数和宏，用来实现不同种类的数学运算。<math.h>中标准数学函数的函数定义及功能简介见附表 B-1。

附表 B-1 <math.h>中定义的函数

函数定义	函数功能简介	函数定义	函数功能简介
double exp(double x);	指数运算，求 e 的 x 次幂函数	double fmod(double x, double y);	求模函数
double log(double x)	对数函数 ln(x)	double sin(double x);	计算 x 的正弦值函数
double log10(double x);	对数函数 log	double cos(double x);	计算 x 的余弦值函数
double pow(double x, double y);	指数函数(x 的 y 次方)	double tan(double x);	计算 x 的正切值函数
double sqrt(double x);	计算平方根函数	double asin(double x);	计算 x 的反正弦函数
double ceil(double x);	向上舍入函数	double acos(double x);	计算 x 的反余弦函数
double floor(double x);	向下舍入函数	double atan(double x);	反正切函数 1
double fabs(double x);	求浮点数的绝对值	double atan2(double y, double x);	反正切函数 2
double ldexp(double x, int n);	装载浮点数函数	double sinh(double x);	计算 x 的双曲正弦值
double frexp(double x, int* exp);	分解浮点数函数	double cosh(double x);	计算 x 的双曲余弦值
double modf(double x, double* ip);	分解双精度数函数	double tanh(double x);	计算 x 的双曲正切值

2. <stdio.h>：输入输出函数

在头文件<stdio.h>中定义了输入输出函数、类型和宏。这些函数、类型和宏几乎占到标准库的三分之一。<stdio.h>中声明的函数以及功能简介见附表 B-2。

附表 B-2 <stdio.h>中声明的函数

函数定义	函数功能简介
FILE *fopen(char *filename, char *type)	打开一个文件
int fclose(FILE *stream)	关闭一个文件
int printf(char *format...)	产生格式化输出的函数
int fprintf(FILE *stream, char *format[, argument,...])	传送格式化输出到一个流中
int scanf(char *format[,argument,...])	执行格式化输入
int fscanf(FILE *stream, char *format[,argument...])	从一个流中执行格式化输入
int fgetc(FILE *stream)	从流中读取字符
char *fgets(char *string, int n, FILE *stream)	从流中读取一字符串
int fputc(int ch, FILE *stream)	送一个字符到一个流中
int fputs(char *string, FILE *stream)	送一个字符串到一个流中

续表

函数定义	函数功能简介
int getc(FILE *stream)	从流中取字符
int getchar(void)	从 stdin 流中读字符
char *gets(char *string)	从流中取一字符串
int putchar(int ch)	在 stdout 上输出字符
int puts(char *string)	送一字符串到流中
int ungetc(char c, FILE *stream)	把一个字符退回到输入流中
int fread(void *ptr, int size, int nitems, FILE *stream)	从一个流中读数据
int fwrite(void *ptr, int size, int nitems, FILE *stream)	写内容到流中
int fseek(FILE *stream, long offset, int fromwhere)	重定位流上的文件指针
long ftell(FILE *stream)	返回当前文件指针
int rewind(FILE *stream)	将文件指针重新指向一个流的开头
void clearerr(FILE *stream)	复位错误标志
int feof(FILE *stream)	检测流上的文件结束符
int ferror(FILE *stream)	检测流上的错误

3．<stdlib.h>：实用函数

在头文件<stdlib.h>中声明了一些实现数值转换、内存分配等类似功能的函数。<stdlib.h>中声明的函数以及功能简介见附表 B-3。

附表 B-3　<stdlib.h>中声明的函数

函数定义	函数功能简介
double atof(const char *s)	将字符串 s 转换为 double 类型
int atoi(const char *s)	将字符串 s 转换为 int 类型
long atol(const char *s)	将字符串 s 转换为 long 类型
double strtod (const char*s,char **endp)	将字符串 s 的前缀转换为 double 型
long strtol(const char*s,char **endp,int base)	将字符串 s 的前缀转换为 long 型
unsinged long strtol(const char*s,char**endp,int base)	将字符串 s 的前缀转换为 unsinged long 型
int rand(void)	产生一个 0~RAND_MAX 之间的伪随机数
void srand(unsigned int seed)	初始化随机数发生器
void *calloc(size_t nelem, size_t elsize)	分配主存储器
void *malloc(unsigned size)	内存分配函数
void *realloc(void *ptr, unsigned newsize)	重新分配主存
void free(void *ptr)	释放已分配的块
void abort(void)	异常终止一个进程
void exit(int status)	终止应用程序

附录 C　C 语言的关键字和运算符

1．C 语言的关键字

C 语言中共有 32 个关键字：

auto break case char const continue default do double else enum externfloat for goto if int long register return short signed sizeof static struct switch typedef union unsigned void volatile while

2．运算符的优先级及结合性

C 语言的运算符共有 34 种，其优先级及结合性见附表 C-1。

附表 C-1　运算符的优先级及结合性

优先级	运算符类型	运算符	结合性
1	基本运算符	( )、[ ]、->	自左至右
2	单目运算符	!、~、++、– –、–(负数)、*(指针)、&（取址）、sizeof	自右至左
3	算术运算符	*、/%	自左至右
4	算术运算符	+、–	自左至右
5	移位运算符	<<、>>	自左至右
6	关系运算符	>、>=、<、<=	自左至右
7	关系运算符	==、!=	自左至右
8	按位与运算符	&	自左至右
9	按位异或运算符	^	自左至右
10	按位或运算符	|	自左至右
11	逻辑与运算符	&&	自左至右
12	逻辑或运算符	||	自左至右
13	条件运算符	? :	自右至左
14	赋值运算符	=、+=、–=、*=、/=、%=、>>=、<<=、&=、^=、|=	自右至左
15	逗号运算符	,	自左至右

参 考 文 献

[1] 孙鑫．VC++深入详解[M]．北京：电子工业出版社，2012．

[2] 魏亮，李春葆．Visual C++程序设计例学与实践[M]．北京：清华大学出版社，2006．

[3] 严华峰，等．Visual C++课程设计案例精编[M]．2 版．北京：中国水利水电出版社，2004．

[4] 刘瑞，吴跃进，王宗越．Visual C++项目开发实用案例[M]．北京：科学出版社，2006．

[5] 谭浩强．C 程序设计[M]．4 版．北京：清华大学出版社，2010．

[6] 夏启寿，刘涛，等．C 语言程序设计[M]．北京：科学出版社，2013．

[7] 吴文虎．程序设计基础[M]．3 版．北京：清华大学出版社，2010．

[8] Harvey M Deitel，Paul J Deitel．C 程序设计经典教程[M]．聂雪军，贺军，译．4 版．北京：清华大学出版社，2008．

[9] Prata S. C Primer Plus[M]．云巅工作室，译．5 版．北京：人民邮电出版社，2005．

[10] 明日科技．C 语言常用算法分析[M]．北京：清华大学出版社，2012．

[11] Deitel P J，Deitel H M，等．C 语言大学教程[M]．苏小红，李东，王甜甜，译．6 版．北京：电子工业出版社，2012．

[12] 苏小红，车万翔，王甜甜，等．C 语言程序设计[M]．2 版．北京：高等教育出版社，2013．

[13] 朱鸣华，等．C 语言程序设计教程[M]．3 版．北京：机械工业出版社，2011．

[14] 叶子青，徐慧．沟通——从 C 语言开始[M]．北京：人民邮电出版社，2005．

[15] 何勤．C 语言程序设计：问题与求解方法[M]．北京：机械工业出版，2013．

[16] 何钦铭，颜晖．C 语言程序设计[M]．2 版．北京：高等教育出版社，2012．

[17] 王贺艳．C 语言程序设计综合实训[M]．2 版．北京：水利水电出版社，2012．

[18] 丁海军，等．程序设计基础（C 语言）[M]．北京：北京航空航天大学出版社，2009．

[19] 虞歌．程序设计基础——以 C 为例[M]．北京：清华大学出版社，2012．

参 考 文 献

[1] [illegible] VC[illegible]入[illegible][M]. 北京: [illegible]工业出版社, 20[illegible]
[2] [illegible] Visual C# [illegible]
[3] [illegible]
[4] [illegible] 2008.
[5] [illegible] 2010.
[6] [illegible] 2013.
[7] [illegible] 2010.
[8] Harvey M.Deitel, Paul J.Deitel [illegible]
[illegible] 2009.
[9] [illegible] C# [illegible] 2005.
[10] [illegible]
[11] [illegible] Daniel [illegible]
[illegible]
[12] [illegible]
[13] [illegible] 2011.
[14] [illegible] 2008.
[15] [illegible]
[16] [illegible]
[17] [illegible] 2013.
[18] [illegible] 2009.
[19] [illegible] 2012.